工业和信息化精品系列教材
——云计算技术

OpenStack
云计算平台实战

微课版

赵德宝 钟小平 ● 主编
涂刚 季丹 吕良 ● 副主编

CLOUD COMPUTING
IN OPENSTACK

人民邮电出版社
北京

图书在版编目（CIP）数据

OpenStack云计算平台实战：微课版 / 赵德宝，钟小平主编. -- 北京：人民邮电出版社，2022.1（2023.6重印）
工业和信息化精品系列教材. 云计算技术
ISBN 978-7-115-56662-1

Ⅰ. ①O… Ⅱ. ①赵… ②钟… Ⅲ. ①云计算—教材
Ⅳ. ①TP393.027

中国版本图书馆CIP数据核字(2021)第112654号

内 容 提 要

本书系统讲解了 OpenStack 云计算平台的安装、配置、管理和运维方法。全书共 9 个项目，内容包括 OpenStack 安装、OpenStack 快速入门、OpenStack 基础环境配置与 API 使用、OpenStack 身份管理、OpenStack 镜像管理与制作、OpenStack 虚拟机实例管理、OpenStack 网络管理、OpenStack 存储管理，以及手动部署 OpenStack 的综合演练。本书内容丰富，结构清晰，重点突出，难点分散，注重实践性和可操作性，项目中的每个任务都有相应的操作示范，并穿插大量实例，便于读者快速上手。

本书可作为高等院校计算机专业课程的教材，也适合软件开发人员、IT 实施和运维工程师学习 OpenStack 云计算技术时阅读参考，还可作为相关行业的培训教材。

◆ 主　　编　赵德宝　钟小平
　　副主编　涂　刚　季　丹　吕　良
　　责任编辑　初美呈
　　责任印制　王　郁　彭志环
◆ 人民邮电出版社出版发行　　北京市丰台区成寿寺路11号
　　邮编　100164　电子邮件　315@ptpress.com.cn
　　网址　https://www.ptpress.com.cn
　　北京天宇星印刷厂印刷
◆ 开本：787×1092　1/16
　　印张：17.75　　　　　　　2022年1月第1版
　　字数：541千字　　　　　　2023年6月北京第5次印刷

定价：69.80元

读者服务热线：(010)81055256　印装质量热线：(010)81055316
反盗版热线：(010)81055315
广告经营许可证：京东市监广登字 20170147 号

前言 FOREWORD

云计算是继互联网之后的又一种新兴技术，其出现具有划时代的意义。目前有许多云平台面向公众提供云计算服务，相关行业对云计算技术人才的需求也十分迫切，尤其是掌握云平台规划、部署和运维管理的应用型人才。

开源云计算平台 OpenStack 目前已经成为开源云架构的事实标准，并不断推动云计算技术向前发展，其技术日趋成熟，正成为许多机构和服务提供商的战略选择。各大厂商在国内的生产环境中已大规模地使用 OpenStack，其用户遍布金融、能源、通信、互联网、政务、交通、物流等行业领域。

作为开源的云操作系统，OpenStack 特别适合用来开展云计算的教学和实验工作。目前，我国很多高等职业院校的计算机相关专业都陆续将云计算作为一门重要的专业课程开设。党的二十大报告提出：实施科教兴国战略，强化现代化建设人才支撑。为全面贯彻党的二十大精神，落实优化职业教育类型定位要求，帮助教师比较全面、系统地讲授这门课程，同时也为了使学生能够掌握云平台的安装、配置、管理和运维方法，我们编写了本书。

本书采用项目式结构，每个项目通过学习目标明确教学任务。任务分为任务说明、知识引入和任务实现等部分，每个项目的最后是项目实训和项目总结。本书以在 CentOS 7 上部署和运维 OpenStack 为例进行讲解，在 OpenStack 的发行版本上选择了较新的 Train。本书注重系统架构解析和实验操作，通过 RDO 的 Packstack 安装器部署一体化 OpenStack 云平台，用于 OpenStack 主要服务和组件的验证、配置、管理和使用操作。本书最后一个项目是综合演练，需要读者综合运用所学知识和技能去手动部署一个双节点的 OpenStack 云平台。

本书的参考学时为 64 学时，具体请参考下面的学时分配表。

	课程内容	学时分配
项目一	OpenStack 安装	6
项目二	OpenStack 快速入门	8
项目三	OpenStack 基础环境配置与 API 使用	4
项目四	OpenStack 身份管理	6
项目五	OpenStack 镜像管理与制作	8
项目六	OpenStack 虚拟机实例管理	8
项目七	OpenStack 网络管理	8
项目八	OpenStack 存储管理	6
项目九	综合演练——手动部署 OpenStack	10
	学时总计	64

由于编者水平有限，书中难免存在不足和疏漏之处，敬请广大读者批评指正。

编 者

2023 年 5 月

目录 CONTENTS

项目一

OpenStack 安装 ………………… 1
学习目标 ……………………………………… 1
项目描述 ……………………………………… 1
任务一　了解云计算 ………………………… 1
　任务说明 …………………………………… 1
　知识引入 …………………………………… 1
　　1. 什么是虚拟化 ………………………… 1
　　2. 什么是云计算 ………………………… 2
　　3. 云计算架构 …………………………… 2
　　4. 云计算的部署模式 …………………… 3
　　5. 裸金属云 ……………………………… 3
　任务实现 …………………………………… 3
　　1. 了解商用云计算平台 ………………… 3
　　2. 了解开源云计算平台 ………………… 4
任务二　了解 OpenStack 项目 ……………… 4
　任务说明 …………………………………… 4
　知识引入 …………………………………… 5
　　1. 什么是 OpenStack …………………… 5
　　2. OpenStack 项目及其组成 …………… 5
　　3. OpenStack 的版本演变 ……………… 7
　　4. OpenStack 基金会与社区 …………… 7
　任务实现 …………………………………… 8
　　1. 了解 OpenStack 应用场景 …………… 8
　　2. 调查国内的 OpenStack 应用
　　　 现状 …………………………………… 9
任务三　理解 OpenStack 架构 ……………… 10
　任务说明 …………………………………… 10
　知识引入 …………………………………… 10
　　1. OpenStack 的设计基本原则 ………… 10
　　2. OpenStack 的概念架构 ……………… 10
　　3. OpenStack 的逻辑架构 ……………… 11
　　4. OpenStack 组件之间的通信
　　　 机制 …………………………………… 12
　　5. OpenStack 的物理部署架构 ………… 13
　　6. OpenStack 的物理网络类型 ………… 14
　任务实现 …………………………………… 14
　　1. 了解基于 OpenStack 构建云平台
　　　 的问题 ………………………………… 14
　　2. 了解部署 OpenStack 的技术
　　　 需求 …………………………………… 15
任务四　部署与安装 OpenStack …………… 15
　任务说明 …………………………………… 15
　知识引入 …………………………………… 15
　　1. 运行 OpenStack 的操作系统
　　　 平台 …………………………………… 15
　　2. OpenStack 部署拓扑 ………………… 16
　　3. OpenStack 部署工具 ………………… 16
　任务实现 …………………………………… 18
　　1. 准备 OpenStack 安装环境 …………… 18
　　2. 准备所需的软件库 …………………… 20
　　3. 安装 Packstack 安装器 ……………… 20
　　4. 运行 Packstack 安装
　　　 OpenStack ……………………………… 21
项目实训 ……………………………………… 24
　项目实训一　调查移动云的现状 ………… 24
　　实训目的 ………………………………… 24
　　实训内容 ………………………………… 24
　项目实训二　使用 Packstack 安装器安装
　　　　　　　一体化 OpenStack
　　　　　　　云平台 ……………………… 24
　　实训目的 ………………………………… 24
　　实训内容 ………………………………… 24
项目总结 ……………………………………… 24

项目二

OpenStack 快速入门 ……… 25
学习目标 ……………………………………… 25
项目描述 ……………………………………… 25
任务一　熟悉 OpenStack 图形界面操作 …… 25
　任务说明 …………………………………… 25
　知识引入 …………………………………… 25
　　1. Horizon 项目 ………………………… 25
　　2. Horizon 与 Django 框架 ……………… 26

      3. Horizon 功能架构 ············· 26
      4. 项目与用户 ················· 27
    任务实现 ······················· 27
      1. 访问 OpenStack 主界面 ······· 27
      2. 访问"项目"仪表板 ··········· 30
      3. 访问"管理员"仪表板 ········· 30
      4. 访问"身份管理"仪表板 ······· 31
      5. 访问"设置"仪表板 ··········· 32
      6. 自定义仪表板和面板 ········· 32
  任务二　创建和操作虚拟机实例 ······ 33
    任务说明 ······················· 33
    知识引入 ······················· 34
      1. 创建虚拟机实例的前提条件 ···· 34
      2. 虚拟机实例与镜像 ··········· 34
    任务实现 ······················· 34
      1. 准备镜像 ··················· 34
      2. 查看实例类型 ··············· 37
      3. 查看网络 ··················· 37
      4. 添加安全组规则 ············· 37
      5. 添加密钥对 ················· 39
      6. 创建虚拟机实例 ············· 40
      7. 操作和使用虚拟机实例 ······· 43
  任务三　实现虚拟机与外部网络的通信 ··· 45
    任务说明 ······················· 45
    知识引入 ······················· 46
      1. OpenStack 的虚拟网络 ········ 46
      2. 浮动 IP 地址 ················ 46
    任务实现 ······················· 46
      1. 将 OpenStack 主机网卡添加到
         br-ex 网桥上 ················ 46
      2. 调整网络配置 ··············· 49
      3. 为虚拟机实例分配浮动 IP 地址 ··· 53
      4. 在 Linux 计算机上通过 SSH 访问
         虚拟机实例 ·················· 54
      5. 在 Windows 计算机上通过 SSH
         访问虚拟机实例 ··············· 55
      6. 为虚拟机实例设置用户账户和
         密码 ························ 57
  项目实训 ·························· 58
    项目实训一　练习 OpenStack 图形
                界面操作 ············ 58
      实训目的 ······················· 58
      实训内容 ······················· 58
    项目实训二　创建和测试 Fedora 虚拟机
                实例 ················ 59

      实训目的 ······················· 59
      实训内容 ······················· 59
    项目实训三　开通虚拟机实例的外部
                通信 ················ 59
      实训目的 ······················· 59
      实训内容 ······················· 59
    项目实训四　在 Windows 计算机中通过
                SSH 证书登录 Fedora
                虚拟机实例 ··········· 59
      实训目的 ······················· 59
      实训内容 ······················· 59
  项目总结 ·························· 59

项目三

OpenStack 基础环境配置与 API 使用 ············ 60

  学习目标 ·························· 60
  项目描述 ·························· 60
  任务一　了解 OpenStack 基础环境配置 ··· 60
    任务说明 ······················· 60
    知识引入 ······················· 60
      1. 数据库服务器 ··············· 60
      2. 消息队列服务 ··············· 61
    任务实现 ······················· 62
      1. 验证 SQL 数据库 ············· 62
      2. 操作 SQL 数据库 ············· 64
      3. 验证 NoSQL 数据库 ··········· 66
      4. 验证 RabbitMQ ··············· 66
      5. 操作 RabbitMQ ··············· 66
  任务二　了解并使用 OpenStack API ······ 67
    任务说明 ······················· 67
    知识引入 ······················· 67
      1. 什么是 RESTful API ·········· 67
      2. OpenStack 的 RESTful API ····· 68
      3. OpenStack 的认证与 API 请求
         流程 ························ 69
      4. 调用 OpenStack API 的方式 ···· 69
    任务实现 ······················· 70
      1. 获取 OpenStack 认证令牌 ······ 70
      2. 向 OpenStack 云平台发送 API
         请求 ························ 72
  任务三　使用 OpenStack 命令行
          客户端 ······················ 73

任务说明…………………………73
知识引入…………………………74
 1. 为什么要使用命令行操作
  OpenStack……………………74
 2. 进一步了解 OpenStack
  客户端………………………74
 3. openstack 命令的语法…………74
 4. 执行 openstack 命令所需的
  认证…………………………75
任务实现…………………………75
 1. 云管理员通过 openstack 命令
  管理 OpenStack 云平台………75
 2. 普通云用户通过 openstack 命令
  使用 OpenStack 云服务………76
项目实训……………………………77
 项目实训一 使用 cURL 命令获取实例
  列表……………………………77
  实训目的………………………77
  实训内容………………………77
 项目实训二 使用 openstack 命令创建
  Fedora 虚拟机实例……………77
  实训目的………………………77
  实训内容………………………77
项目总结……………………………77

项目四
OpenStack 身份管理……78
学习目标……………………………78
项目描述……………………………78
任务一 理解身份服务…………………78
 任务说明…………………………78
 知识引入…………………………78
  1. Keystone 的基本概念…………78
  2. Keystone 的主要功能…………79
  3. Keystone 的管理层次结构……80
  4. Keystone 的认证流程…………80
 任务实现…………………………82
  1. 查看当前的 Identity API 版本…82
  2. 通过 API 请求认证令牌………82
  3. 使用认证令牌通过 API 进行身份
   管理操作……………………84
任务二 管理项目、用户和角色…………85
 任务说明…………………………85

知识引入…………………………85
 1. 进一步了解项目、用户和角色……85
 2. 命令行的身份管理用法…………86
 3. 专用的服务用户…………………87
任务实现…………………………87
 1. 管理项目……………………87
 2. 管理用户……………………89
 3. 管理角色……………………91
 4. 查看服务的 API 端点………91
 5. 使用命令行进行身份管理操作……91
任务三 通过 oslo.policy 库实现权限管理…94
 任务说明…………………………94
 知识引入…………………………94
  1. OpenStack 的 oslo.policy 库……94
  2. policy.json 文件的语法…………94
 任务实现…………………………95
  1. 编写简单的 policy.json 策略……95
  2. 解读 policy.json 策略……………95
项目实训……………………………97
 项目实训一 通过图形界面管理项目、
  用户和角色……………………97
  实训目的………………………97
  实训内容………………………97
 项目实训二 通过命令行管理项目、用户
  和角色…………………………97
  实训目的………………………97
  实训内容………………………97
项目总结……………………………97

项目五
OpenStack 镜像管理与
制作…………………………98
学习目标……………………………98
项目描述……………………………98
任务一 理解 OpenStack 镜像服务…………98
 任务说明…………………………98
 知识引入…………………………98
  1. 什么是镜像……………………98
  2. 什么是镜像服务………………99
  3. Glance 架构……………………99
 任务实现…………………………100
  1. 查看 Glance 配置文件………100
  2. 验证 Glance 服务……………101

3. 试用镜像服务的 API ⋯⋯⋯⋯ 101
任务二　管理 OpenStack 镜像 ⋯⋯⋯⋯ 102
　　任务说明 ⋯⋯⋯⋯⋯⋯⋯⋯⋯⋯⋯⋯ 102
　　知识引入 ⋯⋯⋯⋯⋯⋯⋯⋯⋯⋯⋯⋯ 102
　　　1. 虚拟机镜像的磁盘格式和容器
　　　　 格式 ⋯⋯⋯⋯⋯⋯⋯⋯⋯⋯⋯⋯ 102
　　　2. 镜像的状态 ⋯⋯⋯⋯⋯⋯⋯⋯⋯ 103
　　　3. 镜像的访问权限 ⋯⋯⋯⋯⋯⋯⋯ 103
　　　4. 镜像的元数据 ⋯⋯⋯⋯⋯⋯⋯⋯ 104
　　　5. 命令行的镜像管理方法 ⋯⋯⋯⋯ 104
　　任务实现 ⋯⋯⋯⋯⋯⋯⋯⋯⋯⋯⋯⋯ 105
　　　1. 获取镜像 ⋯⋯⋯⋯⋯⋯⋯⋯⋯⋯ 105
　　　2. 查看镜像 ⋯⋯⋯⋯⋯⋯⋯⋯⋯⋯ 106
　　　3. 创建镜像 ⋯⋯⋯⋯⋯⋯⋯⋯⋯⋯ 107
　　　4. 管理镜像 ⋯⋯⋯⋯⋯⋯⋯⋯⋯⋯ 108
　　　5. 转换镜像格式 ⋯⋯⋯⋯⋯⋯⋯⋯ 109
任务三　基于预制镜像定制 OpenStack
　　　　镜像 ⋯⋯⋯⋯⋯⋯⋯⋯⋯⋯⋯⋯ 110
　　任务说明 ⋯⋯⋯⋯⋯⋯⋯⋯⋯⋯⋯⋯ 110
　　知识引入 ⋯⋯⋯⋯⋯⋯⋯⋯⋯⋯⋯⋯ 110
　　　1. 什么是 cloud-init ⋯⋯⋯⋯⋯⋯ 110
　　　2. 什么是实例快照 ⋯⋯⋯⋯⋯⋯⋯ 110
　　任务实现 ⋯⋯⋯⋯⋯⋯⋯⋯⋯⋯⋯⋯ 111
　　　1. 通过预制的 OpenStack 镜像创建
　　　　 一个虚拟机实例 ⋯⋯⋯⋯⋯⋯⋯ 111
　　　2. 对实例进行定制 ⋯⋯⋯⋯⋯⋯⋯ 111
　　　3. 定制 cloud-init 初始化行为 ⋯⋯ 112
　　　4. 为上述实例创建快照 ⋯⋯⋯⋯⋯ 112
　　　5. 测试实例快照 ⋯⋯⋯⋯⋯⋯⋯⋯ 113
　　　6. 将实例快照转换成镜像 ⋯⋯⋯⋯ 114
任务四　使用自动化工具制作 OpenStack
　　　　镜像 ⋯⋯⋯⋯⋯⋯⋯⋯⋯⋯⋯⋯ 115
　　任务说明 ⋯⋯⋯⋯⋯⋯⋯⋯⋯⋯⋯⋯ 115
　　知识引入 ⋯⋯⋯⋯⋯⋯⋯⋯⋯⋯⋯⋯ 115
　　　1. Diskimage-builder 工具 ⋯⋯⋯ 115
　　　2. 其他自动化镜像生成工具 ⋯⋯⋯ 115
　　任务实现 ⋯⋯⋯⋯⋯⋯⋯⋯⋯⋯⋯⋯ 116
　　　1. 安装 Diskimage-builder ⋯⋯⋯ 116
　　　2. 熟悉 Diskimage-builder 的
　　　　 用法 ⋯⋯⋯⋯⋯⋯⋯⋯⋯⋯⋯⋯ 116
　　　3. 使用 Diskimage-builder 自动
　　　　 构建 Ubuntu 操作系统镜像 ⋯⋯ 117
任务五　手动制作 OpenStack 镜像 ⋯⋯ 119
　　任务说明 ⋯⋯⋯⋯⋯⋯⋯⋯⋯⋯⋯⋯ 119
　　知识引入 ⋯⋯⋯⋯⋯⋯⋯⋯⋯⋯⋯⋯ 119

　　　1. 手动制作镜像 ⋯⋯⋯⋯⋯⋯⋯⋯ 119
　　　2. KVM 虚拟化工具 ⋯⋯⋯⋯⋯⋯ 119
　　　3. KVM 虚拟磁盘（镜像）文件
　　　　 格式 ⋯⋯⋯⋯⋯⋯⋯⋯⋯⋯⋯⋯ 120
　　　4. VirtIO 驱动程序与 Cloudbase
　　　　 -Init ⋯⋯⋯⋯⋯⋯⋯⋯⋯⋯⋯⋯ 120
　　任务实现 ⋯⋯⋯⋯⋯⋯⋯⋯⋯⋯⋯⋯ 121
　　　1. 部署 KVM ⋯⋯⋯⋯⋯⋯⋯⋯⋯ 121
　　　2. 手动创建 Windows Server 2012
　　　　 R2 操作系统镜像 ⋯⋯⋯⋯⋯⋯ 121
　　　3. 测试 Windows Server 2012 R2
　　　　 操作系统镜像 ⋯⋯⋯⋯⋯⋯⋯⋯ 126
　　　4. 测试 Cloudbase-Init 初始化
　　　　 设置 ⋯⋯⋯⋯⋯⋯⋯⋯⋯⋯⋯⋯ 127
　　　5. 解决 Windows 虚拟机实例时间
　　　　 不同步问题 ⋯⋯⋯⋯⋯⋯⋯⋯⋯ 128
项目实训 ⋯⋯⋯⋯⋯⋯⋯⋯⋯⋯⋯⋯⋯⋯ 129
　　项目实训一　通过命令行界面完成镜像的
　　　　　　　　基本操作 ⋯⋯⋯⋯⋯⋯ 129
　　　实训目的 ⋯⋯⋯⋯⋯⋯⋯⋯⋯⋯⋯ 129
　　　实训内容 ⋯⋯⋯⋯⋯⋯⋯⋯⋯⋯⋯ 129
　　项目实训二　基于预制镜像定制 Ubuntu
　　　　　　　　操作系统云镜像 ⋯⋯⋯ 129
　　　实训目的 ⋯⋯⋯⋯⋯⋯⋯⋯⋯⋯⋯ 129
　　　实训内容 ⋯⋯⋯⋯⋯⋯⋯⋯⋯⋯⋯ 130
项目总结 ⋯⋯⋯⋯⋯⋯⋯⋯⋯⋯⋯⋯⋯⋯ 130

项目六
OpenStack 虚拟机实例管理 ⋯⋯⋯⋯⋯ 131

学习目标 ⋯⋯⋯⋯⋯⋯⋯⋯⋯⋯⋯⋯⋯⋯ 131
项目描述 ⋯⋯⋯⋯⋯⋯⋯⋯⋯⋯⋯⋯⋯⋯ 131
任务一　理解 OpenStack 计算服务 ⋯⋯ 131
　　任务说明 ⋯⋯⋯⋯⋯⋯⋯⋯⋯⋯⋯⋯ 131
　　知识引入 ⋯⋯⋯⋯⋯⋯⋯⋯⋯⋯⋯⋯ 131
　　　1. 什么是 Nova ⋯⋯⋯⋯⋯⋯⋯⋯ 131
　　　2. Nova 所用的虚拟化技术 ⋯⋯⋯ 132
　　　3. Nova 的系统架构 ⋯⋯⋯⋯⋯⋯ 133
　　　4. 虚拟机实例化流程 ⋯⋯⋯⋯⋯⋯ 133
　　任务实现 ⋯⋯⋯⋯⋯⋯⋯⋯⋯⋯⋯⋯ 134
　　　1. 验证 Nova 服务 ⋯⋯⋯⋯⋯⋯⋯ 134
　　　2. 试用计算服务的 API ⋯⋯⋯⋯⋯ 134

任务二 创建和管理虚拟机实例 136
  任务说明 136
  知识引入 136
    1. nova-api 服务 136
    2. nova-scheduler 服务 136
    3. nova-compute 服务 138
    4. nova-conductor 服务 139
    5. Nova 计算服务与 Placement 放置服务 140
    6. 镜像和实例的关系 140
    7. 命令行的实例创建用法 141
    8. 命令行的实例管理用法 142
  任务实现 143
    1. 生成密钥对 143
    2. 添加安全组规则 144
    3. 管理实例类型 144
    4. 创建实例 146
    5. 创建实例排错 146
    6. 管理虚拟机实例 147
    7. 访问虚拟机实例 147
任务三 注入元数据实现虚拟机实例个性化配置 148
  任务说明 148
  知识引入 148
    1. 元数据注入 148
    2. 元数据服务机制 149
    3. 配置驱动器机制 150
    4. 进一步了解 cloud-init 150
  任务实现 151
    1. 向虚拟机实例注入用户数据 151
    2. 设置虚拟机实例的元数据（属性） 153
    3. 验证元数据服务机制 153
    4. 验证配置驱动器机制 155
任务四 增加一个计算节点 156
  任务说明 156
  知识引入 156
    1. Nova 的物理部署 156
    2. Nova 的部署模式 156
  任务实现 157
    1. 准备双节点 OpenStack 云平台安装环境 157
    2. 编辑应答文件 157
    3. 使用修改过的应答文件运行 Packstack 安装器 158
    4. 验证双节点部署 159
任务五 迁移虚拟机实例 160
  任务说明 160
  知识引入 161
    1. 什么是实例冷迁移 161
    2. 什么是实例热迁移 161
    3. 热迁移命令行用法 161
  任务实现 162
    1. 在计算节点之间配置 SSH 无密码访问 162
    2. 执行实例的冷迁移操作 162
    3. 实现热迁移的通用配置 164
    4. 执行实例的热迁移操作 165
项目实训 167
  项目实训一 使用命令行创建 Fedora 虚拟机实例并注入用户密码 167
    实训目的 167
    实训内容 167
  项目实训二 增加一个计算节点并进行实例冷迁移 167
    实训目的 167
    实训内容 167
项目总结 167

项目七
OpenStack 网络管理 168
学习目标 168
项目描述 168
任务一 了解 OpenStack 网络服务 168
  任务说明 168
  知识引入 168
    1. Neutron 项目 168
    2. Neutron 架构 169
    3. Neutron 网络基本结构 170
  任务实现 170
    1. 验证网络服务 170
    2. 验证网络结构 170
    3. 试用网络服务的 API 171
任务二 理解 OpenStack 网络资源模型 172
  任务说明 172
  知识引入 172
    1. Neutron 的网络 172

2. 提供者网络……………………… 173
　　3. 自服务网络……………………… 174
　　4. Neutron 的子网………………… 175
　　5. Neutron 的端口………………… 176
　　6. Neutron 的路由器……………… 176
　　7. 网络管理的命令行基本用法…… 177
　任务实现……………………………… 178
　　1. 验证网络资源模型……………… 178
　　2. 提供者网络实例分析…………… 181
　　3. 自服务网络实例分析…………… 182
任务三　理解 OpenStack 网络服务的实现
　　　　机制………………………………… 183
　任务说明……………………………… 183
　知识引入……………………………… 184
　　1. Neutron 服务与组件的层次
　　　结构……………………………… 184
　　2. neutron-server………………… 184
　　3. 插件与代理架构………………… 185
　　4. ML2 插件……………………… 185
　　5. L2 代理………………………… 186
　　6. Open vSwitch 代理…………… 187
　　7. L3 代理………………………… 188
　　8. DHCP 代理…………………… 190
　　9. 元数据代理……………………… 190
　任务实现……………………………… 190
　　了解 OpenStack 网络服务的物理
　　部署………………………………… 190
任务四　掌握 OpenStack 网络服务与 OVN
　　　　的集成……………………………… 191
　任务说明……………………………… 191
　知识引入……………………………… 191
　　1. 什么是 OVN…………………… 191
　　2. OVN 架构和实现机制………… 192
　　3. OpenStack Neutron 与 OVN
　　　集成……………………………… 193
　　4. 集成 OVN 的 Neutron 网络服务
　　　部署……………………………… 194
　任务实现……………………………… 195
　　1. 验证集成 OVN 的网络服务
　　　部署……………………………… 195
　　2. 查看集成 OVN 的网络服务
　　　配置……………………………… 197
项目实训………………………………… 198
　项目实训一　验证 OpenStack 网络
　　　　　　　资源模型………………… 198
　　实训目的……………………………… 198
　　实训内容……………………………… 199
　项目实训二　整理 OpenStack 网络端口
　　　　　　　管理的命令行用法……… 199
　　实训目的……………………………… 199
　　实训内容……………………………… 199
　项目实训三　验证 OVN 网络的部署和
　　　　　　　配置……………………… 199
　　实训目的……………………………… 199
　　实训内容……………………………… 199
项目总结………………………………… 199

项目八

OpenStack 存储管理……200

学习目标………………………………… 200
项目描述………………………………… 200
任务一　理解 OpenStack 块存储服务…… 200
　任务说明……………………………… 200
　知识引入……………………………… 201
　　1. Cinder 的主要功能……………… 201
　　2. Cinder 与 Nova 的交互………… 201
　　3. Cinder 架构……………………… 201
　　4. Cinder 创建卷的基本流程……… 202
　任务实现……………………………… 203
　　1. 验证 Cinder 服务……………… 203
　　2. 试用 Cinder 的 API…………… 203
任务二　创建和管理卷…………………… 204
　任务说明……………………………… 204
　知识引入……………………………… 205
　　1. cinder-api 服务………………… 205
　　2. cinder-scheduler 服务………… 205
　　3. cinder-volume 服务…………… 206
　　4. cinder-backup 服务…………… 208
　　5. Cinder 服务的部署……………… 208
　　6. 卷操作的命令行基本用法……… 208
　任务实现……………………………… 210
　　1. 查看卷服务分布和运行情况…… 210
　　2. 查看存储后端配置……………… 210
　　3. 查看卷………………………… 210
　　4. 创建与删除卷…………………… 211
　　5. 连接与分离卷…………………… 212
　　6. 扩展卷………………………… 212
　　7. 创建卷快照……………………… 213

    8. 设置可启动卷……………… 214
    9. 更改卷的卷类型…………… 214
    10. 管理卷类型……………… 214

任务三　了解 Swift 对象存储服务………215
  任务说明……………………………… 215
  知识引入……………………………… 215
    1. Swift 对象存储系统………… 215
    2. Swift 的应用场景…………… 216
    3. 对象的层次数据模型……… 216
    4. 对象层级结构与对象存储 API 的
       交互……………………………… 216
    5. 对象存储的组件…………… 217
    6. Swift 架构…………………… 218
  任务实现……………………………… 220
    1. 验证 Swift 服务……………… 220
    2. 查看 Swift 环文件…………… 222

项目实训…………………………………223
  项目实训一　使用命令行创建和管理卷… 223
    实训目的……………………… 223
    实训内容……………………… 223
  项目实训二　验证 Cinder 和 Swift
       服务……………………… 223
    实训目的……………………… 223
    实训内容……………………… 223

项目总结…………………………………223

项目九
综合演练——手动部署 OpenStack ……………224

学习目标…………………………………224
项目描述…………………………………224
任务一　OpenStack 云部署规划…………224
  任务说明……………………………… 224
  知识引入……………………………… 224
    1. 架构设计……………………… 224
    2. 虚拟网络方案设计………… 225
    3. 示例的网络拓扑…………… 227
    4. 示例架构的局限性………… 227
  任务实现……………………………… 227
    1. 确定云部署目标…………… 227
    2. 设计云部署架构…………… 228
    3. OpenStack 账户密码约定…… 228

任务二　OpenStack 云平台环境配置………229
  任务说明……………………………… 229
  任务实现……………………………… 229
    1. 准备两个节点主机………… 229
    2. 配置节点主机网络………… 230
    3. 设置时间同步……………… 231
    4. 安装 OpenStack 软件包……… 232
    5. 安装 SQL 数据库…………… 232
    6. 安装消息队列服务………… 233
    7. 安装 Memcached 服务……… 233
    8. 安装 Etcd…………………… 234

任务三　安装和部署 Keystone 身份服务… 234
  任务说明……………………………… 234
  知识引入……………………………… 235
    1. keystone-manage 命令……… 235
    2. 其他服务在 Keystone 中的
       注册……………………………… 235
  任务实现……………………………… 235
    1. 创建 Keystone 数据库……… 235
    2. 安装和配置 Keystone 及相关
       组件……………………………… 236
    3. 配置 Apache HTTP 服务器… 237
    4. 完成 Keystone 安装………… 237
    5. 创建域、项目、用户和角色… 237
    6. 验证 Keystone 服务的安装… 239
    7. 创建 OpenStack 客户端环境
       脚本……………………………… 239

任务四　安装和部署 Glance 镜像服务…… 240
  任务说明……………………………… 240
  任务实现……………………………… 240
    1. 完成 Glance 的安装准备…… 240
    2. 安装和配置 Glance 组件…… 241
    3. 完成 Glance 服务的安装…… 242
    4. 验证 Glance 镜像操作……… 242

**任务五　安装和部署 Placement 放置
服务**…………………………………… 242
  任务说明……………………………… 242
  任务实现……………………………… 242
    1. 完成放置服务安装的前期准备… 242
    2. 安装和配置放置服务组件… 243
    3. 完成放置服务安装………… 244
    4. 验证放置服务安装………… 244

任务六　安装和部署 Nova 计算服务……… 245
  任务说明……………………………… 245
  知识引入……………………………… 245

1. Nova 的 Cell 架构 ············· 245
2. Cell 部署 ··················· 246
3. Cell 管理命令 ··············· 247
任务实现 ························· 247
1. 在控制节点上完成 Nova 的安装准备 ··············· 247
2. 在控制节点上安装和配置 Nova 组件 ················ 248
3. 在控制节点上完成 Nova 安装 ······················ 250
4. 在计算节点上安装和配置 Nova 组件 ················ 250
5. 在计算节点上完成 Nova 安装 ······················ 252
6. 将计算节点添加到 cell 数据库 ···················· 252
7. 验证 Nova 计算服务的安装 ···· 252

任务七　安装和部署 Neutron 网络服务 ······ 253
任务说明 ························· 253
任务实现 ························· 253
1. 在控制节点上完成网络服务的安装准备 ············· 253
2. 在控制节点上配置网络选项 ···· 254
3. 在控制节点上配置元数据代理 ··· 258
4. 在控制节点上配置计算服务使用网络服务 ··········· 258
5. 在控制节点上完成网络服务安装 ·················· 258
6. 在计算节点上安装 Neutron 组件 ················ 259
7. 在计算节点上配置网络通用组件 ·················· 259
8. 在计算节点上配置网络选项 ···· 259
9. 在计算节点上配置计算服务使用网络服务 ··········· 260
10. 在计算节点上完成网络服务安装 ················· 260
11. 验证网络服务运行 ·········· 260
12. 创建初始网络 ············· 260
13. 验证网络操作 ············· 261
14. 基于提供者网络启动实例 ······ 262

任务八　安装和部署 Horizon 仪表板 ······ 263
任务说明 ························· 263

任务实现 ························· 264
1. 安装和配置 Horizon 组件 ······ 264
2. 完成 Horizon 安装 ·········· 264
3. 验证仪表板操作 ············· 265

任务九　安装和部署 Cinder 块存储服务 ····· 266
任务说明 ························· 266
任务实现 ························· 266
1. 在控制节点上完成 Cinder 的安装准备 ············· 266
2. 在控制节点上安装和配置 Cinder 组件 ················ 267
3. 在控制节点上配置计算服务使用块存储服务 ········· 268
4. 在控制节点上完成 Cinder 安装 ······················ 268
5. 在存储节点上完成 Cinder 的安装准备 ············· 268
6. 在存储节点上安装和配置 Cinder 组件 ················ 269
7. 在存储节点上完成 Cinder 安装 ······················ 270
8. 验证 Cinder 服务操作 ········ 270

项目实训 ····························· 271
项目实训一　搭建 OpenStack 云平台基础环境 ··········· 271
实训目的 ······················· 271
实训内容 ······················· 271
项目实训二　安装 Keystone 身份服务 ··············· 271
实训目的 ······················· 271
实训内容 ······················· 271
项目实训三　安装 Glance 镜像服务 ····· 271
实训目的 ······················· 271
实训内容 ······················· 271
项目实训四　安装 Nova 计算服务 ···· 271
实训目的 ······················· 271
实训内容 ······················· 272
项目实训五　安装 Neutron 网络服务 ···· 272
实训目的 ······················· 272
实训内容 ······················· 272

项目总结 ···························· 272

项目一
OpenStack安装

学习目标
- 了解云计算的概念、架构和模式，以及主流的云计算平台
- 了解 OpenStack 项目，调查 OpenStack 的应用情况
- 理解 OpenStack 的架构，了解 OpenStack 的物理部署
- 了解 OpenStack 部署工具，掌握 OpenStack 的快捷安装方法

项目描述

云计算（Cloud Computing）将计算、服务和应用作为一种公共设施提供给公众，使人们能够像使用水、电、煤气和电话那样使用计算机资源。OpenStack 目前已经成为开源云架构的事实标准，是许多机构和服务提供商的战略选择。学习 OpenStack 有一定难度，本项目将先带领读者完成 OpenStack 的快捷安装部署，建立一个实验用的一体化 OpenStack 云平台。在安装 OpenStack 之前，读者应先了解 OpenStack 的基础知识，包括 OpenStack 的概念、架构、运行机制和应用场景。新时代十年以来，云计算在国内生产环境中被大规模地使用，推动数字经济蓬勃发展。

任务一　了解云计算

任务说明

OpenStack 是云操作系统，学习 OpenStack 首先需要了解云计算的基本知识，理解相关的概念。本任务的具体要求如下。
- 了解虚拟化的概念。
- 了解云计算的概念。
- 理解云计算的架构和部署模式。
- 了解目前主流的云计算平台。

知识引入

1. 什么是虚拟化

虚拟化是云计算的基础。1959 年，国际信息处理大会提出了"虚拟化"的概念；1972 年，IBM 公司发布了用于创建弹性大型主机的虚拟机技术；进入 21 世纪，VMware 公司引领的虚拟化应用迅速普及。

虚拟化是一个广义的术语，这里的虚拟化是指 IT 领域的虚拟化。虚与实是相对的。虚拟化是指计算元件在虚拟的而不是真实的硬件基础上运行，用"虚"的软件来替代或模拟"实"的计算机硬件。虚拟化使得在一台物理计算机上可以运行多台虚拟机。这些虚拟机共享物理计算机的 CPU、内存、I/O 硬件资源，但逻辑上虚拟机之间是相互隔离的。

虚拟化将物理资源转变为具有可管理性的逻辑资源，以消除物理结构之间的隔离，将物理资源融为一个整体。虚拟化是一种简化管理和优化资源的解决方案，将原本在真实环境中运行的计算机系统或组

件转移到虚拟环境中运行，使其不受资源条件、地理位置、物理装配和物理配置的限制。虚拟化按逻辑方式管理资源，便于实现资源的自动化调配，方便各种虚拟化系统有效地共享硬件和软件资源。

2. 什么是云计算

云（Cloud）是网络、互联网的一种比喻说法。云计算是提供虚拟化资源的模式，将以前的信息孤岛转化为灵活高效的资源池和具备自我管理能力的虚拟基础架构，从而将 IT 资源以更低的成本和更好的服务提供给用户。云计算意味着 IT 的作用正在从提供 IT 服务逐步过渡到根据业务需求优化服务的交付和使用。

传统模式下，企业建立一套 IT 系统不仅要采购硬件等基础设施，而且要购买软件的许可证，还需要专门的人员维护。当企业的规模扩大时，就要继续升级各种软、硬件设施以满足需要。计算机的硬件和软件本身并非是用户必需的，它们仅仅是完成任务的工具，用户完全可以通过租用来满足软、硬件资源需求，而云计算就能提供这样的租用服务。

云计算是 IT 系统架构不断发展的产物。早期的 IT 系统架构为面向物理设备的物理机架构，所有应用部署和运行都在物理机上，资源利用率很低，而且部署和运维成本很高。随着物理服务器的计算能力不断提高，为解决这些问题，出现了基于虚拟机的 IT 系统架构，它面向资源，将应用系统直接部署到虚拟机上。虚拟化提高了单台物理机的资源利用率，但并不提供基础设施服务。最新的云计算架构面向服务，将计算、存储和网络类 IT 系统资源以服务的形式提供给用户；用户只需向云平台请求所需的虚拟机（又称云主机）来运行自己的应用系统，无须关心虚拟机在哪里运行、从何处获取存储空间、如何分配 IP 地址等问题。所有这一切都由云平台来实现。

3. 云计算架构

云平台是一个面向服务的架构，云计算包括 3 个层次的服务：基础设施即服务（Infrastructure as a Service, IaaS）、平台即服务（Platform as a Service, PaaS）和软件即服务（Software as a Service, SaaS）。这 3 种服务代表了不同的云服务模式，分别在基础设施层、平台层和应用层实现，共同构成云计算的整体架构，如图 1-1 所示。

IaaS 将数据中心、基础设施等硬件资源通过 Internet 分配给用户，提供的服务是虚拟机。IaaS 负责管理虚拟机的生命周期，包括创建、修改、备份、启停、销毁等，用户从云平台获得一个已经安装好操作系统等软件的虚拟机。企业或个人可以远程访问云计算资源，包括计算、存储以及应用虚拟化技术所提供的相关功能。目前具有代表性的 IaaS 产品有 Amazon 公司的 EC2 云主机和 S3 云存储、Rackspace Cloud，以及国内的阿里云、腾讯云和百度云等。

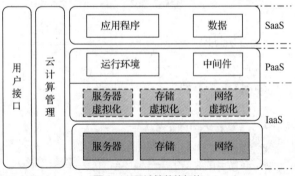

图 1-1 云计算整体架构

PaaS 将一个完整的计算机平台，包括应用设计、应用开发、应用测试和应用托管，作为一种服务提供给客户。也就是说，PaaS 提供的服务是应用的运行环境和一系列中间件服务（如数据库、消息队列等）。PaaS 负责保证这些服务的可用性和性能。在这种服务模式中，客户不需要购买硬件和软件，只需利用 PaaS 平台，就能够创建、测试和部署应用和服务，性价比高。目前 PaaS 的主流产品有 Microsoft 公司的 Windows Azure 平台、Facebook 公司的开发平台、Google App Engine、IBM Bluemix，以及国内的新浪 SAE 等。

SaaS 是一种通过 Internet 提供软件的云服务模式，用户无须购买和安装软件，而是直接通过网络向专门的提供商获取自己所需的、带有相应软件功能的服务。SaaS 直接提供应用服务，主要面向软件的最终用户，用户无须关注后台服务器和运行环境，只需关注软件的使用。SaaS 应用很广，如在线邮件服务、网络会议等各种工具型服务,在线CRM、在线HR、在线进销存、在线项目管理等各种管理型服务,以及网络搜索、网络游戏、在线视频等娱乐型应用。Microsoft、Salesforce等各大软件巨头都推出了自己的SaaS应用,用友、金蝶等国内行业软件巨头也推出了自己的SaaS应用。

另外,从图1-1中还可以发现,云计算架构还包括用户接口(针对不同层次的云计算服务提供相应的访问接口)和云计算管理(对所有层次的云计算服务提供管理功能)这两个模块。

4. 云计算的部署模式

对于云提供者而言,云计算可以分为以下3种部署模式。

(1)公有云(Public Cloud)。公有云是面向公众提供的应用和存储等资源,是为外部客户提供服务的云,其云服务是面向公众的。公有云最大的优点是其所应用的程序、服务及相关数据都存放在公共云端,用户无须进行投资和建设。但因为数据没有存储在用户自己的数据中心,所以公有云具有一定的安全风险,同时公有云的可用性不受用户控制,存在一定的不确定性。

(2)私有云(Private Cloud)。私有云又称专用云,是企业自己专用的云,所有的服务不是供公众使用,而是供企业内部人员或分支机构使用。私有云的核心属性是私有资源。私有云部署在企业内部,因此其数据安全性、系统可用性、服务质量都可由企业自己控制。其缺点是投资较大,尤其是一次性的建设投资较大。私有云的部署比较适合于有众多分支机构的大型企业或政府部门。

(3)混合云(Hybrid Cloud)。混合云是公有云和私有云的混合部署。混合云既面向公共空间又面向私有空间提供服务,可以发挥出所混合的多种云计算模型各自的优势。当用户需要使用的服务既涉及公有云又涉及私有云时,选择混合云比较合适。混合云可提供用户所需的外部供应扩展,对提供者的要求较高。

5. 裸金属云

裸金属云(Bare Metal Cloud)是一种提供物理服务器服务的云产品。与通用的云主机相比,它没有虚拟机管理程序(Hypervisor),没有虚拟机,也不存在多用户共享。

与虚拟化云主机几乎都基于x86架构不同,裸金属云在平台架构方面的选择要丰富得多。除了使用基于Intel处理器的服务器之外,裸金属云还可以选择基于POWER处理器、ARM处理器以及GPU、FPGA等架构的服务器产品。

随着容器技术的兴起,物理服务器正成为更多用户的选择,因为对于用容器运行应用的用户来说,虚拟机在某些情况下是没有必要的。一些企业用户希望使用可靠、安全的环境,也会选择裸金属云。

任务实现

1. 了解商用云计算平台

早在1983年,Sun公司就提出了"网络就是计算机"的概念,这被认为是云计算的雏形。2006年,Amazon公司推出了弹性计算云(Elastic Computing Cloud,EC2),按用户使用的计算资源进行收费,正式开启了云计算的商业化。目前主流的商用云计算平台如下:

(1)AWS。Amazon公司的AWS(Amazon Web Services,亚马逊云计算服务)是目前著名的商用云计算服务平台之一,且其已成为公有云的事实标准,为全球范围内的客户提供云解决方案。它面向用户提供包括弹性计算云(Amazon EC2)、简单存储服务(Amazon S3)、简单数据库(Amazon SimpleDB)、简单队列服务(Amazon Simple Queue Service)、内容分发网络(Amazon CloudFront)等在内的一整套云计算服务,帮助企业降低IT投入成本和维护成本。其中EC2用于提供虚拟机服务,并建立了基于虚拟化技术实现资源动态共享、弹性扩展的云服务标准。S3(Simple Storage Service)用于提供云存储服务,已经成为全球范围内应用非常广的云存储接口。值得一提的是,Amazon公司还推出了i3裸金属云服务器。

(2)Azure。Microsoft公司的Azure是一个综合性云服务平台,开发人员和IT专业人士可使用该平台来生成、部署和管理应用程序。作为一个开放而灵活的企业级云计算平台，其提供 IaaS 和 PaaS 两种模式的云计算服务。

（3）阿里云。阿里云（AliCloud）是阿里巴巴集团旗下的云计算品牌，面向全球提供云计算服务，在国内公有云市场上占据主导地位。它为用户提供类似于 AWS 的一整套云解决方案，包括弹性计算、云存储、云安全等。阿里云还提供裸金属云服务产品，如神龙云服务器（X-dragon Cloud Server）。

2. 了解开源云计算平台

开源云计算平台并不仅是商用云计算软件的替代品，许多新的云计算概念和技术往往是在开源软件中率先实现的。开源云计算平台进一步拓展了云计算领域，推动云计算技术向前发展。目前主流的开源云计算平台如下。

（1）OpenStack。OpenStack 是一个提供 IaaS 开源解决方案的全球性项目，由 Rackspace 公司和美国国家航空航天局（National Aeronautics and Space Administration，NASA）共同创办，采用了 Apache 2.0 许可证，可以随意使用。OpenStack 并不要求使用专门的硬件或软件，可以在虚拟系统或裸机系统中运行。它支持多种虚拟机管理器（如 KVM 和 XenServer）和容器技术。OpenStack 适应不同的用户，既面向为客户部署 IaaS 的服务提供商，又面向为项目团队和各部门提供私有云服务的企业 IT 部门。OpenStack 既可与 Hadoop 协同运行以满足大数据要求，又可纵向和横向扩展以满足不同的计算要求，还可提供高性能计算以处理密集的工作负载。

（2）OpenNebula。OpenNebula 可为云计算提供丰富的功能集，它也采用 Apache 2.0 许可证。该项目力求开发先进的、自适应的虚拟化数据中心和企业云，注重云计算软件的稳定性和质量。

（3）Eucalyptus。Eucalyptus 可提供完整的 IaaS 解决方案，包括云控制器、持续性数据存储、集群控制器、存储控制器、节点控制器和可选的 VMware 代理，每个组件都是一种独立的 Web 服务，旨在为每种服务提供应用程序接口（Application Programming Interface，API）。这种基于 Linux 操作系统开发的云计算平台让用户可以使用基于行业标准的模块化框架，在现有的基础设施里部署私有云和混合云。Eucalyptus 社区版采用的是 GPL v3 授权协议，无须许可证；而企业版需要授权，要在云控制器上安装许可证。

（4）CloudStack。CloudStack 的核心是用 Java 编写的云平台解决方案，可以与 XenServer/XCP、KVM、Hyper-V 和 VMware 上的主机协同运行，被许多提供商选择用来为客户部署私有云、公有云和混合云等解决方案。CloudStack 的授权与 Eucalyptus 类似。

任务二　了解 OpenStack 项目

任务说明

2010 年 7 月，Rackspace 公司和美国国家航空航天局合作，分别贡献出 Rackspace 公司云文件平台代码和 NASA Nebula 平台代码，并以 Apache 许可证开源发布了 OpenStack，OpenStack 由此诞生。经过几年的发展，OpenStack 已成为业内领先的开源项目，是能提供部署私有云和公有云的一个操作平台和一套工具集。目前 OpenStack 已得到了广泛应用，并且在许多大型企业中支撑核心生产业务。要应用 OpenStack，首先需要对 OpenStack 项目有总体的了解。本任务的具体要求如下。

- 了解 OpenStack 的概念。
- 了解 OpenStack 项目的组成。
- 了解 OpenStack 的版本演变。
- 了解 OpenStack 基金会与社区。
- 调查 OpenStack 的应用情况。

知识引入

1. 什么是 OpenStack

Open 意为开放，Stack 意为堆栈或堆叠，OpenStack 是一系列开源软件项目的组合。OpenStack 是目前非常流行的开源云操作系统，同时也是基础设施资源的系统管理平台。

OpenStack 用于对数据中心的计算、存储和网络资源进行统一管理，提供 IT 基础设施服务。OpenStack 可以作为虚拟机、裸金属服务器和容器等的云基础架构和基础设施平台，如图 1-2 所示。在 OpenStack 中，所有的管理任务都可以通过 API 来实现，并使用通用的身份认证机制。云管理员可以使用 OpenStack 提供的仪表板来实现管理和控制，最终用户可以被授权通过 Web 图形界面部署和使用资源。除了标准的 IaaS 功能外，OpenStack 还提供额外的组件来实现编排、故障管理和服务管理等功能，以保证用户应用的高可用性。

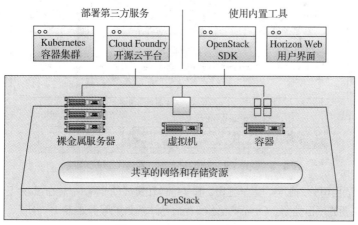

图 1-2 OpenStack 示意图

2. OpenStack 项目及其组成

OpenStack 秉承可扩展的设计理念，整个 OpenStack 项目是由众多相互独立的项目组成的，每个项目都有自己的代号或名称，由一系列进程、命令行脚本、数据库和其他脚本组成。项目之间相互关联，用于协同管理各类计算、存储和网络资源，以提供云计算服务。

OpenStack 最初仅包括 Nova 和 Swift 两个项目，现在已经有数十个项目。OpenStack 项目的构成如图 1-3 所示，部分核心项目简介如下（注意图中给出的是项目代号）。

（1）仪表板（Dashboard）：项目代号为 Horizon，提供一个基于 Web 的自服务门户，让用户和运维人员最终都可以通过它与 OpenStack 服务交互来完成大多数的云资源操作，如启动虚拟机、分配 IP 地址、动态迁移等。

（2）计算服务（Compute Service）：项目代号为 Nova，部署和管理虚拟机并为用户提供虚拟机服务。它管理 OpenStack 环境中计算实例的生命周期，按需响应包括生成、调度、回收虚拟机等操作。

（3）网络（Networking）：项目代号为 Neutron，为其他 OpenStack 服务提供网络连接服务，为用户提供 API 定义网络和接入网络，允许用户创建自己的虚拟网络并连接各种网络设备接口。

（4）对象存储（Object Storage）：项目代号为 Swift，通过 REST API 存储或检索对象（文件），以低成本的方式管理大量非结构化数据。

（5）块存储（Block Storage）：项目代号为 Cinder，为运行虚拟机提供持久性块存储服务。它的可插拔驱动架构的功能有助于创建和管理块存储设备。

（6）身份服务（Identity Service）：项目代号为 Keystone，为所有 OpenStack 服务提供身份认证

和授权。

（7）镜像（Image Service）：项目代号为 Glance，主要提供虚拟机镜像的存储、查询和检索服务。Glance 通过提供一个虚拟磁盘镜像的目录和存储库，为 Nova 的虚拟机提供镜像服务。

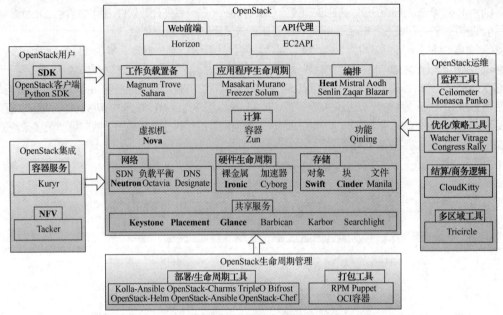

图 1-3　OpenStack 项目的构成（粗体代表核心功能）

OpenStack 项目可分为服务、运维工具、服务插件和集成使能器（Integration Enablers）等类型。其中，服务是最主要的项目类型。OpenStack Train 版本提供的服务如表 1-1 所示。

表 1-1　OpenStack Train 版本提供的服务

功能分类	项目	项目代号	说明
计算（Compute）	Compute Service	Nova	计算服务（提供虚拟机服务）
	Containers Service	Zun	容器服务
	Functions Service	Qinling	功能服务（无服务器计算平台）
硬件生命周期（Hardware Lifecycle）	Bare Metal Provisioning Service	Ironic	裸金属置备服务
	Lifecycle Management of Accelerators	Cyborg	加速器生命周期管理
存储（Storage）	Block Storage	Cinder	块存储
	Object Storage	Swift	对象存储
	Shared File Systems	Manila	共享文件系统
网络（Network）	Networking	Neutron	网络（提供 SDN 服务）
	Load Balancer	Octavia	负载平衡
	DNS Service	Designate	DNS 服务
共享服务（Shared Services）	Identity Service	Keystone	身份服务
	Placement Service	Placement	放置服务
	Image Service	Glance	镜像服务
	Key Manager	Barbican	密钥管理
	Application Data Protection as a Service	Karbor	应用数据保护服务
	Indexing and Search	Searchlight	索引和搜索

续表

功能分类	项目	项目代号	说明
编排（Orchestration）	Orchestration	Heat	编排
	Clustering Service	Senlin	集群服务
	Workflow Service	Mistral	工作流服务
	Messaging Service	Zaqar	消息服务
	Resource Reservation Service	Blazar	资源预留服务
	Alarming Service	Aodh	报警服务
工作负载置备（Workload Provisioning）	Big Data Processing Framework Provisioning	Sahara	大数据处理框架置备
	Container Orchestration Engine Provisioning	Magnum	容器编排引擎置备
	Database as a Service	Trove	数据库即服务
应用程序生命周期（Application Lifecycle）	Instances High Availability Service	Masakari	实例高可用性服务
	Application Catalog	Murano	应用注册
	Backup, Restore, and Disaster Recovery	Freezer	恢复、备份和灾难恢复
	Software Development Lifecycle Automation	Solum	软件开发生命周期自动化
API 代理（API Proxies）	EC2 API proxy	EC2API	EC2 API 代理（为 Nova 提供可兼容 EC2 的 API）
Web 前端（Web Frontend）	Dashboard	Horizon	仪表板（提供 Web UI）

3. OpenStack 的版本演变

2010 年 10 月，OpenStack 的第 1 个正式版本发布，其代号为 Austin，计划每隔几个月发布一个全新的版本，并且以 26 个英文字母为首字母，按从 A 到 Z 的顺序命名后续版本。到 2011 年 9 月第 4 个版本 Diablo 发布时，OpenStack 公司官方声明每半年发布一个版本，分别在当年的春、秋两季。作为与 Linux 内核、Chromium 并列为全球贡献度最活跃的三大开源项目之一，OpenStack 目前依然保持着每半年交付一个新版本的迭代速度。OpenStack 项目由 OpenStack 社区开发和维护，每个版本不断改进，以吸收新技术，实现新概念。下面对几个较新的 OpenStack 版本进行简单介绍。

2018 年 2 月发布的第 17 个版本 Queens 主要针对机器学习、人工智能和容器等新工作负载进行升级。

2018 年 8 月发布的第 18 个版本 Rocky 推出了裸金属云，并支持快速升级和硬件加速。

2019 年 4 月发布的第 19 个版本 Stein 强化了裸金属云和网络管理性能，同时提高了 Kubernetes 集群的启动速度，为边缘计算和网络功能虚拟化（Network Functions Virtualization，NFV）用例提供网络升级功能，增强资源管理和跟踪性能。

2019 年 10 月发布的第 20 个版本 Train 除了支持更多的人工智能和机器学习外，还改进了资源管理并增强了安全性。本书将以此版本为例进行讲解和示范。

2020 年 5 月发布的第 21 个版本 Ussuri 的更新主要包括改进核心基础设施层的可靠性，强化安全性和加密性能，以及拓展通用性以支持新兴用例。另外所有服务都转向 Python 3。

2020 年 10 月发布的第 22 个版本 Victoria 主要增强了包括面向软件容器与 Kubernetes 编排器的原生集成，对许多新架构和标准的支持，以及改进对复杂网络问题（如元数据服务交付）的处理。

4. OpenStack 基金会与社区

2012 年 7 月，Rackspace 公司将 OpenStack 转交给 OpenStack 基金会进行管理。OpenStack

基金会是一个非营利组织,旨在推动 OpenStack 云操作系统在全球的发展、传播和使用。它在全球范围内服务开发者、用户及整个生态系统,为其提供共享资源,以促进 OpenStack 公有云与私有云的发展,帮助技术厂商选择平台,助力开发者开发出行业最佳的云软件。

OpenStack 基金会分为个人会员和企业会员两大类。OpenStack 基金会的个人会员是免费无门槛获取的,个人可凭借技术贡献或社区建设工作等参与到 OpenStack 社区中。而企业会员根据赞助会费的情况,分为白金会员、黄金会员、企业赞助会员以及支持组织者,其中白金和黄金会员的话语权最大。

OpenStack 社区是世界上规模非常大也非常完善的开源社区之一,拥有来自全球近 200 个国家的数万名成员。技术委员会负责总体管理全部 OpenStack 项目,而项目技术负责人(Project Technical Leader)则负责管理项目内的事务,对项目本身的发展进行决策。OpenStack 社区由技术专家负责技术,提供专门的资源来创建社区和整个社区生态系统,对各种贡献进行鼓励和奖励。

社区对个人会员而言是非常开放的,基本上向任何人敞开。个人只有加入基金会,才能享有会员权益,才可以贡献代码,参与 OpenStack 诸多事项的投票表决,获取更多的技术和市场信息。

任务实现

1. 了解 OpenStack 应用场景

OpenStack 项目旨在提供开源的云计算解决方案,以简化云的部署过程,实现类似于 AWS EC2 和 S3 的 IaaS 服务。目前 OpenStack 的应用涉及许多领域,在私有云和行业云这样的企业级服务领域里,OpenStack 凭借其灵活性高、成本低、可拓展性高、可避免厂商锁定的特性脱颖而出。OpenStack 主要的用例如下。

(1) Web 应用。交互式 Web 应用程序在当今商务活动中非常流行。许多企业,如企业人力资源技术提供商 Workday、JFE 钢铁株式会社及在线交流产品和服务提供商 LivePerson 都使用 OpenStack 来发布交互式 Web 应用程序。Web 应用所需的 IT 资源往往会随终端用户需求波动,任何响应故障都会影响客户的满意度和销售业务,而使用 OpenStack 云就可以通过动态增减资源来解决这些问题。

(2) 大数据。为大数据收集和分析提供可扩展的、弹性的基础设施,一直是 OpenStack 在许多行业中的主要用例。2016 年 4 月的 OpenStack 用户调查报告显示,27%的用户已经部署或正在测试大数据分析解决方案。一家排名前十的汽车制造商使用 OpenStack 云计算平台分析不同来源的数据,包括车载传感器和社交媒体反馈。大数据分析业务涵盖所有类型的数据源并需要对其进行分析,分析结果对企业的大多数部门都是非常有价值的。基于 OpenStack 的云环境提供自动化大数据集群资源调配来满足需要快速部署的大量分析需求。

(3) 电子商务。云环境自然而然地成为电子商务的基础,受益的有利用移动技术的网上买卖、电子资金转账、网络营销、网上交易处理、库存管理系统等。百思买、沃尔玛、易贝、耐克等企业依靠 OpenStack 来运行其电子商务网站。OpenStack 在电子商务中的应用要归功于 OpenStack 大规模云的可扩展性、架构高可用性和全球无所不在的灵活性,以及低成本、快节奏的创新和卓越的社区支持。不可预测的、季节性或其他周期性消费需求对企业的电子商务业务提出了挑战,而在 OpenStack 云环境中,IT 资源可以被自动配置为根据负载动态伸缩来应对这些挑战。

(4) 容器优化。OpenStack 旨在与新兴技术相结合,用户可以在单个云中使用虚拟机、容器和裸金属服务器来运行工作负载。OpenStack 正在促进与 Kubernetes、Mesos 和 Docker Swarm 等新兴容器编排引擎的集成,使用户可以访问 Magnum 容器服务、Kuryr 容器网络和 Kolla(用于 OpenStack 自身的容器部署和管理)。

(5) 视频处理与内容分发。OpenStack 的一个流行用例是跨地区的视频处理与内容分发,无论是视频工作室还是大型有线电视服务提供商都在使用 OpenStack 云。例如,现在 Keystone 身份服务提供了新兴的联合身份标准,以使用同一仪表板和身份认证来实现跨私有云和公有云无缝移动视频内容。

（6）支持计算起步工具包（Compute Starter Kit）。OpenStack 技术委员会将计算起步工具包作为一个面向计算的 OpenStack 云部署基础包，便于用户快速部署之后不断扩展。该工具包的目标受众主要是云计算的新用户，提供一个包括云计算必需功能的精简项目子集。对该工具包的扩展是持续式的，而不是用一个选项替换另一个选项。

（7）数据库即服务（DBaaS）。如果公司高度依赖数据库来支持其 IT 应用，就需要优先考虑自动化的日常管理和扩展，而 OpenStack 的 Trove 项目可以提供这种能力，支持多个 SQL 和 NoSQL 后端。要尽可能提高数据库性能，可以考虑使用 Ironic 项目来提供裸金属云服务。

2. 调查国内的 OpenStack 应用现状

以 OpenStack 为代表的开源云计算平台进一步拓展了云计算领域，推动云计算技术向前发展和应用的不断深入。OpenStack 的用户遍布金融、能源、通信、互联网、政务、物流等行业领域，而且国内的用户场景更加丰富、更加多元化。国内大部分 OpenStack 云平台都被应用于大规模生产环境。下面从两个方面来介绍国内的 OpenStack 应用现状。

（1）OpenStack 在国内企业中的实际应用。

OpenStack 技术平台日趋成熟，在国内的生产环境中正在被大规模地使用。国内互联网行业的云计算需求催生了新技术、新场景和新应用，呈现出规模大、用例丰富的特点。目前我国已经成为 OpenStack 开源软件的全球第二大市场。OpenStack 的企业用户包含许多知名企业，如百度、中国移动、中国电信、中国联通、中国铁路、中国银联、中国邮政银行、中国国家电网等。

例如，铁信云是中国铁路信息技术中心结合先进的云计算相关技术，为铁路行业构建的行业私有云，也是国内 OpenStack 真正部署生产环境的典型案例。铁信云的业务涉及的用户基数巨大，需要满足几亿人的出行需求，业务所辖地区广，业务复杂程度高，数据峰值大，是目前大型企业构建 OpenStack 云平台非常成功的一个案例。

又如，中国移动建成的移动云是超大规模的 OpenStack 云平台，包括公有云平台和私有云平台。移动云具有中国移动"云网一体"的优势，基于中国移动自有的大规模基础设施和丰富的通信网络运营经验，协同建设云、网，构建硬件、基础软件、云管平台的全栈一体化研发运营支撑体系，满足客户基于数据处理能力、数据敏感性、网络时延和综合成本的云网整体解决方案需求。图 1-4 所示为移动云面向普通用户提供的部分公有云服务项目。

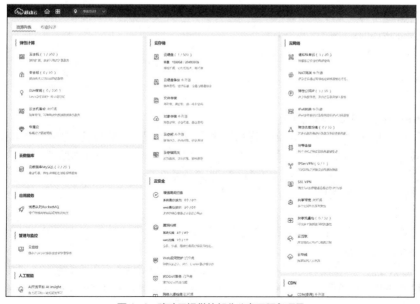

图 1-4　移动云提供的部分公有云服务项目

2019年11月，OpenStack峰会改名为开源基础设施峰会后首次登陆我国，在上海隆重举行。此次大会吸引了来自世界各地的上万名开源用户和精英贡献者，共同探讨开源技术与基础设施的发展方向。峰会中超级用户大奖（Superuser Award）的评选备受业界关注。经过激烈角逐，百度智能云不负期望，在国内外五家优秀入围团队（国内另外两家是浪潮InCloud OpenStack团队和无锡地铁信息管理部门）中脱颖而出，荣获2019开源基础设施峰会超级用户大奖。百度智能云产品（包括虚拟机和裸机服务器）15个集群的数万台物理机已经覆盖华北和华南11个地区、18个区域，其中最大的一个容器集群包含5000多台物理机。

（2）我国对OpenStack开源的技术贡献。

国内的云企业和技术人员，尤其是信息与通信技术行业的开发人员，积极学习和参与像OpenStack这样的新开源技术的试用和实验，不断丰富和发展OpenStack生态系统。

截至2019年10月OpenStack Train版本发布时，我国在代码贡献度排名中位列第二，仅次于美国。而我国的个体贡献者达150多名，在人数上同样位列第二。

截至2020年5月OpenStack Ussuri版本发布时，我国在OpenStack基金会中的白金会员有华为、腾讯，黄金会员有九州云、中国移动、中国电信、中国联通、易捷行云（EasyStack）、烽火通信（FiberHome）、新华三、浪潮、中兴（ZTE）、卓朗昆仑云等10家企业，占基金会现有黄金会员企业数近一半。

任务三 理解OpenStack架构

任务说明

OpenStack是各类云的开源云计算平台，具有实现简单、可扩展性强和功能丰富的优点。在学习OpenStack的部署和运维之前，应当熟悉其架构和运行机制。本任务的具体要求如下。
- 了解OpenStack的设计基本原则。
- 理解OpenStack的概念架构与逻辑架构。
- 了解OpenStack组件之间的通信机制。
- 了解OpenStack的物理部署架构。
- 了解OpenStack的物理网络类型。
- 了解OpenStack部署的问题。

知识引入

1. OpenStack的设计基本原则

OpenStack作为一个开源、可扩展、富有弹性的云操作系统，其架构设计主要参考了Amazon的AWS云计算产品，底层基础为模块的划分和模块间的功能协作，其设计的基本原则如下。

（1）按照不同的功能并根据通用性划分项目，拆分子系统。

（2）按照逻辑，计划并规范子系统之间的通信。

（3）分层设计整个系统架构。

（4）为不同功能的子系统之间的通信提供统一的API。

2. OpenStack的概念架构

OpenStack的概念架构如图1-5所示。此图展示了OpenStack云平台各模块（图中仅给出主要服务）协同工作的机制和流程。

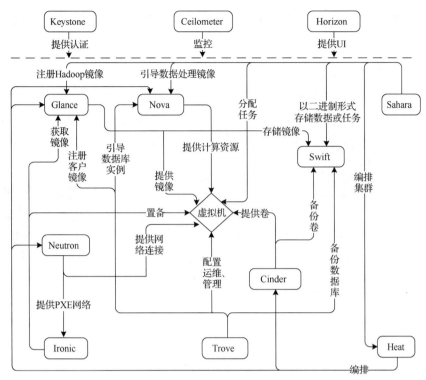

图 1-5　OpenStack 的概念架构

OpenStack 通过一组相关的服务提供一个 IaaS 解决方案。这些服务以虚拟机为中心,虚拟机主要是 Nova、Glance、Cinder 和 Neutron 4 个核心模块进行交互的结果。Nova 为虚拟机提供计算资源,包括 vCPU、内存等。Glance 为虚拟机提供镜像服务,用于为虚拟机部署操作系统运行环境。Cinder 提供存储资源,类似于传统计算机的磁盘或卷。Neutron 为虚拟机提供网络配置,以及访问云环境的网络通道。

云平台用户(开发者与运维人员,甚至包括其他 OpenStack 组件)在经 Keystone 服务认证授权后,通过 Horizon 或 REST API 模式创建虚拟机服务。创建过程包括利用 Nova 服务创建虚拟机实例,虚拟机实例采用 Glance 提供的镜像服务,然后使用 Neutron 为新建的虚拟机实例分配 IP 地址,并将虚拟机实例纳入虚拟网络中,之后再通过 Cinder 创建的卷为虚拟机实例挂载块设备。整个过程都在 Ceilometer 模块的资源监控下进行,Cinder 产生的卷(Volume)和 Glance 提供的镜像(Image)可以通过 Swift 的对象存储机制进行保存。

Horizon、Ceilometer、Keystone 分别提供访问、监控、身份认证(权限)功能。Swift 提供对象存储功能,Heat 实现应用系统的自动化部署,Trove 用于部署和管理各种数据库,Sahara 提供大数据处理框架,而 Ironic 提供裸金属云服务。

云平台用户通过 nova-api 服务等与其他 OpenStack 服务交互,而这些 OpenStack 服务(守护进程)通过消息总线(动作)和数据库(信息)来执行 API 请求。

消息队列为所有守护进程提供一个中心的消息机制,消息的发送者和接收者相互交换任务和数据进行通信,协同实现各种云平台功能。消息队列将各个服务进程解耦,所有进程可以任意分布式部署,协同工作。目前 RabbitMQ 是默认的消息队列实现技术。

SQL 数据库保存了云平台大多数创建和运行时的状态,包括可用的虚拟机实例类型、正在使用的实例、可用的网络和项目等。理论上,OpenStack 可以使用支持 SQLAlchemy 的任何一种数据库。

3. OpenStack 的逻辑架构

要设计、部署和配置 OpenStack,云管理员必须理解其逻辑架构。OpenStack 的逻辑架构描述的是 OpenStack 服务各个组成部分以及各组件之间的逻辑关系，如图 1-6 所示（图中仅列出最通用的服务和组件）。

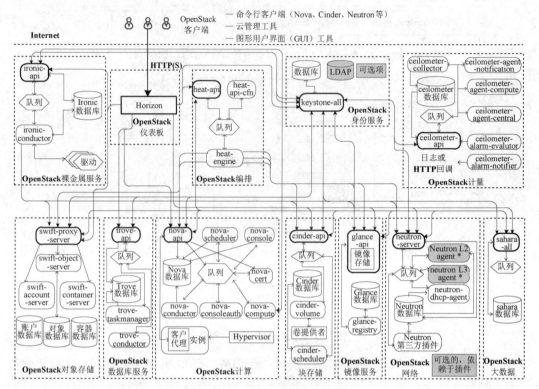

图 1-6 OpenStack 的逻辑架构

OpenStack 包括若干称为 OpenStack 服务的独立组件。所有服务通过一个公共的身份服务进行身份验证。各服务之间的交互，除了需要管理权限的操作之外，都可以通过公共 API 进行。

每个 OpenStack 服务又由若干组件组成，包含多个进程。所有的服务至少有一个 API 进程，用于监听 API 请求，对这些请求进行预处理，并将它们传输到该服务的其他组件。除了认证服务外，其余服务的实际工作是由具体的进程完成的。

至于一个服务的进程之间的通信，则使用高级消息队列协议（Advanced Message Queuing Protocol，AMQP）消息代理来实现。服务的状态存储在数据库中。在部署和配置 OpenStack 云时，可以从多种消息代理和数据库解决方案中进行选择，如 RabbitMQ、MySQL、MariaDB 和 SQLite。

用户访问 OpenStack 的方法有多种，可以通过由 Horizon 仪表板服务实现的基于 Web 的用户界面进行访问，也可以通过命令行客户端、浏览器插件或用 cURL 工具发送 API 请求的方式进行访问。对于应用程序来说，可以使用多种 SDK。所有这些访问方法最终都要向各种不同的 OpenStack 服务发出调用 RESET API 的请求。

在实际的部署方案中，各个组件可以部署到不同的物理节点上。OpenStack 本身是一个分布式系统，不但各个服务可以分布部署，服务中的组件也可以分布部署。这种分布式的特性让 OpenStack 具备极大的灵活性、可伸缩性和高可用性。当然，从另一个角度看，这一特性也使得 OpenStack 比一般系统复杂，学习难度也更大。

4. OpenStack 组件之间的通信机制

OpenStack 组件之间的通信机制可分为以下 4 种类型。

（1）基于AMQP。基于AMQP进行的通信，主要是每个项目内部各个组件之间的通信，如Nova的nova-compute与nova-scheduler之间，Cinder的cinder-scheduler和cinder-volume之间。

虽然通过AMQP进行通信的大部分组件属于同一个项目，但是并不要求它们都安装在同一个节点上，这就大大方便了系统的水平（横向）扩展。云管理员可以对其中的任意组件按照其负载进行水平扩展，使用不同数量的节点主机去承载这些服务。

（2）基于SQL。基于SQL实现的通信大多用于各个项目内部。这种情形不要求相关的数据库和项目其他组件安装在同一个节点上，这些组件可以分开安装在不同的节点上，而且还可以部署专门的数据库服务器节点来为项目提供基于SQL的通信。

（3）基于HTTP。通过各项目的API建立的通信关系基本上都属于这一类，这些API都是RESTful Web API。例如，通过Horizon仪表板或者命令行接口对各组件进行操作时的通信是基于HTTP的，各组件通过Keystone组件对用户身份进行认证时的通信也是基于HTTP的。还有一些基于HTTP进行通信的情形，如nova-compute在获取镜像时对Glance API的调用、Swift数据的读写等。

（4）通过Native API实现通信。通过Native API实现的通信是OpenStack各组件和第三方软硬件之间的通信方式。例如，Cinder与存储后端之间的通信，Neutron的代理或插件与网络设备之间的通信，都需要调用第三方的设备或第三方软件的API。这些API被称为Native API，这些通信是基于第三方API的。

5. OpenStack的物理部署架构

OpenStack是分布式系统，必须从逻辑架构映射到具体的物理架构。将各个项目和组件以一定的方式安装到实际的服务器（节点）上，部署到实际的存储设备上，并通过网络将它们连接起来，就形成了OpenStack的物理部署架构。

OpenStack的部署分为单节点部署和多节点部署两种类型。单节点部署就是将所有的服务和组件都放在一个物理节点上，通常用于学习、验证、测试或者开发。多节点部署就是将服务和组件分别部署在不同的物理节点上，典型的多节点部署如图1-7所示。常见的节点类型有控制节点（Control Node）、网络节点（Network Node）、计算节点（Compute Node）和存储节点（Storage Node），下面分别介绍这些节点类型。

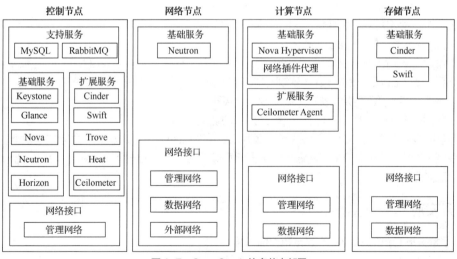

图1-7 OpenStack的多节点部署

（1）控制节点。控制节点又称管理节点，用于安装并运行各种OpenStack控制服务，负责管理和控制其余节点，执行虚拟机建立、迁移、网络分配、存储分配等任务。OpenStack的大部分服务都运行在控制节点上。控制节点可以只有一个网络接口，用于各个节点之间的通信和管理。

（2）网络节点。网络节点可实现网关和路由的功能，负责外部网络与内部网络之间的通信，并将虚拟机连接到外部网络。网络节点仅包含 Neutron 服务。Neutron 服务负责管理私有网段与公有网段的通信、虚拟机网络之间的通信，以及虚拟机上的防火墙等。

网络节点通常需要 3 个网络接口，分别用于与控制节点通信、与除控制节点之外的计算节点和存储节点通信、外部的虚拟机与相应网络之间的通信。

网络节点根据虚拟网络选项来决定要部署的服务和组件。部署时有两种选择，一种是提供者网络（Provider Network，又译为提供商网络），另一种是自服务网络（Self-service Network）。选择提供者网络，将以最简单的方式部署 OpenStack 网络服务，只需要二层（网桥/交换机）服务和虚拟局域网（Virtual Local Area Network，VLAN）划分。选择自服务网络，会在提供者网络的基础上增加三层（路由）服务，以便使用像 VXLAN（Virtual Extensible LAN）这样的网络覆盖分段方法。

（3）计算节点。计算节点是实际运行虚拟机的节点，主要负责虚拟机实例运行，为用户创建并运行虚拟机实例，并为虚拟机实例分配网络。OpenStack 可以部署多个计算节点。一个计算节点至少需要两个网络接口：一个与控制节点进行通信，受控制节点统一调配；另一个与网络节点和存储节点进行通信。

（4）存储节点。存储节点负责对虚拟机的额外存储进行管理等，即为计算节点的虚拟机提供持久化的卷服务。这种节点存储需要的数据包括磁盘镜像、虚拟机持久性卷。存储节点包含 Cinder 和 Swift 等服务，可根据需要安装共享文件（Manila）服务。

如果采用最简单的网络连接，存储节点只需一个网络接口，直接使用管理网络在计算节点和存储节点之间进行通信。而在实际的生产环境中，存储节点最少需要两个网络接口：一个连接管理网络，与控制节点进行通信，接收控制节点任务，受控制节点统一调配；另一个使用专门的存储网络（数据网络），与计算节点和网络节点进行通信，完成控制节点下发的各类数据传输任务。

OpenStack 是一个松散耦合系统，具有弹性的设计和部署，上述节点可以根据需要进行整合。

6. OpenStack 的物理网络类型

OpenStack 物理部署就是要将承载不同服务的物理节点通过物理网络进行连接，从而使各个服务在云平台上协同工作。这里所讲的网络类型涉及的是节点主机之间的物理网络连接，而不是 OpenStack 网络服务中的虚拟网络。OpenStack 环境中的物理网络配置往往包括以下类型。

（1）外部网络（External Network）：即公共网络，是外部或 Internet 可以访问的网络。OpenStack 云平台通过外部网络接入 Internet。外部网络用于为 OpenStack 虚拟机分配浮动 IP 地址，让 Internet 用户能够访问该网络上的 IP 地址。

（2）管理网络（Management Network）：用于实现 OpenStack 各个组件之间的内部通信，并提供 API 访问端点（Endpoint）。该网络必须限制在数据中心之内，以保证云平台的安全性。

（3）API 网络：用于为用户提供 OpenStack API。

（4）数据网络：用于云部署中的内部数据流，如虚拟机之间的数据通信。

用户可以根据需要合并或组配上述除外部网络之外的物理网络，以减少路由器等物理设备，降低网络的复杂度。当然，还可以将管理网络、API 网络和数据网络合并成一个物理网络，用于 OpenStack 的原型验证或开发测试。

任务实现

1. 了解基于 OpenStack 构建云平台的问题

对企业来说，实际的 OpenStack 云部署具有较大的难度。下面梳理一下企业部署 OpenStack 面临的主要问题。

（1）OpenStack 结构庞大，组件繁杂，高度灵活，缺乏一致性和稳定性，部署难度较大，尤其是对于需要大规模部署的大型企业。因为大型企业的架构比较复杂，设施、设备多，对云平台的整体水平、规模的承载程度、安全性、合规性及其他技术的集成度要求高，单靠 OpenStack 无法满足需求，一般需采取多个产品整合与技术创新的定制化服务。

（2）OpenStack 在提供强大功能的同时也带来了复杂度的上升，自行部署 OpenStack 需要有熟知存储、网络、虚拟化和 OpenStack 的专业人员，而且对 IT 运维人员的技术水平要求高，这给企业构建 OpenStack 平台带来了人才和成本方面的挑战。

（3）OpenStack 版本升级频繁，而且同一版本不同组件的成熟度也大不相同，影响了实际部署。OpenStack 每半年就会出一个新的版本，每半年重新升级一次底层系统，这无疑会对企业稳定的业务运行产生较大冲击；而选择过几年再升级，又会因 OpenStack 版本已经更新了多次，导致升级面临较大的困难。

目前，许多企业在部署 OpenStack 时会选择产品化的方案来解决上述问题，尤其是业务相对简单、IT 结构较单一的中小型企业，可选择开箱即用的 OpenStack 部署产品。

2. 了解部署 OpenStack 的技术需求

学习和部署 OpenStack 需要掌握以下关于计算机系统、数据库和网络方面的知识。

（1）Linux 操作系统的安装、管理与运维。
（2）数据库系统的安装、配置、管理和优化。
（3）计算机虚拟化技术，重点是 KVM 与 Libvirt 套件。
（4）网络设备，包括网桥、交换机、路由器和防火墙。
（5）组网技术，包括 DHCP、VLAN 和 iptables。
（6）存储技术，包括文件系统、LVM、分布式存储。
（7）Shell 脚本及其编程。

另外，掌握 Python 系统管理和自动化运维技术有助于进行 OpenStack 的运维管理。

任务四　部署与安装 OpenStack

任务说明

开发、运维和使用 OpenStack 云的前提是安装并部署了 OpenStack，有经验的云系统工程师一般会选择手动部署。手动部署的优点是按需定制，非常灵活，部署的云平台运行效率高。但是，OpenStack 组件众多，体系复杂，手动部署具有相当大的难度，对于刚刚接触 OpenStack 的初学者而言，更是难上加难，这在很大程度上提高了学习 OpenStack 云计算的技术门槛。好在有许多 OpenStack 快捷部署工具可供选择，在实际的生产环境中，大多数用户会使用 Ansible 等部署工具实施 OpenStack 的自动部署和管理。本任务利用 Red Hat 公司推出的 OpenStack 快捷安装部署项目 RDO 的 Packstack 安装器来部署一个 OpenStack 云测试平台，为学习和测试 OpenStack 组件提供一个概念验证环境。本任务的具体要求如下。

- 了解 OpenStack 部署拓扑。
- 了解 OpenStack 部署工具。
- 准备 OpenStack 安装环境。
- 使用 Packstack 安装器安装 OpenStack。

知识引入

1. 运行 OpenStack 的操作系统平台

OpenStack 作为一个云操作系统，可以安装在使用 Linux 操作系统的服务器上。目前可以安装运行

OpenStack 的操作系统如下。

(1) openSUSE 和 SUSE Linux Enterprise Server。

(2) Red Hat Enterprise Linux 和 CentOS。

(3) Ubuntu。

(4) Debian。

全球的 OpenStack 开发者大部分都选用 Ubuntu 操作系统,不过国内用户更倾向于使用 CentOS。本书将以在 CentOS 7 上运行 OpenStack 为例进行讲解。

2. OpenStack 部署拓扑

OpenStack 是一个分布式系统,由若干不同功能的节点组成。不同类型的节点是从功能上进行逻辑划分的,在实际部署时可以根据需求灵活配置。

在大规模 OpenStack 生产环境中,每类节点都分别部署在若干台物理服务器上,它们各司其职并互相协作。这样的部署能让 OpenStack 云平台具备很好的可伸缩性和高可用性。

在最小的实验环境中,可以将各类节点部署到一台物理服务器甚至是一台虚拟服务器上。这就是"All-in-One"部署,又称一体化部署。

3. OpenStack 部署工具

与手动部署相比,使用部署工具部署 OpenStack 的难度低,部署效率高。有些 OpenStack 部署工具完全可用于生产环境的自动化部署。下面简单介绍主要的 OpenStack 部署工具。

(1) DevStack。

DevStack 是一系列可扩展的脚本,用于根据 git master 分支上的最新版本快速建立一个完整的 OpenStack 环境。使用它部署的云系统既可以用作 OpenStack 的开发环境,又可以作为许多 OpenStack 项目功能测试的基础。DevStack 支持以下 3 种部署方式。

- 在虚拟机上运行 OpenStack。
- 在物理机上以"All-in-One"方式在单一节点上部署 OpenStack。
- 在物理机上以分布式方式部署 OpenStack,这需要搭建一个多节点的集群。

DevStack 采用自动化源码安装,用户只需要下载相应的 OpenStack 版本脚本,修改相关的配置文件,就可以实现自动化安装,自动解决依赖关系,非常方便。

DevStack 适合部署 OpenStack 开发或教学环境,并不适合生产环境。实际的生产环境需要满足各种硬件、网络和存储的要求,对性能、可靠性和安全性都有更加严格的要求。

(2) Fuel。

与 DevStack 侧重于开发和测试环境不同,Fuel 是一种 OpenStack 工业级的自动化部署方案。作为一款开源的 OpenStack 部署和管理工具,它由 OpenStack 社区开发,为 OpenStack 的部署和管理提供直观的图形化界面,还提供相关的社区项目和插件。

Fuel 可以简化和加速 OpenStack 各种配置模板的规模部署、测试和维护,解决耗时、复杂、易错的问题。不像其他的部署或管理工具,Fuel 是一个上游的 OpenStack 项目,专注于自动化部署和测试,支持一定范围的第三方选项,不会被捆绑销售或被厂商锁定。

Fuel 面向普通用户提供了多种满足不同需求的简化的 OpenStack 部署方式,支持 CentOS 和 Ubuntu 操作系统,通过扩展也可支持其他 Linux 发行版本。Mirantis 公司将 Fuel 作为其 OpenStack 相关方案的一部分,获取更多的信息可以访问 Mirantis 公司网站。

(3) RDO。

RDO 是 Red Hat Enterprise Linux OpenStack Platform 的社区版,作为一款开源的 OpenStack 部署工具,可以在 CentOS、Fedora 和 Red Hat Enterprise Linux 操作系统上部署 OpenStack,并支持单节点和多节点部署。不过该项目并不属于 OpenStack 官方社区项目。

RDO 项目整合上游的 OpenStack 版本,然后根据 Red Hat 的操作系统进行裁剪和定制,帮助用户进行选择，让用户只需简单的几步就能完成 OpenStack 的部署。

对于概念验证（Proof of Concept，PoC）环境来说，可以利用 RDO 的 Packstack 安装器快速部署 OpenStack 云测试平台，为众多学习或开发 OpenStack 的用户提供了一种高效、快速搭建环境的方式。这种方式搭建的 OpenStack 平台不适合生产环境，通常用于在小型环境中快速开发验证 OpenStack 的相关特性。

对于生产环境来说，可以考虑利用 RDO 的 TripleO 产品在裸机上部署生产性云环境。与其他 OpenStack 部署工具不同，TripleO 以 OpenStack 本来的云设施为基础来安装、升级和运行 OpenStack 云，基于 Nova、Neutron、Ironic 和 Heat 自动化部署和管理数据中心级的云。它是一个官方的 OpenStack 项目，目标是使用一套现成的 OpenStack 组件在物理裸金属硬件上部署和管理生产环境的云。

TripleO 的全称为"OpenStack On OpenStack"，意思即"云上云"，可以简单理解为利用 OpenStack 来部署 OpenStack，即首先基于 V2P（将虚拟机的镜像迁移到物理机上）的理念准备好一些 OpenStack 节点（计算、存储、控制节点）的镜像，然后利用已有 OpenStack 环境的裸金属服务 Ironic 项目和软件安装部分的 diskimage-builder 去部署裸机，最后通过 Heat 项目和镜像内的 DevOps 工具（Puppet 或 Chef）在裸机上配置运行 OpenStack。

通过 TripleO，可以创建一个底层云（Undercloud）。底层云是一个部署云（Deployment Cloud），包含用于部署和管理上层云（Overcloud）所需的 OpenStack 组件。上层云是一个工作负载云（Workload Cloud），作为一个部署解决方案，可以承载任何用途的云，如生产环境、模拟环境和测试环境等，如图 1-8 所示。

TripleO 的部署至少需要 3 台裸机，分别用作底层云、上层云控制节点和上层云计算节点。考虑到试用 TripleO 的门槛较高，RDO 提供了一个基于 Ansible 的项目 TripleO Quickstart，用于快速创建一个 TripleO 虚拟

图 1-8 底层云与上层云

环境。这样就可以在虚拟环境而不是实际的物理机中使用 TripleO，不过仍然需要一台物理机作为虚拟机的宿主机。TripleO Quickstart 只能用于开发和测试，不能用于实际的生产环境。

（4）Puppet。

Puppet 由 Ruby 语言编写，是 OpenStack 自动化部署中的早期项目，历史比较悠久。Puppet 是目前内容管理系统领域的领头羊，而 Puppet OpenStack Modules 项目（简称 POM）诞生于 2012 年，2013 年进入 OpenStack 官方孵化项目（Stackforge），随后又成了 OpenStack 官方项目。POM 能取得成功的原因主要在于其获得了大量公司和工程师的参与，甚至有一些主流的部署工具直接集成了 POM，如 Mirantis 公司的 Fuel、Red Hat 公司的 Packstack、OpenStack 官方的 TripleO。在国内，同方有云（UnitedStack）是 Puppet 社区贡献最大和用户使用得最多的。

（5）Ansible。

Ansible 是最近出现的自动化运维工具，已被 Red Hat 公司收购。它基于 Python 开发，集合了众多运维工具（如 Puppet、Cfengine、Chef、SaltStack 等）的优点，实现了批量系统配置、批量程序部署、批量运行命令等功能。Ansible 一方面总结了 Puppet 在设计上的得失，另一方面又改进了很多设计。

Kolla 旨在为 OpenStack 云的运维提供用于生产的容器和部署工具。Kolla-Ansible 组件是一个自动化构建部署 OpenStack 服务所需的镜像工具，其内置大量的 Dockerfile，供构建镜像时使用。Kolla-Ansible 开箱即用，也允许完全定制。这使得经验不足的运维人员也能够快速部署 OpenStack，并且能随着他们经验的增长修改 OpenStack 配置来满足要求。

OpenStack-Ansible 提供部署和配置 OpenStack 环境的 Ansible 脚本和角色。

任务实现

V1-1 准备 OpenStack 安装环境

1. 准备 OpenStack 安装环境

为方便实验，建议使用虚拟机建立实验环境。本项目在安装 Windows 操作系统的计算机中通过 VMware Workstation 软件创建一台运行 CentOS 7 的虚拟机，作为实验平台。

（1）创建实验用的虚拟机。

使用 RDO 的 Packstack 安装器安装单节点 OpenStack 主机的基本要求如下。

- 内存容量建议 16 GB，使用 8 GB 的内存也能运行。
- CPU（处理器）双核且支持虚拟化。
- 硬盘容量不低于 200 GB。
- 网卡以桥接模式接入宿主机（物理机）网络。

笔者实验用的 VMware 虚拟机硬件配置如图 1-9 所示（仅供参考）。可见，创建一台这样的虚拟机对宿主机（物理机）的硬件配置要求并不低。

（2）在实验用虚拟机中安装 CentOS。

为顺利安装 OpenStack Train 版本，推荐安装 CentOS 7.8 版本的操作系统。

在安装过程中，语言选择默认的英语。

图 1-9 CentOS 7 虚拟机硬件配置

如果对 Linux 命令行操作很熟悉，建议选择 CentOS 最小化操作系统，以降低系统资源消耗。否则选择安装带 GUI 的服务器（Server with GUI）版本，如图 1-10 所示，这有助于初学者查看和编辑配置文件，运行命令行（可打开多个终端）。为简化操作，可以考虑直接以 root 用户身份登录。如果用普通用户身份登录，执行系统配置和管理操作时需要使用 sudo 命令。

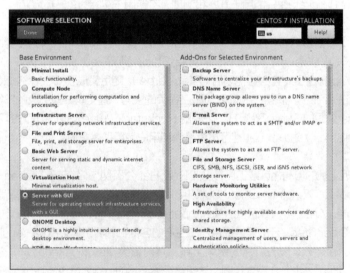

图 1-10 选择安装带 GUI 的服务器版本

（3）禁用防火墙与 SELinux。

为方便实验，应禁用防火墙与 SELinux。可以执行以下命令禁用防火墙。

```
systemctl disable firewalld
systemctl stop firewalld
```

编辑/etc/selinux/config 配置文件,将"SELINUX"的值设置为"disabled",重启系统使禁用 SELinux 设置生效。

(4)停用 NetworkManager 服务。

CentOS 7 网络默认由 NetworkManager(网络管理器)负责管理,但是 NetworkManager 与 OpenStack 网络组件 Neutron 有冲突,应停用它,改用传统的网络服务 network 来管理网络。执行以下命令来停用 NetworkManager 服务,并启用 network 服务管理网络。

```
systemctl disable NetworkManager
systemctl stop NetworkManager
systemctl enable network
systemctl start network
```

(5)设置网络。

虚拟机的 IP 地址应选择静态地址,建议通过桥接模式直接访问外网,以便于测试内外网之间的双向通信。本例中虚拟机的网络连接采用的是桥接模式。

本例中虚拟机的宿主机运行 Windows 操作系统,IP 地址为 192.168.199.201,连接的网络是 192.168.199.0/24,默认网关为 192.168.199.1,DNS 为 114.114.114.114;虚拟机运行 CentOS 7,IP 地址配置为 192.168.199.31,默认网关为 192.168.199.1,DNS 为 114.114.114.114。该虚拟机的网卡配置文件/etc/sysconfig/network-scripts/ifcfg-ens33 的内容如下。

```
TYPE=Ethernet
PROXY_METHOD=none
BROWSER_ONLY=no
BOOTPROTO=none
DEFROUTE=yes
IPV4_FAILURE_FATAL=no
IPV6INIT=yes
IPV6_AUTOCONF=yes
IPV6_DEFROUTE=yes
IPV6_FAILURE_FATAL=no
IPV6_ADDR_GEN_MODE=stable-privacy
NAME=ens33
UUID=c5ee193b-4ef7-46b5-b251-a2218e302bf2
DEVICE=ens33
ONBOOT=yes
IPADDR=192.168.199.31
PREFIX=24
GATEWAY=192.168.199.1
DNS1=114.114.114.114
PEERDNS=no
```

设置完毕,执行以下命令重启 network 服务,使网络接口设置更改生效。

```
systemctl restart network
```

CentOS 7 的网卡设备命名方式有所变化,采用一致性网络设备命名,可以基于固件、拓扑、位置信息来设置固定名称。由此带来的好处是命名自动化,名称完全可预测,硬件因故障更换也不会影响设备的命名,可以实现硬件无缝切换;不足之处是比传统的命名格式更难读。这种命名格式为:网络类型+设备类型编码+编号。例如,ens33 表示一个以太网卡(en),使用的编号是板载设备索引号,类型编码是 s,索引号是 33。在这种命名格式中,前两个字符为网络类型,如 en 表示以太网(Ethernet),wl

表示无线局域网（WLAN），ww 表示无线广域网（WWAN）；第 3 个字符代表设备类型，如 o 表示板载设备，s 表示热插拔插槽；后面的编号为设备索引号。

（6）设置主机名。

安装好 CentOS 7 后，通常要更改主机名，例如这里更改主机名为"node-a"，命令如下。

```
hostnamectl set-hostname node-a
```

一旦更改主机名，就必须将新的主机名追加到/etc/hosts 配置文件中，内容如下。

```
192.168.199.31    node-a node-a.localdomain
```

否则，在使用 RDO 安装 OpenStack 的过程中启动 rabbitmq-server 服务时会失败，从而导致安装不成功。RabbitMQ 是一个在 AMQP 基础上完成的可复用的企业消息系统，为 OpenStack 的计算组件 Nova 的各个服务之间提供一个中心的消息机制。rabbitmq-server 服务在启动前会解析主机名的地址是否可用。

（7）更改语言编码。

如果安装的 CentOS 7 是非英语版本，那么需要在/etc/environment 配置文件中添加以下定义。

```
LANG=en_US.utf-8
LC_ALL=en_US.utf-8
```

（8）设置时间同步。

整个 OpenStack 环境中所有节点的时间必须是同步的。在 CentOS 7 中一般使用时间同步软件 Chrony；如果没有安装，就执行以下命令进行安装。

```
yum install -y chrony
```

通常选择一个控制节点作为其他节点的网络时间协议（Network Time Protocol，NTP）服务器。Chrony 默认已设置了 NTP 服务器，可以在/etc/chrony.conf 配置文件中增加国内的 NTP 服务器地址，如阿里云。

```
server ntp1.aliyun.com iburst
```

> 提示　使用虚拟机作为节点主机，可以将宿主机作为所有节点的时间同步服务器，这需要在宿主机上部署一个 NTP 服务器。Windows 操作系统自带 NTP 服务器，可以利用其内置的 W32Time 服务来架设一台 NTP 服务器。设置完之后，需要在虚拟机上配置 Chrony，使其与物理机的时间同步，编辑/etc/chrony.conf 配置文件，将宿主机地址加入，并重启 Chrony 服务使设置生效。

V1-2　将宿主机作为时间同步服务器

安装 CentOS 7 英文版之后，执行 timedatectl 命令查看时间。若发现本地时间不对，解决的方法是将时区设置为国内的，可以执行以下命令设置时区为上海。

```
timedatectl set-timezone "Asia/Shanghai"
```

2. 准备所需的软件库

CentOS 7 提供的附加软件库中包含启用 OpenStack 库的 RPM 包，只需执行以下命令以设置 OpenStack 库（支持 Train 版本）。

```
yum -y update
yum -y install centos-release-openstack-train
```

3. 安装 Packstack 安装器

执行以下命令安装 openstack-packstack 及其依赖包。

```
yum -y update
yum -y install openstack-packstack
```

V1-3　安装 OpenStack

安装过程中需要安装许多依赖包，如 openstack-packstack-puppet 等。Packstack 是 RDO 的 OpenStack 安装工具，用于取代手动设置 OpenStack。

Packstack 基于 Puppet 工具，通过 Puppet 部署 OpenStack 各组件。Puppet 是一种 Linux、UNIX 和 Windows 平台的集中配置管理系统，使用自有的 Puppet 描述语言，可管理配置文件、用户、任务、软件包、系统服务等。Puppet 将这些系统实体称为资源，其设计目标是简化对这些资源的管理，妥善处理资源间的依赖关系。

Packstack 安装器的基本用法如下。

```
packstack [选项] [--help]
```

执行 packstack --help 命令列出选项清单，这里给出部分选项及其说明。

（1）--gen-answer-file=GEN_ANSWER_FILE：产生应答文件模板。

（2）--answer-file=ANSWER_FILE：依据应答文件的配置信息以非交互模式运行该工具。

（3）--install-hosts=INSTALL_HOSTS：在一组主机上进行批量安装，主机列表以逗号分隔。第一台主机作为控制节点，其他主机作为计算节点。如果仅提供一台主机，将集中在单节点上以"All-in-One"方式安装。

（4）--allinone：将所有功能集中安装在单一主机上。

此外，还有许多具体定义安装内容的全局性选项。例如，--ssh-public-key=SSH_PUBLIC_KEY 用于设置安装在服务器上的公钥路径；--default-password=DEFAULT_PASSWORD 用于设置默认密码（会被具体服务或用户的密码所覆盖）；--mariadb-install=MARIADB_INSTALL 用于设置是否安装 MARIADB 数据库。

4. 运行 Packstack 安装 OpenStack

在实际应用中多使用应答文件所提供的配置选项进行部署。首次测试的，可以考虑直接使用"All-in-One"方式进行单节点部署。"All-in-One"方式是 RDO 官方网站上提供的向导模式，只需在执行 Packstack 命令时加上--allinone 选项。下面记录了本例中的执行过程（本书中#打头的行是笔者增加的注释）。

```
[root@node-a ~]# packstack --allinone
Welcome to the Packstack setup utility

The installation log file is available at: /var/tmp/packstack/20200819-151746-wZEI2M/openstack-setup.log
Packstack changed given value    to required value /root/.ssh/id_rsa.pub

Installing:
Clean Up                                              [ DONE ]
Discovering ip protocol version                       [ DONE ]
# 设置 SSH 密钥
Setting up ssh keys                                   [ DONE ]
# 准备服务器
Preparing servers                                     [ DONE ]
# 预安装 Puppet 并探测主机详情
Pre installing Puppet and discovering hosts' details  [ DONE ]
# 准备预装的项目
Preparing pre-install entries                         [ DONE ]
# 设置证书
Setting up CACERT                                     [ DONE ]
# 准备 AMQP（高级消息队列协议）项目
Preparing AMQP entries                                [ DONE ]
# 准备 MariaDB（代替 MySQL）数据库项目
```

```
                                      Preparing MariaDB entries                                    [ DONE ]
# 修正 Keystone LDAP 参数
Fixing Keystone LDAP config parameters to be undef if empty      [ DONE ]
# 准备 Keystone（身份服务）项目
Preparing Keystone entries                                        [ DONE ]
# 准备 Glance（镜像服务）项目
Preparing Glance entries                                          [ DONE ]
# 检查 Cinder（卷存储服务）是否有卷
Checking if the Cinder server has a cinder-volumes vg             [ DONE ]
# 准备 Cinder（卷存储服务）项目
Preparing Cinder entries                                          [ DONE ]
# 准备 Nova API（Nova 接口）项目
Preparing Nova API entries                                        [ DONE ]
# 为 Nova 迁移创建 SSH 密钥
Creating ssh keys for Nova migration                              [ DONE ]
Gathering ssh host keys for Nova migration                        [ DONE ]
Gathering ssh host keys for Nova migration                        [ DONE ]
# 准备 Nova（计算服务）项目
Preparing Nova Compute entries                                    [ DONE ]
Preparing Nova Scheduler entries                                  [ DONE ]
Preparing Nova VNC Proxy entries                                  [ DONE ]
Preparing OpenStack Network-related Nova entries                  [ DONE ]
Preparing Nova Common entries                                     [ DONE ]
# 准备 Neutron（网络）项目
Preparing Neutron API entries                                     [ DONE ]
Preparing Neutron L3 entries                                      [ DONE ]
Preparing Neutron L2 Agent entries                                [ DONE ]
Preparing Neutron DHCP Agent entries                              [ DONE ]
Preparing Neutron Metering Agent entries                          [ DONE ]
# 检查 NetworkManager 是否启用并运行
Checking if NetworkManager is enabled and running                 [ DONE ]
# 准备 OpenStack 客户端项目
Preparing OpenStack Client entries                                [ DONE ]
# 准备 Horizon 仪表板项目
Preparing Horizon entries                                         [ DONE ]
# 准备 Swift（对象存储服务）项目
Preparing Swift builder entries                                   [ DONE ]
Preparing Swift proxy entries                                     [ DONE ]
Preparing Swift storage entries                                   [ DONE ]
# 准备 Gnocchi（用于计量的时间序列数据库服务器）项目
Preparing Gnocchi entries                                         [ DONE ]
# 准备 Redis（用于计量的数据结构服务器）项目
Preparing Redis entries                                           [ DONE ]
# 准备 Ceilometer（计量服务）项目
Preparing Ceilometer entries                                      [ DONE ]
# 准备 Aodh（警告）项目
Preparing Aodh entries                                            [ DONE ]
```

```
# 准备 Puppet 模块和配置清单
Preparing Puppet manifests                            [ DONE ]
Copying Puppet modules and manifests                  [ DONE ]
# 应用控制节点（测试时可能需要较长时间）
Applying 192.168.199.31_controller.pp
192.168.199.31_controller.pp:                         [ DONE ]
# 应用网络节点（测试时可能需要较长时间）
Applying 192.168.199.31_network.pp
192.168.199.31_network.pp:                            [ DONE ]
# 应用计算节点（测试时可能需要较长时间）
Applying 192.168.199.31_compute.pp
192.168.199.31_compute.pp:                            [ DONE ]
# 应用 Puppet 配置清单
Applying Puppet manifests                             [ DONE ]
Finalizing                                            [ DONE ]
# 安装成功，完成应用并给出其他提示信息
 **** Installation completed successfully ******

Additional information:
# 提示网络已采用 OVN Neutron 后端
 * Parameter CONFIG_NEUTRON_L2_AGENT: You have chosen OVN Neutron backend. Note that this backend does not support the VPNaaS or FWaaS services. Geneve will be used as the encapsulation method for tenant networks
# 执行命令产生的应答文件
 * A new answerfile was created in: /root/packstack-answers-20200819-151747.txt
# 未安装时间同步，需要确认 CentOS 当前的系统时间是否正确；如果不正确，则需要修改
 * Time synchronization installation was skipped. Please note that unsynchronized time on server instances might be problem for some OpenStack components.
# 在用户主目录下产生 keystonerc_admin 文件，要使用命令行工具需要使用它作为授权凭据
 * File /root/keystonerc_admin has been created on OpenStack client host 192.168.199.31. To use the command line tools you need to source the file.
# 访问 OpenStack Dashboard（Web 访问界面），请使用 keystonerc_admin 中的登录凭据
 * To access the OpenStack Dashboard browse to http://192.168.199.31/dashboard .
Please, find your login credentials stored in the keystonerc_admin in your home directory.
# 安装日志文件名及其路径
 * The installation log file is available at: /var/tmp/packstack/20200819-151746-wZEI2M/openstack-setup.log
# Puppet 配置清单路径
 * The generated manifests are available at: /var/tmp/packstack/20200819-151746-wZEI2M/manifests
```

在命令行中执行以下命令，获取 OpenStack 主要组件 Nova 的当前安装版本。

```
[root@node-a ~]# nova-manage --version
20.3.0
```

根据返回的 Nova 版本号访问 OpenStack 官网的发行版本主页，可以获知它所对应的 OpenStack 发行版本。这里 Nova 20.3.0 对应的是 OpenStack 的 Train 版本，如图 1-11 所示。

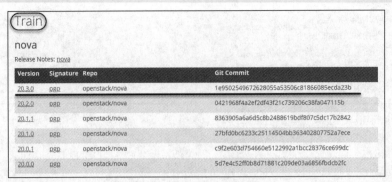

图 1-11 查询 OpenStack 版本

项目实训

项目实训一 调查移动云的现状

实训目的

通过调查移动云，进一步了解 OpenStack 在国内的应用。

实训内容

（1）访问移动云官网，查看相关介绍。
（2）了解移动云的云主机服务产品资料。

项目实训二 使用 Packstack 安装器安装一体化 OpenStack 云平台

实训目的

初步掌握 OpenStack 快捷安装的方法。

实训内容

（1）了解 RDO 的 Packstack 安装器。
（2）准备 OpenStack 安装环境。
（3）准备 CentOS 7 提供的附加软件库，以支持 OpenStack Train 版本。
（4）安装 Packstack 软件。
（5）运行 Packstack，以"All-in-One"方式安装 OpenStack Train 版本。
（6）查看所安装的 OpenStack 版本。

项目总结

通过本项目的实施，读者应当了解云计算的背景知识和 OpenStack 项目，理解 OpenStack 架构，为部署和管理 OpenStack 云做好基本的知识储备，并初步掌握 OpenStack 的快捷部署，能搭建一个简单的单节点云平台；在后续项目实施中将这个平台称为 RDO 一体化 OpenStack 云平台，并作为主要实验平台，用于 OpenStack 各个服务和组件的验证、配置、管理和使用操作示范。

OpenStack 是一个庞大的技术生态系统，包括众多项目和组件，涉及数据中心、运维、高可用、虚拟化技术、存储、网络技术等。要想短时间内精通 OpenStack 的方方面面是不现实的。初学者应重点了解 OpenStack 平台的实现原理、系统架构和物理部署，熟悉核心项目的功能、架构、组件（子服务）和实现机制，掌握命令行和图形界面的配置、管理和使用操作，为从事 OpenStack 相关工作（如运维、开发、测试、市场等）打下基础。下一个项目将介绍 OpenStack 的入门操作。

项目二
OpenStack快速入门
02

学习目标
- 了解 Horizon 项目，掌握 OpenStack 图形界面的基本操作
- 了解虚拟机实例创建的前提，学会创建和操作虚拟机实例
- 了解 OpenStack 的虚拟网络，实现虚拟机实例的内外网通信

项目描述
上一个项目已经通过 RDO 的 Packstack 安装器部署了 RDO 一体化 OpenStack 云平台。为了让读者尽快接触和了解 OpenStack，对 OpenStack 有一个直观的总体认识，本项目通过此云平台演示 OpenStack 图形界面的基本操作，示范虚拟机实例的创建和操作，并讲解通过配置虚拟网络来实现虚拟机实例内外网通信的方法。本项目实施之后，读者能够从 OpenStack 云平台获得自己的虚拟机，并能从外部网络登录虚拟机执行相关操作，就像使用阿里云提供的云主机服务一样。实践没有止境，理论创新也没有止境。在学习云计算等新兴信息技术的过程中，我们应当加强实践锻炼和理论学习。

任务一 熟悉 OpenStack 图形界面操作

任务说明

OpenStack 提供了一个友好的 Web 图形界面，便于用户查看、使用和管理 OpenStack 云平台的各种资源。该图形界面被形象地称为 Dashboard，通常被译为仪表板（或仪表盘）。普通云用户一般通过该图形界面来请求云服务，如申请创建自己的云主机。云管理员也可以通过该界面直观地管理和维护云平台。对初学者来说，基于 Web 的图形界面特别适合快速入门。本任务的具体要求如下。

- 了解 Horizon 项目。
- 熟悉 OpenStack 图形界面的基本操作。
- 了解 OpenStack 图形界面的自定义方法。

知识引入

1. Horizon 项目

Horizon 是 OpenStack 的 Web 图形界面项目的名称，OpenStack 各项服务的图形界面都是由 Horizon 提供的。作为整个 OpenStack 云平台的一个入口，Horizon 提供基于 Web 的模块化用户界面，用于访问和控制 OpenStack 的计算、存储和网络资源，如创建和启动实例、分配 IP 地址等。

Horizon 为以下两类用户分别提供了不同的操作界面。

- 为云管理员提供一个整体的视图。通过该视图，云管理员可以总览整个云的资源大小及运行状况，可以创建终端用户和项目，向终端用户分配项目并进行项目的资源配额管理。
- 为终端用户提供一个自主服务的门户。终端用户可以在云管理员分配的项目中，在不超过配额限制的条件下，自由操作、使用和存储网络资源。

Horizon 由云管理员进行管理与控制，云管理员可以通过 Web 界面管理 OpenStack 平台上的资源数量、运行情况，创建用户、虚拟机，为用户指派虚拟机，管理用户的存储资源等。当云管理员将用户指派到不同的项目中后，用户就可以使用 Horizon 提供的服务进入 OpenStack 云平台，使用云管理员分配的各种资源。

2. Horizon 与 Django 框架

Horizon 是一个基于 Django 框架的 Web 应用。Django 是一个基于 Python 的、高效的、开源的 Web 开发框架，它提供了通用的 Web 开发模式的高度抽象，目的是简便快速地开发高品质、易维护的数据库驱动网站。Django 强调代码的复用，多个组件可以很方便地以插件的形式存在于整个框架中。

Django 可以运行在启用 mod_python 的 Apache2 服务器上，或者是任何兼容 WSGI 的 Web 服务器上。Django 基于 MVC（模型-视图-控制器）模式设计实现，主要包括以下 4 类文件。

（1）模型（Models）文件：model.py，主要使用 Python 类来描述数据表及其操作。用户可以使用简单的 Python 代码来创建、检索、更新、删除数据库中的记录。

（2）视图（Views）文件：views.py，包含页面的业务逻辑，该文件中的函数被称为视图。

（3）Urls 文件：urls.py，指出使用 URL 地址访问时需要调用的视图。

（4）模板（Templates）文件：HTML 网页，定义 HTML 模板，负责网页设计，内嵌模板语言（如 {%for user in user_list%}），以实现网页设计的灵活性。

前 3 种文件使用 Python 代码实现，HTML 网页则由网页设计人员实现，从而实现了业务逻辑和表现逻辑的分离。

Horizon 秉承 Django 的设计理念，注重可重用性，致力于开发可扩展性的面板框架，应尽可能利用模板来开发 OpenStack 的 Web 界面。Horizon 将网页上的所有元素均做了模块化处理。

3. Horizon 功能架构

Horizon 主要由用户、系统和设置 3 个仪表板组成。这 3 个仪表板从不同角度提供 OpenStack 资源的访问界面，整个功能架构如图 2-1 所示。

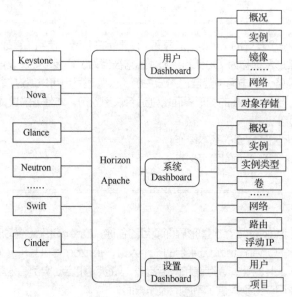

图 2-1　Horizon 功能架构

不同的用户登录之后显示的界面不尽相同，其中所显示的内容都来源于其他 OpenStack 服务和组件。Horizon 通过前端 Web 界面将隐藏于后台的 OpenStack 服务和组件的内容以可视化方式呈现出来。Horizon 包含一个 Apache 服务器程序，通过这个 Web 服务器向客户端提供 Web 界面。

Horizon 由 Web 服务和会话存储服务提供。Horizon 依赖于 Keystone 身份服务，而 Keystone 身份服务需要 Memcached 服务支持。可以在 OpenStack 主机上执行以下命令查看这两个服务的状态信息来进行验证。

```
systemctl status httpd.service memcached.service
```

4. 项目与用户

使用 OpenStack 必须了解项目与用户的概念。

在 OpenStack 身份与权限管理体系中，项目是 OpenStack 服务调度的基本单元，作为一组隔离的云资源，可以为每个客户创建项目。早期的 OpenStack 版本直接将项目称作租户（Tenant）。用户又称云用户，是指使用 OpenStack 云服务的个人、系统或服务的账户名称。身份服务为用户提供认证令牌，让用户在调用 OpenStack 服务时拥有相应的资源使用权限。可以将用户分配给特定的项目，用户作为该项目的成员就拥有该项目的权限，而权限由用户的角色决定。

一个项目可以有多个用户（项目成员），一个用户可以操作和管理多个项目。OpenStack 用户要访问云资源，必须通过项目发出请求，项目中必须包括相关的用户。总之，用户用于身份认证，项目用于资源管理，而两者又是相互关联的。

任务实现

1. 访问 OpenStack 主界面

使用 RDO 的 Packstack 安装器安装 OpenStack 完毕后，会提示 OpenStack 仪表板的网址。在浏览器中访问该网址，打开图 2-2 所示的登录界面。

图 2-2　OpenStack 仪表板登录界面

V2-1　熟悉 OpenStack 图形界面操作

OpenStack 安装过程中会默认创建两个云用户账户，一个是云管理员账户 admin，另一个是用于测试的普通用户账户 demo。使用 Packstack 安装器安装时如果没有提供应答文件，则这两个账户的初始登录密码会随机生成，并分别保存到 keystonerc_admin 和 keystonerc_demo 文件（位于安装时 Linux 用户的主目录）中。本例以 root 账户登录系统，/root/keystonerc_admin 文件的内容如下（其中 OS_PASSWORD 值为 admin 账户的登录密码）。

```
unset OS_SERVICE_TOKEN
export OS_USERNAME=admin
export OS_PASSWORD='6804135653cd4643'
export OS_REGION_NAME=RegionOne
export OS_AUTH_URL=http://192.168.199.31:5000/v3
export PS1='[\u@\h \W(keystone_admin)]\$ '
```

```
export OS_PROJECT_NAME=admin
export OS_USER_DOMAIN_NAME=Default
export OS_PROJECT_DOMAIN_NAME=Default
export OS_IDENTITY_API_VERSION=3
```

/root/keystonerc_demo 文件的内容如下（其中 OS_PASSWORD 值为 demo 账户的登录密码）。

```
unset OS_SERVICE_TOKEN
export OS_USERNAME=demo
export OS_PASSWORD='3e3b89020f604f8f'
export PS1='[\u@\h \W(keystone_demo)]\$ '
export OS_AUTH_URL=http://192.168.199.31:5000/v3
export OS_PROJECT_NAME=demo
export OS_USER_DOMAIN_NAME=Default
export OS_PROJECT_DOMAIN_NAME=Default
export OS_IDENTITY_API_VERSION=3
```

使用 admin 账户登录，成功登录后的主界面如图 2-3 所示。

OpenStack 是支持多国语言的，可以将仪表板换成中文界面。单击右上角的"admin"（用户头像图标和账户名）下拉按钮，弹出图 2-4 所示的用户菜单，选择"Settings"命令进入用户设置界面，如图 2-5 所示。从"Language"下拉列表中选择"简体中文（zh-cn）"选项，从"Timezone"下拉列表中选择"UTC +08:00: China(Shanghai) Time"选项，单击"Save"按钮保存设置，整个界面的语言就变成了简体中文，如图 2-6 所示。

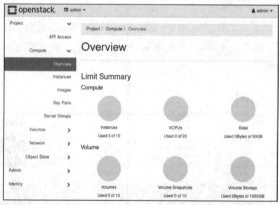

图 2-3　OpenStack 仪表板主界面

图 2-4　用户菜单

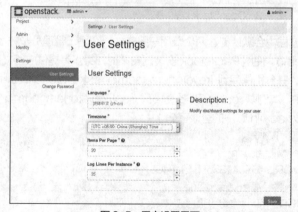

图 2-5　用户设置界面

图 2-6　简体中文界面

另外，用户菜单中的"退出"（Sign Out）命令用于退出当前登录。

整个主界面可以分为仪表板、面板组和面板 3 个层级，如图 2-7 所示（可对照图 2-3 所示的英文界面）。

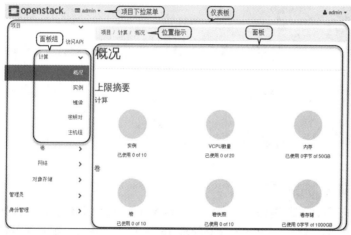

图 2-7　界面布局

主界面的顶层是仪表板（左侧导航窗格顶级节点），目前主要有以下 3 种。

（1）项目（Project）：普通用户登录之后的项目管理。

（2）管理员（Admin）：云管理员专用的仪表板，普通用户不能访问该仪表板。

（3）身份管理（Identity）：云管理员能够管理整个系统的身份认证任务，而普通用户只能管理自己的项目信息。

仪表板的下一层级是面板组（Panel Group）。展开仪表板节点，其下级节点是类似于下拉菜单的面板组，而其中的菜单项就是下一层级的对象实例——面板（Panel）。

面板在右侧窗格中显示，用于执行具体的配置管理任务，可以是文本、表格、表单、工作流等形式。在面板中，用户可以与 Horizon 支持的各种 OpenStack 服务和组件通过 API 进行交互，并且反馈结果将呈现在页面上。注意有些面板直接位于第 3 层级，没有位于面板组中。

面板顶部还会展示当前页面所处的层次结构，例如图 2-7 中显示的"项目/计算/概况"，说明当前显示的是"项目"仪表板中的"计算"面板组中的"概况"面板。

Horizon 还有一个比较特殊的设置（Settings）仪表板，需要通过用户菜单打开。该仪表板直接包括"用户设置"和"更改密码"两个面板,没有面板组这一层次,如图2-6所示。

界面顶部工具栏中偏左还有一个项目下拉菜单,指示当前的项目(图2-7所示的当前项目名为"admin")。登录的云用户如果有多个项目,可以通过该下拉菜单在项目之间进行切换。

2. 访问"项目"仪表板

OpenStack云资源主要是以项目为单位进行管理的。单击左侧导航窗格中的"项目"(Project)顶级节点,打开项目管理仪表板。OpenStack向用户提供计算(云主机)、卷、网络和对象存储4大类服务。云用户在此处集中管理向OpenStack所请求的资源和服务,其中"计算"节点是最常用的。展开"计算">"概况"节点,列出当前项目(如果登录用户有多个项目,可以切换当前项目)的计算资源概况,如图2-8所示,其中"实例"指的是虚拟机,"卷"指的是虚拟机的存储设备。

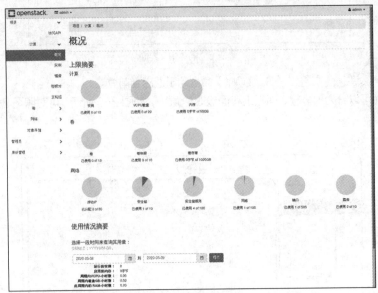

图2-8 "项目"仪表板

3. 访问"管理员"仪表板

只有以admin云管理员账户登录OpenStack才能看到"管理员"仪表板。云管理员可以在此界面中执行系统级管理任务,对整个OpenStack系统的资源进行集中管控。在左侧导航窗格中展开"管理员"(Admin)>"概况"节点,可以在"管理员"仪表板中查看云管理员当前所使用的资源概况,如图2-9所示。

图2-9 "管理员"仪表板

4. 访问"身份管理"仪表板

在"身份管理"仪表板中，云管理员能够管理整个系统的身份信息，而普通用户只能管理自己项目的身份信息。

在左侧导航窗格中展开"身份管理"（Identity）>"项目"节点，打开图 2-10 所示的界面，显示当前登录用户可管理的项目列表。使用 Packstack 安装器安装的 OpenStack，默认会提供 3 个项目：admin、services 和 demo。admin 项目是云管理员 admin 的，services 项目是为主要组件提供服务的特殊项目（没有关联登录用户），demo 项目是测试用户 demo 的。项目就是云计算的租户，向 OpenStack 发出的任何请求都必须提供项目信息。

图 2-10　项目列表

在左侧导航空格中展开"身份管理">"用户"（Users）节点，会显示当前登录用户可查看的用户列表，如图 2-11 所示。这里的用户是指使用云的用户账户，包括用户名、密码、邮箱等信息。云管理员除了能够编辑修改用户设置之外，还能更改用户的密码，禁用或删除用户账户。但是普通用户默认情况下不能进行这些操作，在这个界面中也不能更改自己的密码。

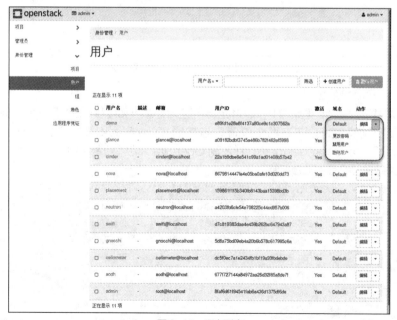

图 2-11　用户列表

从用户列表的"动作"下拉菜单中选择"更改密码"命令，在弹出的图 2-12 所示的对话框中，直接修改密码。如果修改的是云管理员自己的密码，修改成功后会要求重新登录。

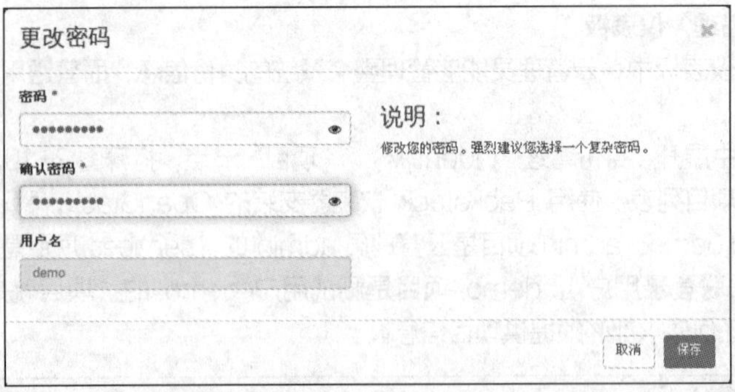

图 2-12 "更改密码"对话框("身份管理"仪表板)

5. 访问"设置"仪表板

在用户菜单中选择"设置"(Settings)命令可打开"设置"仪表板,如图 2-6 所示。在"用户设置"面板中除了可以设置语言、时区,还可以设置两个界面显示选项,即每页条目数和每个实例的日志行数。

"设置"仪表板中还有一个"更改密码"面板,如图 2-13 所示。在这里,当前登录用户都可以更改自己的密码,更改成功之后需要重新登录。

图 2-13 "更改密码"面板("设置"仪表板)

6. 自定义仪表板和面板

用户可以对基于 Django 框架的 Horizon 进行自定义配置。Horizon 是负责 OpenStack 管理的统一 Web 界面,其源代码分布在两个位置,与其他 OpenStack 项目不太一样。一个位置是 /usr/lib/python2.7/site-packages/horizon(不同 OpenStack 版本可能不同),这里存放着如下一些最基本的、可以共享的类、表格和模板等。

```
[root@node-a ~]# ls /usr/lib/python2.7/site-packages/horizon
base.py                defaults.py       loaders.py        site_urls.py      utils
base.pyc               defaults.pyc      loaders.pyc       site_urls.pyc     version.py
base.pyo               defaults.pyo      loaders.pyo       site_urls.pyo     version.pyc
browsers               exceptions.py     locale            static            version.pyo
conf                   exceptions.pyc    management        tables            views.py
context_processors.py  exceptions.pyo    messages.py       tabs              views.pyc
context_processors.pyc forms             messages.pyc      templates         views.pyo
context_processors.pyo hacking           messages.pyo      templatetags      workflows
contrib                __init__.py       middleware        test
decorators.py          __init__.pyc      notifications.py  themes.py
```

```
decorators.pyc              __init__.pyo        notifications.pyc   themes.pyc
decorators.pyo              karma.conf.js       notifications.pyo   themes.pyo
```

另一个位置是/usr/share/openstack-dashboard，其中存放着如下一些与界面有直接关系、更加具体的类、表格和模板等，这些文件可以由用户修改，以实现界面定制。

```
[root@node-a ~]# ls /usr/share/openstack-dashboard
manage.py   manage.pyc   manage.pyo   openstack_dashboard   static
```

默认的 Horizon 面板基于 openstack_dashboard/enabled 目录中的文件加载该目录下的文件，如下所示（如果有多个文件，则按照文件名的顺序依次加载）。

```
[root@node-a ~]# ls /usr/share/openstack-dashboard/openstack_dashboard/enabled
_1000_project.py                            _2160_admin_images_panel.pyc
_1000_project.pyc                           _2160_admin_images_panel.pyo
_1000_project.pyo                           _2210_admin_volume_panel_group.py
_1010_compute_panel_group.py                _2210_admin_volume_panel_group.pyc
...
_2150_admin_flavors_panel.py                _90_admin_add_panel_to_group.py.example
_2150_admin_flavors_panel.pyc               __init__.py
_2150_admin_flavors_panel.pyo               __init__.pyc
_2160_admin_images_panel.py                 __init__.pyo
```

子目录 openstack_dashboard/dashboards 中存放着如下一些仪表板布局定义文件。

```
[root@node-a ~]# ls  /usr/share/openstack-dashboard/openstack_dashboard/dashboards
admin   identity   __init__.py   __init__.pyc   __init__.pyo   project   settings
```

Horizon 提供 4 个仪表板，分别是 admin（管理员）、identity（身份管理）、project（项目）和 settings（设置），对应着图形界面的一级节点。其中每个仪表板目录中又定义其下级节点（面板）。以 project（项目）为例，其下级目录和文件如下。

```
[root@node-a ~]# ls  /usr/share/openstack-dashboard/openstack_dashboard/dashboards/project
api_access      dashboard.pyo    __init__.pyo    network_topology   snapshots       volumes
backups         floating_ips     instances       overview           static
containers      images           key_pairs       routers            trunks
dashboard.py    __init__.py      network_qos     security_groups    vg_snapshots
dashboard.pyc   __init__.pyc     networks        server_groups      volume_groups
```

可见，openstack_dashboard/dashboards 目录中定义了所有仪表板的节点和面板。至于要显示哪些节点或面板，则由 enabled 子目录决定。

任务二　创建和操作虚拟机实例

任务说明

IaaS 类型的云平台提供给用户的是计算基础设施服务。OpenStack 就是这种类型的云平台，重点是提供计算资源服务，也就是为云用户提供云主机，让云用户能够在其中部署和运行应用。云主机是虚拟机，在 OpenStack 中又被称为实例。普通用户一般会通过 Web 图形界面创建和管理虚拟机实例。利用图形界面，初学者在经过简单的准备工作之后即可轻松创建和操作自己的虚拟机实例。本任务的具体要求如下。

- 了解并准备创建虚拟机实例的前提。
- 熟悉创建虚拟机实例的基本步骤。
- 在虚拟机实例上进行简单的操作。

知识引入

1. 创建虚拟机实例的前提条件

每个项目可以创建属于自己的虚拟机实例。在创建实例之前,需要做一些准备工作,主要是提供以下前提。

(1)实例的源。源是用来创建实例的模板。可以使用一个镜像、一个实例的快照(镜像快照)、一个卷或一个卷快照作为源。镜像是创建实例最基本的源。

(2)实例类型。实例类型也就是实例规格,表示一组特定的虚拟资源,用于定义虚拟机实例可使用的CPU、内存和存储空间等。

(3)密钥对。大部分云镜像支持公钥认证而不是传统的密码认证,通过安全外壳(Secure Shell,SSH)访问基于此类镜像所创建的虚拟机实例,可以通过证书而不是密码登录,这就需要提供 SSH 凭据。而密钥对(Key Pair)就是虚拟机实例启动时注入镜像中的 SSH 凭据,在创建虚拟机实例时要添加一个 SSH 公钥到计算服务中。

(4)安全组。一个安全组就是一组特定防火墙规则的集合。安全组过滤流量包,在网络高层定义哪些协议和网络通信是被允许的,用于控制虚拟机实例的网络通信。每个项目可以定义若干个安全组,每个安全组可以有若干条规则,可以给每个虚拟机实例绑定若干个安全组。

(5)网络。这里的网络是指虚拟网络,在云中为虚拟机实例提供网络通信,使实例能够访问内部网络和外部网络。每个项目可以有自己的私有内部网络,此网络与其他项目的网络相互隔离。虚拟机实例要实现与访问的网络通信,必须通过路由器接入外部网络,并配置浮动 IP 地址。

上述云资源中,实例类型总是为云管理员所有,只有云管理员才能管理实例类型,而密钥对是属于特定用户的,其他云资源则属于特定项目。云用户及其项目只有创建或有权使用这些前提,才能在项目中创建虚拟机实例。

2. 虚拟机实例与镜像

虚拟机实例是在云中的物理节点上运行的虚拟机个体。镜像是由特定的一系列文件按照规定格式制作,便于用户下载和使用的单一文件。创建虚拟机实例所用的镜像是一个完整的操作系统。镜像包括一个持有可启动操作系统的虚拟磁盘。可以用同一镜像创建任意数量的实例,每个创建的实例在基础镜像的副本上运行。实例运行过程中的任何改变都不会影响其基础镜像,也就是说基础镜像是只读的。

任务实现

1. 准备镜像

镜像是创建虚拟机实例的基础。以 demo 用户身份登录 OpenStack,在左侧导航窗格中展开"项目">"计算">"镜像"节点,显示当前的镜像列表,如图 2-14 所示。

V2-2 创建虚拟机实例的准备工作

图 2-14 默认的镜像列表

使用 Packstack 安装器安装 OpenStack 时，默认预置一个名为"cirros"的镜像。这是一个测试用的 Linux 操作系统镜像。Cirros 是一个免费的、体积非常小的 Linux 操作系统发行版，一般用于 OpenStack 测试。但是这个预置的 Cirros 操作系统镜像太小了，才 273 字节，使用它创建的虚拟机实例启动后无法正常运行。要使用 Cirros 操作系统镜像进行测试，可以将这个预置镜像删除，从 Cirros 官网上下载一个新的 Cirros 操作系统镜像，并通过创建镜像将它上传到 OpenStack 云平台上。

普通用户无权删除预置的"cirros"镜像，改用 admin 用户身份登录 OpenStack，在左侧导航窗格中展开"管理员" > "计算" > "镜像"节点，可以发现该镜像的所有者是 services 项目，但是其可见性显示为"公有"。这里选择"删除镜像"命令删除该镜像，如图 2-15 所示。

图 2-15　由云管理员删除镜像

接着从 Cirros 官网上下载一个 Cirros 操作系统的镜像文件，版本不要太低，这里下载的是 0.5.1 版，如图 2-16 所示。下载完毕后，以 admin 用户身份登录 OpenStack，再转到"管理员"仪表板中的镜像列表界面；单击"创建镜像"按钮，弹出图 2-17 所示的对话框，为镜像命名（本例中为"cirros"）；在"文件"字段中单击"浏览"按钮打开文件对话框，选择已下载的镜像文件；在"镜像格式"下拉列表中选择"QCOW2-QEMU 模拟器"，注意将"可见性"改为"公有"（这个镜像由云管理员创建，可以让所有项目使用）；然后单击"创建镜像"按钮，即可将新创建的镜像上传到云中，并出现在镜像列表里。

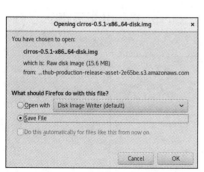

图 2-16　下载 Cirros 镜像文件

图 2-17　创建 Cirros 操作系统镜像

Cirros 操作系统的功能毕竟有限，考虑到测试效果，可以再添加其他操作系统的镜像。RDO 网站和

OpenStack 官网提供专门为 OpenStack 预置的镜像文件的下载服务。这里下载 Fedora Cloud Base 操作系统的镜像文件，它用于创建具有通用用途的虚拟机，笔者选择的是其.qcow2 格式的镜像，要注意选择为 OpenStack 定制的镜像，如图 2-18 所示。Fedora 是 Linux 操作系统的一个发行版，是一款由全球社区爱好者构建的面向日常应用的快速、稳定、强大的操作系统。

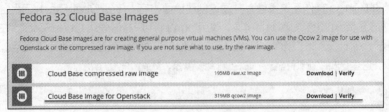

图 2-18　下载 Fedora 操作系统的镜像

下载完毕后，将它上传到 OpenStack 平台。为便于示范，以 demo 用户身份登录 OpenStack，转到"项目"仪表板中的镜像列表界面，单击"创建镜像"按钮弹出相应的面板，如图 2-19 所示；基于刚下载的 Fedora 操作系统镜像文件再创建一个镜像，将其中"可见性"设置为"私有"，表示该镜像只能为当前的 demo 项目所用，不向其他项目提供服务。

图 2-19　创建 Fedora 操作系统镜像

从镜像列表中可以查看新创建的两个镜像，如图 2-20 所示。"cirros"镜像虽然由云管理员创建，但是由于是公有的，demo 项目也可以使用。

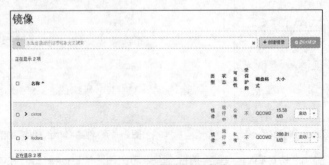

图 2-20　新创建的两个镜像

2. 查看实例类型

实例类型由 admin 云管理员管理，普通用户无权管理。以 admin 用户身份登录 OpenStack，在左侧导航窗格中展开"管理员">"计算">"实例类型"节点，显示当前的实例类型列表，如图 2-21 所示。默认提供的 5 个实例类型可以满足大部分虚拟机实例的需要。

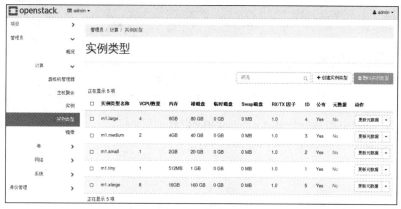

图 2-21　实例类型列表

Horizon 没有在"项目"仪表板中提供实例类型列表，但是项目在创建虚拟机实例时可以看到和使用这些实例类型。

3. 查看网络

不同的项目可以使用的网络不尽相同。以 demo 用户身份登录 OpenStack，在左侧导航窗格中展开"项目">"网络">"网络"节点，显示当前的网络列表，如图 2-22 所示。demo 项目目前只能使用名为"private"的网络，这是属于该项目的私有网络。另一个名为"public"的网络不属于 demo 项目，且由于其不是可共享的，这里无法看到该网络的子网信息。

图 2-22　网络列表

4. 添加安全组规则

每个项目可以定义自己的安全组。虚拟机实例可以关联到安全组，安全组中的规则用于控制被关联的实例的网络通信。以 demo 用户身份登录 OpenStack，在左侧导航窗格中展开"项目">"网络">"安全组"节点，显示当前的安全组列表，如图 2-23 所示。

默认有一个名为"default"的安全组，单击该安全组条目右端的"管理规则"按钮，会出现图 2-24 所示的界面，界面中列出了该安全组当前已有的规则。规则有出口和入口两个方向，默认的前两条规则（分别对应 IPv4 和 IPv6 的以太网类型）允许关联该默认安全组的虚拟机实例访问外部网络；后两条规则不允许从外部网络访问关联该默认安全组的虚拟机实例，但是关联该默认安全组的虚拟机实例之间可以相互访问。

图 2-23 安全组列表

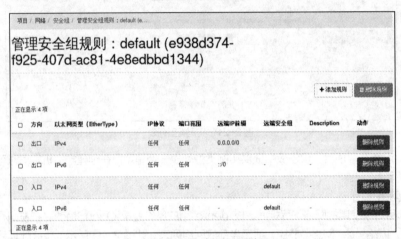

图 2-24 安全组规则列表

在后续实验中,要允许从外部网络中通过 SSH 协议访问虚拟机实例,使用 ping 工具测试虚拟机实例的连通性,需修改默认的规则,开放这些服务。

单击"添加规则"按钮,在弹出的图 2-25 所示的对话框中有详细的设置说明。从"规则"下拉列表中选择"SSH"选项,如图 2-26 所示,单击"添加"按钮。这条规则将允许从外部通过 SSH 协议访问虚拟机实例。

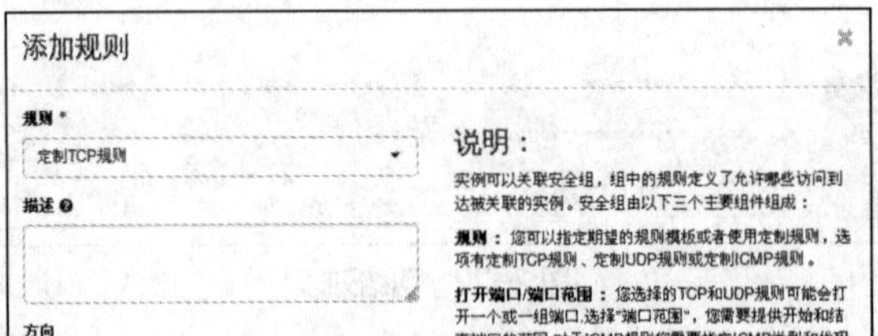

图 2-25 添加规则对话框

再次打开"添加规则"对话框,从"规则"下拉列表中选择"All ICMP"选项,如图 2-27 所示,然后单击"添加"按钮。这条规则将允许从外部使用 ping 工具测试虚拟机实例的连通性。

图 2-26　添加 SSH 规则　　　　　　　　　图 2-27　添加 All ICMP 规则

对于未在"规则"下拉列表中列出的服务,需要在"端口"字段中输入相应的端口号,类似于防火墙规则。

新添加的规则会出现在规则列表中,如图 2-28 所示。这两条规则都是入口规则,用于控制从外部网络到虚拟机实例的通信。

图 2-28　新添加的安全组规则

5. 添加密钥对

密钥对是虚拟机实例启动时被注入镜像中的 SSH 凭据,每个项目可以定义自己的密钥对。以 demo 用户身份登录 OpenStack,在左侧导航窗格中展开"项目">"计算">"密钥对"节点,显示当前云用户的密钥对列表,如图 2-29 所示。可以发现 demo 项目默认没有任何密钥对。

图 2-29　demo 项目的密钥对列表

要采用SSH方式以证书凭据方式登录虚拟机实例,就需要创建或导入密钥对,并在创建虚拟机实例时关联对应密钥对。单击"创建密钥对"按钮,弹出图2-30所示的对话框,为密钥对命名(本例中为"demo-key",注意名称只能包含字母、空格或者半字线);从"密钥类型"下拉列表中选择"SSH 密钥"选项,再单击"创建密钥对"按钮;创建新的密钥对时需要注册公钥并提供私钥文件(.pem 格式)下载,如图2-31所示;将私钥文件下载到当前计算机中(并注意保管),新创建的密钥对即出现在密钥对列表中,如图2-32所示。

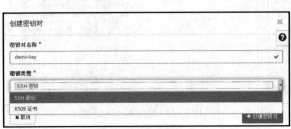
图2-30 创建密钥对

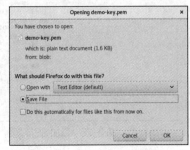
图2-31 下载私钥文件

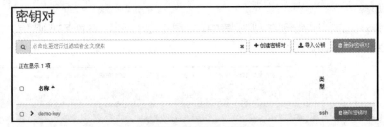
图2-32 新创建的密钥对

V2-3 创建虚拟机实例

6. 创建虚拟机实例

完成上述准备工作之后,即可着手创建虚拟机实例。每个项目都可以创建自己的虚拟机实例。以 demo 用户身份登录 OpenStack,在左侧导航窗格中展开"项目">"计算">"实例"节点,显示当前的实例列表,如图2-33所示,可以发现 demo 项目默认没有任何实例。

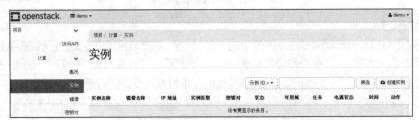
图2-33 demo 项目的实例列表

下面基于 Cirros 操作系统镜像创建一个虚拟机实例,具体步骤如下。

(1)单击"创建实例"按钮,启动创建实例向导,为该实例命名(本例中为"Cirros-VM"),并设置实例的数量(默认为1),如图2-34所示。

(2)选择"源"选项(或者单击"下一步"按钮),为实例设置源(用来创建实例的模板)。这里以镜像作为该实例的源,将"删除实例时删除卷"设置为"是"(默认设置),并从可用的镜像列表中选择"cirros"镜像,其他选项保持默认设置,如图2-35所示。这里将"创建新卷"设置为"是"会使该实例具有持久性的存储;如果将其设置为"不",则该实例将使用临时性存储。

图 2-34 设置实例名称和数量

图 2-35 设置实例的源

（3）选择"实例类型"选项。由于所用的镜像很小，这里选择分配系统资源最少的"m1.tiny"实例类型，如图 2-36 所示。

图 2-36 选择实例类型

至此，"创建实例"按钮一直处于可用状态，说明其他选项使用默认值即可。为便于示范，再展示一下其他选项的设置过程。

（4）选择"网络"选项，选择实例所在的网络。由于 demo 项目只有一个私有网络，这里就自动选择该私有网络，如图 2-37 所示。

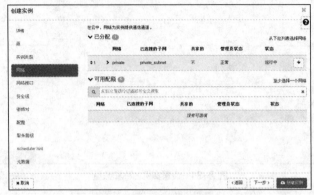

图 2-37　为实例选择网络

（5）选择"安全组"选项，选择实例要关联的安全组。由于 demo 项目只有一个默认安全组，这里就自动选择该安全组，如图 2-38 所示。

图 2-38　为实例选择安全组

（6）选择"密钥对"选项，选择实例要注入的密钥对。由于 demo 项目的成员 demo 用户只有一个密钥对，这里就自动选择该密钥对，如图 2-39 所示。

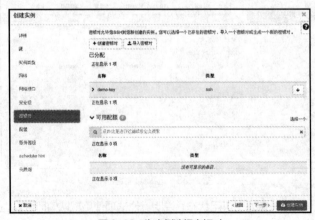

图 2-39　为实例选择密钥对

（7）其他选项保持默认设置，单击"创建实例"按钮，完成虚拟机实例的创建。

将新创建的实例加入实例列表中。实例的创建需要一定的时间。如图 2-40 所示，实例处于正在创建的状态；如图 2-41 所示，实例创建完成并正在运行。

图 2-40　实例正在创建

图 2-41　实例正在运行

下面参照上述步骤，再基于 Fedora 操作系统镜像创建一个虚拟机实例。首先为该实例命名（本例中为"Fedora-VM"），然后重点设置源，如图 2-42 所示；选择"镜像"作为实例的源，注意存储卷大小默认为 1 GB，这里改为 10 GB 以满足 Fedora 操作系统运行的需要（不能仅看镜像文件的大小），再从可用的镜像列表中选择"fedora"镜像。由于这是 Fedora 操作系统镜像，实例类型应至少选择"m1.small"，如图 2-43 所示。注意实例类型的磁盘存储空间大小不能低于虚拟机实例本身的源的卷大小。

至此完成了两个虚拟机实例的创建。

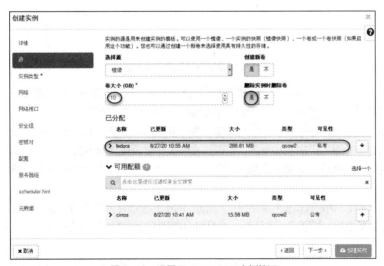

图 2-42　设置 Fedora-VM 实例的源

7. 操作和使用虚拟机实例

在实例列表中会显示每个实例的基本信息和状态，如图 2-44 所示。可以发现，新创建的实例会自动运行。在实例列表中可以对实例执行管理操作，从"动作"下拉菜单中可选择多种操作指令，如创建快照、关闭实例、删除实例、重启实例等。

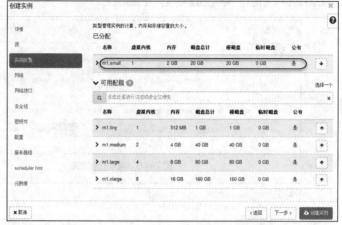

V2-4 操作和使用虚拟机实例

图 2-43 为 Fedora-VM 实例选择实例类型

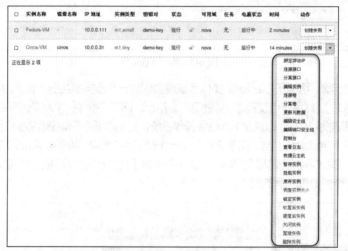

图 2-44 实例列表及实例操作菜单

可以通过单击实例的名称进入实例详情界面，如图 2-45 所示。"概况"选项卡中显示该实例概况，除名称等基本信息外，还包括规格、IP 地址、安全组、元数据以及连接的卷。

（1）切换到"控制台"选项卡，可以对该实例进行交互操作。基于 Cirros 操作系统镜像创建的虚拟机实例启动后会提示登录的用户名和密码，可以直接登录，登录成功后可进行测试操作，如图 2-46 所示。此时如果控制台无响应，则单击下面的"Connected to QEMU"状态栏（在实际操作界面中以灰色显示）。

（2）进入 Fedora-VM 实例的控制台进行测试。由于 Fedora 操作系统镜像并未提供登录用户名和密码，这里无法直接登录，如图 2-47 所示。但是可以使用 SSH 通过证书进行登录，这将在下一个任务中讲解。

（3）返回 Cirros-VM 实例的控制台，使用 ping 工具分别测试该实例与 Fedora-VM 实例（本例中地址为 10.0.0.111）之间的连通性，结果为能够通信。再进一步测试该实例与外部网络（例如 OpenStack 主机 192.168.199.31）的连通性，虽然实例的安全组规则允许访问外部网络，但这里测试失败。这说明还需进一步调整网络配置，以实现虚拟机实例与外部网络之间的通信。本例中测试过程如图 2-48 所示。

项目二
OpenStack 快速入门

图 2-45 实例详情界面

图 2-46 Cirros-VM 实例的控制台

图 2-47 Fedora-VM 实例的控制台

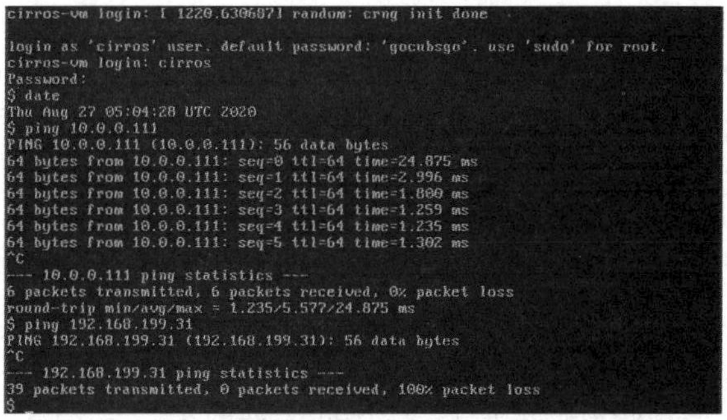

图 2-48 在控制台中测试 Cirros-VM 实例的连通性

任务三 实现虚拟机与外部网络的通信

任务说明

网络是 OpenStack 非常重要的资源之一,没有网络,虚拟机实例将被完全隔绝。RDO 一体化

45

OpenStack 云平台默认已配置了虚拟网络，但是由于没有针对实际环境进行配置，即使分配浮动 IP 地址，创建的虚拟机实例也不能与外部网络通信。此时，通过修改相关配置来定制网络，即可实现虚拟机实例与外部网络之间的通信。另外，在实际应用中，配置 Linux 操作系统的虚拟机实例主要通过 SSH 远程访问，而且大多使用 SSH 证书登录。本任务的具体要求如下。

- 了解 OpenStack 的虚拟网络。
- 掌握外部网络和路由器的基本配置。
- 熟悉虚拟机实例的浮动 IP 地址分配。
- 学会通过 SSH 从外部网络访问虚拟机实例。

知识引入

1. OpenStack 的虚拟网络

OpenStack 网络服务最主要的功能就是为虚拟机实例提供网络连接，目前由 Neutron 项目实现。Neutron 为整个 OpenStack 环境提供软件定义网络（Software Defined Network，SDN）支持。开放式虚拟交换机（Open vSwitch，OVS）凭借其丰富的功能和较高的性能，已经成为 OpenStack 部署中非常受欢迎的虚拟交换机。RDO 一体化 OpenStack 云平台默认使用 OVS。

但是，为解决 OpenStack 的 Neutron 架构引入的性能问题，开放式虚拟网络（Open Virtual Network，OVN）项目被推出。由 OVN 作为虚拟网络的控制平面，Neutron 只需要提供 API 的处理。OVN 为 OVS 增加了对虚拟网络的原生支持，大大提高了 OVS 在实际应用环境中的性能和规模。OVN 对于运行平台没有额外的要求，只要能够运行 OVS，就可以运行 OVN，所以从 OVS 升级到 OVN 非常容易。在 RDO 的 OpenStack 解决方案中，从 OpenStack 的 Stein 版本开始，网络控制平台从之前的 OVS 升级到 OVN，注意其二层网络的虚拟化仍然是由 OVS 实现的。

典型的 Neutron 虚拟网络包括外部网络、内部网络和路由器。外部网络负责连接 OpenStack 项目之外的网络环境，用于外部物理网络接入。内部网络又称私有网络，是虚拟机实例本身所在的网络，项目可以创建自己的内部网络。路由器是一个虚拟路由器，用于将内部网络与外部网络连接起来。要使内部网络中的虚拟机实例能访问外部网络，必须创建一个路由器。

2. 浮动 IP 地址

OpenStack 虚拟机实例可以分配两类地址。一类是私有地址，这是由 DHCP 服务器自动分配给虚拟机实例网络接口的 IP 地址。此类地址在虚拟机实例中使用工具可以查看到。私有地址是私有网络的一部分，同一广播域内的实例基于私有地址进行通信。也可以通过虚拟路由器从其他私有网络访问私有地址。

另一类地址是浮动 IP 地址，这是由 Neutron 组件提供的服务。它不用任何 DHCP 服务，直接在客户端内静态设置即可。事实上，客户端操作系统并不知道它被分配了一个浮动 IP 地址。将数据包发送到分配有浮动 IP 地址的网络接口的工作由 Neutron 负责。分配有浮动 IP 地址的实例能够通过浮动 IP 地址从外部网络被访问。

OpenStack 的虚拟机实例拥有一个私有 IP 地址，通过该 IP 地址，它们可以在内部网络中相互访问。要从外部网络中的其他计算机访问这些实例，需为实例分配浮动 IP 地址。

V2-5 将 OpenStack 主机网卡添加到 br-ex 网桥上

任务实现

1. 将 OpenStack 主机网卡添加到 br-ex 网桥上

RDO 一体化 OpenStack 云平台默认使用 Neutron 组件来提供虚拟网络服务，使用 OVS 作为网络代理插件。在命令行中执行以下命令查看主机上当前的网络接口。

```
[root@node-a ~]# ip a
```

```
1: lo: <LOOPBACK,UP,LOWER_UP> mtu 65536 qdisc noqueue state UNKNOWN group default qlen 1000
    link/loopback 00:00:00:00:00:00 brd 00:00:00:00:00:00
    inet 127.0.0.1/8 scope host lo
       valid_lft forever preferred_lft forever
    inet6 ::1/128 scope host
       valid_lft forever preferred_lft forever
2: ens33: <BROADCAST,MULTICAST,UP,LOWER_UP> mtu 1500 qdisc pfifo_fast state UP group default qlen 1000
    link/ether 00:0c:29:63:68:74 brd ff:ff:ff:ff:ff:ff
    inet 192.168.199.31/24 brd 192.168.199.255 scope global ens33
       valid_lft forever preferred_lft forever
    inet6 fe80::20c:29ff:fe63:6874/64 scope link
       valid_lft forever preferred_lft forever
3: ovs-system: <BROADCAST,MULTICAST> mtu 1500 qdisc noop state DOWN group default qlen 1000
    link/ether 52:36:fe:29:58:8a brd ff:ff:ff:ff:ff:ff
4: br-int: <BROADCAST,MULTICAST> mtu 1500 qdisc noop state DOWN group default qlen 1000
    link/ether 52:e1:c1:fa:a8:48 brd ff:ff:ff:ff:ff:ff
5: br-ex: <BROADCAST,MULTICAST> mtu 1500 qdisc noop state DOWN group default qlen 1000
    link/ether d6:62:bd:fc:c9:48 brd ff:ff:ff:ff:ff:ff
```

其中 ens33 是主机网卡，"br" 打头的是网桥。再执行以下命令查看主机上当前的网桥。

```
[root@node-a ~]# ovs-vsctl list-br
br-ex
br-int
```

可以发现目前主机上已经有两个网桥，其中 br-ex 是外部网桥，br-int 是集成网桥。执行以下命令查看 br-ex 网桥的端口。

```
[root@node-a ~]# ovs-vsctl list-ports br-ex
patch-provnet-490a2193-458c-416f-b4ae-0e36bc297d42-to-br-int
```

可以发现，该网桥只有一个连接集成网桥 br-int 的 Patch 端口，没有端口连接到 OpenStack 主机上的外部网络接口，因此当前 OpenStack 云平台上的虚拟机实例无法与外部网络进行通信。解决的办法是将 OpenStack 主机上的网卡作为一个端口添加到 br-ex 网桥上，通常执行以下命令来实现。

```
ovs-vsctl add-port br-ex  网卡
```

Open vSwitch 会生成一个普通端口来处理此网卡的数据包。但是以这种方式实现的配置在开机后会丢失，这里改用网卡配置文件来实现。下面进行示范，注意在操作过程中需要根据读者自己的特定网络环境，替换其中的网卡名称、IP 地址和 DNS 服务器等参数值。

（1）在命令行中执行以下命令切换到网络接口配置文件目录，将 ens33 网卡的配置文件复制一份到 ifcfg-br-ex 接口配置文件中。

```
[root@node-a ~]# cd /etc/sysconfig/network-scripts
[root@node-a network-scripts]# ls
ifcfg-br-ex     ifdown-ippp     ifdown-sit       ifup-eth      ifup-plusb    ifup-tunnel
ifcfg-ens33     ifdown-ipv6     ifdown-Team      ifup-ib       ifup-post     ifup-wireless
ifcfg-lo        ifdown-isdn     ifdown-TeamPort  ifup-ippp     ifup-ppp      init.ipv6-global
ifdown          ifdown-ovs      ifdown-tunnel    ifup-ipv6     ifup-routes   network-functions
ifdown-bnep     ifdown-post     ifup             ifup-isdn     ifup-sit      network-functions-ipv6
ifdown-eth      ifdown-ppp      ifup-aliases     ifup-ovs      ifup-Team
```

ifdown-ib   ifdown-routes   ifup-bnep   ifup-plip   ifup-TeamPort
[root@node-a network-scripts]# cp ifcfg-ens33 ifcfg-br-ex

（2）使用文本编辑器（建议使用 nano 工具）修改 br-ex 网桥的配置文件，命令如下。

nano ifcfg-br-ex

本例将其内容修改如下。

TYPE=OVSBridge
DEVICETYPE=ovs
PROXY_METHOD=none
BROWSER_ONLY=no
BOOTPROTO=none
DEFROUTE=yes
IPV4_FAILURE_FATAL=no
IPV6INIT=yes
IPV6_AUTOCONF=yes
IPV6_DEFROUTE=yes
IPV6_FAILURE_FATAL=no
IPV6_ADDR_GEN_MODE=stable-privacy
NAME=br-ex
UUID=c5ee193b-4ef7-46b5-b251-a2218e302bf2
DEVICE=br-ex
ONBOOT=yes
IPADDR=192.168.199.31
PREFIX=24
GATEWAY=192.168.199.1
DNS1=114.114.114.114
PEERDNS=no

其中关键是要将 TYPE 的值修改为 OVSBridge，将 DEVICETYPE 的值设为 ovs，将 NAME 和 DEVICE 的值都改为 br-ex。

（3）使用文本编辑器修改 ens33 网卡的配置文件，命令如下。

nano ifcfg-ens33

本例将其内容修改如下。

TYPE=OVSPort
NAME=ens33
DEVICE=ens33
ONBOOT=yes
DEVICETYPE=ovs
OVS_BRIDGE=br-ex

其中关键是将 TYPE 值修改为 OVSPort，并添加最后两行定义，原有的大部分设置可以删除。

（4）重启 network 服务使上述修改生效，然后使用 ip 命令验证配置的更改，命令如下。

[root@node-a network-scripts]# systemctl restart network
[root@node-a network-scripts]# ip a
1: lo: <LOOPBACK,UP,LOWER_UP> mtu 65536 qdisc noqueue state UNKNOWN group default qlen 1000
    link/loopback 00:00:00:00:00:00 brd 00:00:00:00:00:00
    inet 127.0.0.1/8 scope host lo
       valid_lft forever preferred_lft forever
    inet6 ::1/128 scope host
       valid_lft forever preferred_lft forever

```
2: ens33: <BROADCAST,MULTICAST,UP,LOWER_UP> mtu 1500 qdisc pfifo_fast master ovs-system state UP group default qlen 1000
    link/ether 00:0c:29:63:68:74 brd ff:ff:ff:ff:ff:ff
    inet6 fe80::20c:29ff:fe63:6874/64 scope link
       valid_lft forever preferred_lft forever
3: ovs-system: <BROADCAST,MULTICAST> mtu 1500 qdisc noop state DOWN group default qlen 1000
    link/ether 52:36:fe:29:58:8a brd ff:ff:ff:ff:ff:ff
4: br-int: <BROADCAST,MULTICAST> mtu 1500 qdisc noop state DOWN group default qlen 1000
    link/ether 52:e1:c1:fa:a8:48 brd ff:ff:ff:ff:ff:ff
5: br-ex: <BROADCAST,MULTICAST,UP,LOWER_UP> mtu 1500 qdisc noqueue state UNKNOWN group default qlen 1000
    link/ether 00:0c:29:63:68:74 brd ff:ff:ff:ff:ff:ff
    inet 192.168.199.31/24 brd 192.168.199.255 scope global br-ex
       valid_lft forever preferred_lft forever
    inet6 fe80::d462:bdff:fefc:c948/64 scope link
       valid_lft forever preferred_lft forever
```

其中，外部网桥 br-ex 获得原 ens33 网卡的 IP 配置，而 ens33 网卡作为该网桥上的一个端口后，可以没有 IP 地址。

2. 调整网络配置

RDO 一体化 OpenStack 云平台默认配置了一个内部网络、一个外部网络和一个路由器。普通用户只能查看属于自己项目的网络，而且默认没有权限管理外部网络；而云管理员用户可以查看所有网络配置。以 admin 用户身份登录 OpenStack，在左侧导航窗格中展开"管理员">"网络">"网络"节点，显示当前所有的网络列表，如图 2-49 所示。默认为 demo 项目定义了一个名为"private"的内部网络，为 admin 项目定义了一个名为"public"的外部网络，可根据需要进一步查看每个网络的详情。单击"路由"节点（此节点名称的英文原文为"Routers"），显示当前所有的路由器列表，如图 2-50 所示。默认为 demo 项目定义了一个名为"router1"的路由器，这是一个虚拟路由器，用于连接外部网络和内部网络。

V2-6　调整网络配置

图 2-49　显示当前所有网络列表

图 2-50　显示当前所有路由器列表

这种由 RDO 的 Packstack 安装器一键安装的 OpenStack 云平台的网络配置往往不符合实际网络环境，需对现有的网络进行重新配置。

（1）清除现有路由器的网关。

因为默认配置的路由器已经将外部网络设置为其网关，所以需要先将网关清除或者直接删除该路由器，才能删除外部网络，这里选择前一种方案。以 admin 用户身份登录 OpenStack 之后，打开路由器列表，单击"router1"文字链接，再切换到图 2-51 所示的"接口"选项卡，将外部网关类型的接口删除即可。

图 2-51 清除路由器的网关

（2）配置外部网络。

以 admin 用户身份登录 OpenStack 之后，从"管理员"仪表板中打开网络列表，选择"public"网络打开其详细信息界面，在"概况"选项卡中可查看该网络的基本信息，如图 2-52 所示。其中"外部网络"设置为"Yes"（表示这是一个外部网络），"供应商网络"的"网络类型"设置为"flat"（外部网络配置 flat 网络，保证 OpenStack 能够访问连通外部物理网络），"物理网络"设置为"extnet"，"共享的"设置为"No"（表示该网络不可在项目之间共享，实际上是指其他项目不能直接使用该外部网络为虚拟机实例设置网络连接，但仍然能够使用该外部网络作为路由器的网关）。

图 2-52 外部网络基本信息

外部网络基本设置是符合实验环境的，但是其子网不符合，而路由器的网关要设置具体的子网，每个子网需要定义 IP 地址的范围和掩码。外部网络默认的子网地址范围为 172.24.4.0/24，而本例实验环境的物理网络地址范围是 192.168.199.0/24，这就需要重设子网。先将外部网络现有的子网删除，如图 2-53 所示。

再创建一个同名的子网。单击"创建子网"按钮，启动创建子网向导。设置子网名称、网络地址（这里为 OpenStack 主机所在的外部网络的 IP 地址，需要使用斜线表示法，也就是 CIDR 记法）和网关 IP（外部网络使用的网关 IP 地址），如图 2-54 所示。

图 2-53　删除外部网络现有的子网

单击"下一步"按钮进入"子网详情"设置界面，如图 2-55 所示。由于与 OpenStack 主机所在的外部子网重叠，这里可以在子网中设置一个专门供虚拟机实例使用的地址段，这个地址段在 OpenStack 中通过分配地址池进行设置。为便于虚拟机实例通过域名访问外部网络，还要设置 DNS 服务器。这里保持默认设置，勾选"激活 DHCP"复选框，使子网中提供的 DHCP 服务。如果不勾选该复选框，则会使用物理网络中的 DHCP 服务。

设置完毕，单击"创建"按钮完成子网的创建。新创建的子网会显示在子网列表中，如图 2-56 所示，可根据需要查看和修改其设置。

图 2-54　设置新创建的同名子网基本信息

图 2-55　设置子网详情

图 2-56　为外部网络新创建的子网

（3）调整路由器配置。

路由器的配置操作以各项目为主，每个项目都可以定义自己的路由器。完成上述外部网络调整之后，还要修改路由器设置。以 demo 用户身份登录 OpenStack，打开路由器列表，如图 2-57 所示。

图 2-57　demo 项目默认的路由器

demo 项目有一个自己的路由器 router1，其"动作"下拉菜单中的"设置网关"命令可用，表明该路由器目前没有设置网关。

单击"设置网关"命令，弹出图 2-58 所示的对话框，从"外部网络"下拉列表中选择"public"选项，单击"提交"按钮即可完成网关的设置，从而为该项目的虚拟机实例提供内外网通信支持。

再从"动作"下拉菜单中选择"编辑路由"命令，弹出图 2-59 所示的对话框，将该路由器的名称更改为"router-demo"。此处勾选"启用管理员状态"复选框，表示启用此路由器。

图 2-58　为路由设置网关

图 2-59　为路由增加接口

（4）查看网络拓扑。

网络拓扑只能在"项目"仪表板中查看。完成路由器设置后，以 demo 用户身份登录 OpenStack，在左侧导航窗格中展开"项目">"网络">"网络拓扑"节点，可以查看当前项目的网络拓扑结构，以"正常"模式显示，如图 2-60 所示。这里显示由路由器将内外网连接起来，由于名为"public"的外部网络未设置可共享，这里看不到该网络的子网地址信息。将鼠标指针移动到路由图标上可以进一步显示路由的配置信息。

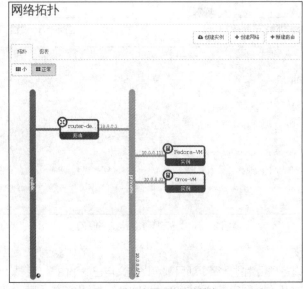

图 2-60　查看网络拓扑结构

3. 为虚拟机实例分配浮动 IP 地址

浮动 IP 地址和私有 IP 地址能够同时用于一个单独的网络接口。要使外部网络中其他计算机能访问这些实例，就要为该实例分配浮动 IP 地址。

以 demo 用户身份登录 OpenStack，打开实例列表，要为某实例（本例中为 Cirros-VM 实例）分配浮动 IP 地址，就选择对应实例右端"动作"下拉菜单中的"绑定浮动 IP"命令，弹出"管理浮动 IP 的关联"面板，如图 2-61 所示，默认为没有分配浮动 IP 地址。

图 2-61　管理浮动 IP 的关联

V2-7　为虚拟机实例分配浮动 IP 地址

单击"+"按钮，弹出图 2-62 所示的"分配浮动 IP"面板，从"资源池"下拉列表中选择"public"选项，单击"分配 IP"按钮。回到"管理浮动 IP 的关联"面板，此时分配了一个 IP 地址，如图 2-63 所示，单击"关联"按钮，将该 IP 地址分配给实例，结果如图 2-64 所示。

图 2-62　分配浮动 IP

图 2-63　已分配一个浮动 IP

图 2-64　为虚拟机实例成功分配浮动 IP 地址

前面为 Cirros-VM 实例分配浮动 IP 地址，该实例是处于关闭状态的。实际上也可以为正在运行的实例分配浮动 IP 地址。对 Fedora-VM 实例执行"启动实例"命令使其运行之后，参照上述步骤为该实例分配一个浮动 IP 地址，结果如图 2-65 所示。

图 2-65　两个实例都分配有浮动 IP 地址

至此，可以进行虚拟机实例与外部网络之间的通信测试。确认上述两个虚拟机实例都已启动并处于运行中，再开始测试。打开 Cirros-VM 实例的控制台，如图 2-66 所示，成功登录之后，查看当前网络接口的 IP 地址（这是执行 ip a 命令所显示的结果），可以发现该虚拟机实例的 IP 地址是内部网络地址，外部网络的浮动 IP 地址并未直接注入虚拟机实例中。再分别 ping 外部网关和百度网站（使用域名），可以发现虚拟机实例能够访问外部网络，而且可以解析 DNS 域名。

下面再测试一下是否能从外部网络访问虚拟机实例。这里在 OpenStack 主机（VMware 虚拟机）所在的宿主机上使用 ping 命令测试这两个实例（使用的是浮动 IP 地址），相应的安全组规则允许来自外部网络的 ICMP 包，测试结果如图 2-67 所示，表明可以从外部网络访问虚拟机实例。

图 2-66　从虚拟机实例上访问外部网络　　　　图 2-67　从外部网络访问虚拟机实例

V2-8　在 Linux 计算机上通过 SSH 访问虚拟机实例

4. 在 Linux 计算机上通过 SSH 访问虚拟机实例

SSH 有密码登录和证书登录两种方式，初学者喜欢使用密码登录，但是因为密码登录很容易受到攻击，所以在生产环境中基本都是使用证书登录的，尤其是在互联网环境中。这里在 OpenStack 主机（运行 CentOS 7）上测试两种登录方式。

（1）先测试 SSH 密码登录。

Cirros-VM 实例本身提供用于登录的用户名和密码，可以使用 ssh 工具访问。执行以下命令进行测试。

```
[root@node-a ~]# ssh cirros@192.168.199.87
The authenticity of host '192.168.199.87 (192.168.199.87)' can't be established.
ECDSA key fingerprint is SHA256:f/rl4UsneTZD/1B4S3GmxsbMJRVa/HK7hsvuHipExAg.
ECDSA key fingerprint is MD5:0d:35:2f:03:30:26:f3:6b:6a:59:52:c0:d9:16:83:5c.
Are you sure you want to continue connecting (yes/no)? yes        #加入可信主机列表中
Warning: Permanently added '192.168.199.87' (ECDSA) to the list of known hosts.
cirros@192.168.199.87's password:                                 #默认密码为 gocubsgo
$ date                                                            #登录成功后测试
Fri Aug 28 05:01:20 UTC 2020
$ exit                                                            #退出登录
Connection to 192.168.199.87 closed.
```

要登录的虚拟机实例要使用来自外部网络的浮动 IP 地址（本例为 192.168.199.87）。首次执行 ssh 命令建立到该虚拟机实例的连接时，该虚拟机实例是不可信的，会出现"Are you sure you want to continue connecting (yes/no)?"提示，选择 yes 将该虚拟机实例加入~/.ssh/known_hosts 文件中，以后建立到该虚拟机实例的 SSH 连接就不会再出现这个提示了。根据提示，输入 cirros 账户的密码（实例控制台中有提示）即可登录该虚拟机实例。

（2）接下来演示 SSH 证书登录。

使用 SSH 私钥来登录实例，登录用户名取决于所用的镜像，基本用法如下。

```
ssh -i 私钥文件 <用户名>@<实例 IP 地址>
```

通常将证书私钥文件（.pem）存放到用户主目录下的 .ssh 子目录（该子目录默认隐藏）中，本例将前面添加密钥对时下载的 SSH 私钥文件复制到该子目录中。

```
[root@node-a ~]# cp Downloads/demo-key.pem ~/.ssh
```

然后修改该密钥文件的访问权限，本例中执行以下命令使该文件只能由所有者访问。

```
[root@node-a ~]# chmod 700 ~/.ssh/demo-key.pem
```

最后执行以下命令访问虚拟机实例。

```
[root@node-a ~]# ssh -i ~/.ssh/demo-key.pem cirros@192.168.199.87
$ date                          #免密码登录成功后测试
Fri Aug 28 05:05:55 UTC 2020
$ exit
Connection to 192.168.199.87 closed.
```

由于关联的密钥对的 SSH 公钥已经注入虚拟机实例中，使用 SSH 访问无需密码。

5. 在 Windows 计算机上通过 SSH 访问虚拟机实例

在安装有 Windows 操作系统的计算机上可以借助第三方 SSH 工具访问虚拟机实例，如 SecureCRT 和 PuTTY。这里讲解 PuTTY（可以从互联网上免费下载）的使用方法，在 OpenStack 主机（VMware 虚拟机）所在的宿主机上安装该软件，以 Cirros-VM 实例为例进行 SSH 密码登录和证书登录测试。

V2-9　在 Windows 计算机上通过 SSH 访问虚拟机实例

SSH 密码登录比较简单。启动 PuTTY 工具，单击左侧目录树中的"Session"节点，设置 PuTTY 会话基本选项，如图 2-68 所示，这里只需在"Host Name(or IP address)"文本框中输入要连接的虚拟机实例的 IP 地址（本例是 Cirros-VM 实例的浮动 IP 地址），单击"Open"按钮启动连接。首次启动到该虚拟机实例的连接时会弹出图 2-69 所示的 PuTTY 安全警告对话框，提示是否要信任该虚拟机实例，单击"是"按钮会出现登录界面，如图 2-70 所示，输入 cirros 账户的密码即可登录该虚拟机实例。成功登录之后可以进行简单的测试操作，执行 exit 命令即可退出该虚拟机实例的连接。

图 2-68　设置 PuTTY 会话基本选项

图 2-69　PuTTY 安全警告

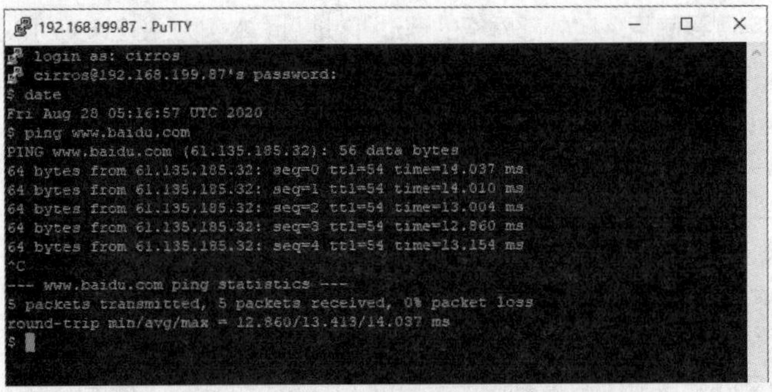

图2-70 使用SSH密码成功登录虚拟机实例

SSH证书登录则要复杂一些，下面示范详细的操作步骤。

（1）使用PuTTy的配套工具PuTTYgen将SSH私钥文件（.pem）转换为PuTTy支持的格式（.ppk）。

（2）启动PuTTYgen工具，单击"Load"按钮，根据提示载入密钥对的SSH私钥文件，如图2-71所示。再单击"Save private key"按钮，由于未在"Key passphrase"文本框中输入密钥短语（用于给私钥再增加一层保护，本例没有使用，在实际生产环境中应当使用），会弹出图2-72所示的PuTTYgen警告对话框，单击"是"按钮，弹出图2-73所示的对话框。选择私钥文件保存路径并输入文件名，单击"保存"按钮完成私钥文件格式的转换。

图2-71 载入SSH私钥文件

图2-72 PuTTYgen警告

（3）启动PuTTY工具，在左侧目录树中展开"Connection"＞"SSH"＞"Auth"节点，设置控制SSH认证的选项。单击"Browse"按钮，从文件选择对话框中选择刚转换好的.ppk格式的私钥文件，如图2-74所示。

（4）在左侧目录树中展开"Connection"＞"Data"节点，设置要发送到服务器的数据，如图2-75所示，在"Auto-login username"文本框中输入用于自动登录的用户名，这里为"cirros"。

（5）单击"Session"节点，在"Host Name(or IP address)"文本框中输入要连接的虚拟机实例的IP地址，在"Saved Session"文本框中为该会话设置一个名称，单击"Save"按钮保存，以便下次直接调用，如图2-76所示。

（6）单击底部的"Open"按钮会直接登录虚拟机实例，如图2-77所示。可以发现登录用户为cirros，并且使用证书自动登录。如果证书有密钥短语保护，则登录过程中还会要求输入密钥短语。登录之后可以进行命令行操作，例如执行命令测试到外部网络的通信。

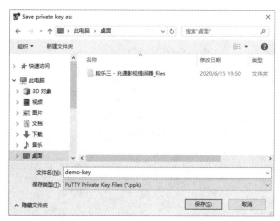

图 2-73　保存转换的 SSH 私钥文件

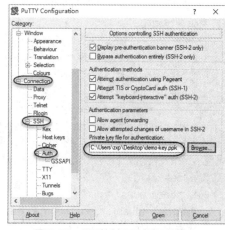

图 2-74　设置控制 SSH 认证的选项

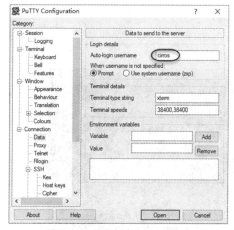

图 2-75　设置自动登录的用户名

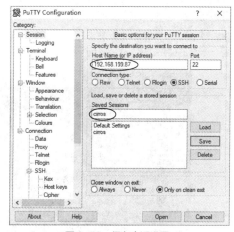

图 2-76　保存会话设置

图 2-77　使用 SSH 证书成功登录虚拟机实例

6. 为虚拟机实例设置用户账户和密码

通过控制台访问虚拟机实例，需要提供用户名和密码才能登录。与测试用的 Cirros 操作系统镜像文件不同，多数 OpenStack 预置镜像文件并不提供用户密码，可以通过 SSH 证书登录来解决此问题。

V2-10　为虚拟机实例设置用户账户和密码

执行以下命令在 OpenStack 主机上通过 SSH 证书登录基于 Fedora 操作系统镜像（登录用户名为 fedora）的 Fedora-VM 虚拟机实例（本例浮动 IP 地址为 192.168.199.83），连接建立后可以修改 root 账户密码，过程如下。

```
[root@node-a ~]# ssh -i ~/.ssh/demo-key.pem fedora@192.168.199.83
The authenticity of host '192.168.199.83 (192.168.199.83)' can't be established.
ECDSA key fingerprint is SHA256:6ui7MFnPJ1YOEKMim98pkoCP6blIQU+S3lv7rUVd+IY.
ECDSA key fingerprint is MD5:4e:7b:8b:d8:84:d9:24:53:b4:61:61:74:15:c6:ad:c4.
Are you sure you want to continue connecting (yes/no)? yes
Warning: Permanently added '192.168.199.83' (ECDSA) to the list of known hosts.
[fedora@fedora-vm ~]$ sudo passwd root              #修改 root 账户密码
Changing password for user root.
New password:
Retype new password:
passwd: all authentication tokens updated successfully.
[fedora@fedora-vm ~]$ exit
logout
Connection to 192.168.199.83 closed.
[root@node-a ~]#
```

接下来在控制台中以 root 账户和密码登录 Fedora-VM 虚拟机实例，如图 2-78 所示。

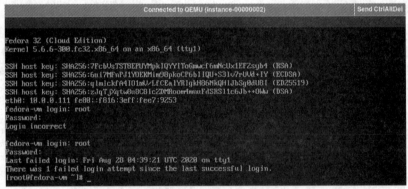

图 2-78　以 root 账户和密码登录 Fedora-VM 虚拟机实例

当然，拥有 root 权限之后，就可以在虚拟机实例上执行任何操作，完全控制该虚拟机实例，这正是实际应用中云用户使用云主机的目的。

项目实训

项目实训一　练习 OpenStack 图形界面操作

实训目的

掌握 OpenStack 图形界面的基本操作。

实训内容

（1）分别以云管理员和测试用户身份登录 OpenStack。

（2）打开"设置"仪表板，更改默认的语言和时区，并更改密码。

（3）分别切换到"项目/管理员/身份管理"仪表板进行浏览。

项目实训二 创建和测试 Fedora 虚拟机实例

实训目的

掌握 OpenStack 虚拟机实例的创建方法。

实训内容

（1）以 demo 用户身份登录 OpenStack。
（2）从官网下载为 OpenStack 预制的 Fedora 操作系统镜像文件并将其上传到云平台。
（3）在默认安全组中添加允许 SSH 和 ICMP 的两条规则。
（4）添加一个密钥对。
（5）基于 Fedora 操作系统镜像创建一个虚拟机实例。
（6）查看该虚拟机实例的概况，并打开其控制台。

项目实训三 开通虚拟机实例的外部通信

实训目的

（1）掌握 OpenStack 虚拟网络的基本配置。
（2）熟悉浮动 IP 地址的分配。

实训内容

（1）将 OpenStack 主机网卡添加到 br-ex 网桥上。
（2）以 admin 用户身份调整外部网络，使其子网适配实际网络环境。
（3）以 demo 用户身份更改路由器，使其将外部网络作为网关。
（4）以 demo 用户身份为 Fedora 虚拟机实例分配一个浮动 IP 地址。
（5）运行该虚拟机实例，从外部网络使用 ping 工具测试是否能够连通该虚拟机实例。

项目实训四 在 Windows 计算机中通过 SSH 证书登录 Fedora 虚拟机实例

实训目的

掌握 SSH 证书登录虚拟机实例的方法。

实训内容

（1）下载并安装 PuTTY 工具。
（2）使用 PuTTYgen 工具转换 SSH 私钥文件的格式。
（3）打开 PuTTY，配置连接 Fedora 虚拟机实例的会话参数，重点是载入 SSH 私钥文件。
（4）启动到 Fedora 虚拟机实例的 SSH 连接。
（5）成功登录之后在虚拟机实例上进行测试操作。

项目总结

通过本项目的实施，读者应当增强对 OpenStack 的感性认识，熟悉 Web 图形界面的 OpenStack 基本操作，能够通过 OpenStack 云平台创建和使用虚拟机实例，达到 OpenStack 快速入门的目的，为后续项目中 OpenStack 服务和组件的验证、配置、管理和使用打下基础。下一个项目将介绍 OpenStack 的通用配置和管理方法。

项目三
OpenStack基础环境配置与API使用

学习目标
- 了解 OpenStack 基础环境配置
- 了解 OpenStack API，掌握其基本使用方法
- 掌握 OpenStack 命令行客户端的使用方法

项目描述
上一项目介绍了 OpenStack 云平台的入门操作，本项目涉及 OpenStack 的通用配置和管理，包括 OpenStack 基础环境配置、OpenStack API 的使用、OpenStack 命令行客户端的使用。我们应当意识到做好基础性工作的重要性，为云计算等数字基础设施建设贡献力量。

任务一 了解 OpenStack 基础环境配置

任务说明

OpenStack 的服务和组件需要基础环境支持，基础环境对后续的 OpenStack 安装配置至关重要。本任务介绍数据库服务器和消息队列服务，并在 RDO 一体化 OpenStack 云平台上进行验证。本任务的具体要求如下。
- 了解数据库服务器配置。
- 了解消息队列服务配置。

知识引入

1. 数据库服务器

OpenStack 大部分组件都需要用到数据库，通常需要在控制节点上部署数据库服务器。安装 OpenStack 之后，系统将为每一个项目创建一个单独的数据库。这些数据库可以分为两类：一类是 SQL 数据库；另一类是 NoSQL 数据库。SQLAlchemy 是 Python 环境下的一款开源软件，提供 SQL 工具包及对象关系映射（Object Relational Mapping，ORM）工具，让开发人员可以像操作对象一样来操作后端数据库，OpenStack 选择它作为数据库开发的基础。

（1）SQL 数据库。

SQL 是 Structured Query Language（结构化查询语言）的缩写。它具有专门为数据库建立的操作命令集，是一种非过程化、一致性的数据库语言，也是关系数据库的公共语言。现在几乎所有的数据库均支持 SQL，SQL 数据库是指支持 SQL 的关系数据库。在 OpenStack 环境中，SQL 数据库用于保存云基础设施建立和运行时的状态，如可用的虚拟机实例类型、正在使用的虚拟机实例、可用的网络和项目等。OpenStack 内部各服务、组件之间的交互也需要 SQL 数据库的支持。

MySQL 是目前非常流行的开源数据库。MySQL 数据库支持多种存储引擎，并通过 InnoDB 引擎实现了 ACID 特性。ACID 是数据库事务正确执行的 4 个基本要素的英文缩写，即原子性（Atomicity）、一致性（Consistency）、隔离性（Isolation）和持久性（Durability）。MySQL 数据库不同存储引擎的行为有较大差别，MyISAM 引擎最快，因为其只执行很少的数据完整性检查，适合于后端读取操作较多的应用场景；而对于敏感数据的读写来说，支持 ACID 特性的 InnoDB 引擎则是更好的选择。现在 MySQL 数据库属于 Oracle 公司，Oracle 公司拥有其名字和商标，但其核心代码仍然采用通用性公开许可证（General Public License，GPL）。

MariaDB 是 MySQL 数据库的一个分支，主要由开源社区在维护，采用 GPL 授权，完全兼容 MySQL，包括 API 和命令行，可作为 MySQL 的代替品。在存储引擎方面，MariaDB 使用 XtraDB 来代替 MySQL 的 InnoDB。MariaDB 之于 MySQL，类似于 CentOS 之于 Red Hat。为避免法律纠纷，CentOS 改用 MariaDB 来替代 MySQL。

PostgreSQL 数据库是由美国加州大学伯克利分校计算机系开发的，支持大部分 SQL 标准并且提供许多高级特性，如复杂查询、外键、触发器、视图、事务完整性等，是一个只有单一存储引擎的完全集成的数据库。PostgreSQL 基于自由的 BSD/MIT 许可，具有极高的可靠性，支持高事务、任务关键型应用。它完全支持 ACID 特性，针对数据库访问提供了强大的安全性保证，充分利用企业安全工具，确保数据一致性与完整性。

这几种数据库都是开源的，功能强大而又丰富。MySQL 或 MariaDB 数据库更适合作为网站与 Web 应用的快速数据库后端，能够进行快速读取和大量的查询操作，不过在复杂特性与数据完整性检查方面表现要差一些。PostgreSQL 数据库针对事务型企业应用，支持增强 ACID 特性和数据完整性检查。这些数据库都是可配置的，并且可以针对不同的任务进行相应的优化，都支持通过扩展来添加额外的功能。如果在 CentOS 上部署 OpenStack，建议选择 MariaDB 数据库。

（2）NoSQL 数据库。

NoSQL 是 Not Only SQL 的缩写，意为"不仅仅是 SQL"，泛指非关系数据库。它使用非关系数据存储，可以为大数据建立快速、可扩展的存储库，旨在应对大规模数据集合多重数据带来的挑战，解决大数据应用的难题。

NoSQL 数据库没有标准的查询语言（SQL），因此进行数据库查询需要指定数据模型。许多 NoSQL 数据库都提供 REST 接口或查询 API。NoSQL 数据库适用于数据模型比较简单、注重灵活性、对数据库性能要求较高、数据无需高度一致的 IT 系统。下面介绍几种与 OpenStack 有关的 NoSQL 数据库产品。

- MongoDB 是一个基于分布式文件存储的数据库产品，旨在为 Web 应用提供可扩展的高性能数据存储解决方案。它是介于关系数据库和非关系数据库之间的产品，是非关系数据库中功能最丰富、最像关系数据库的。它所支持的数据结构非常松散，类似 JSON 的 BSON 格式，因此可以存储比较复杂的数据类型。MongoDB 数据库最大的特点是支持的查询语言非常强大，其语法有点类似于面向对象的查询语言，几乎可以实现类似关系数据库单表查询的绝大部分功能，而且还支持对数据建立索引。

- Memcached 是高性能的分布式内存对象缓存系统，通过在内存中缓存数据和对象来减少读取数据库的次数，从而提高动态、数据库驱动网站的速度。它的存储基于键值对的哈希映射。

- Redis 是高性能键值存储系统。与 Memcached 类似，它支持的存储值类型相对更多，包括字符串、链表、集合、有序集合和哈希类型。与 Memcached 一样，为保证效率，数据都是缓存在内存中的，不同的是 Redis 会周期性地将更新的数据写入磁盘，或者将修改操作写入追加的记录文件。Redis 支持主从同步。由于对持久化支持不够理想，Redis 一般不作为数据的主数据库存储，而是配合传统的关系数据库使用，主要用作缓存。

2. 消息队列服务

OpenStack 项目内部各组件之间采用的通信机制是远程过程调用（Remote Procedure Call，

RPC），而RPC采用消息队列（Message Queue，MQ）来实现进程间的通信。这种机制借鉴了计算机硬件总线的思想，引入了消息总线，一些服务进程向总线发送消息，另一些服务进程从总线获取消息。OpenStack使用的消息队列协议是AMQP（Advanced Message Queuing Protocol，高级消息队列协议），这是一个异步消息传递使用的应用层协议规范。OpenStack平台中组件之间的通信都是按照这种队列协议进行的，AMQP队列是整个OpenStack各组件协作的调度中心和通信枢纽。

作为应用层协议的一个开放标准，AMQP是为面向消息的中间件设计的。基于此协议的客户端与消息中间件可传递消息，并不受客户端/中间件产品不同、开发语言不同等条件的限制。AMQP规范主要包括消息的导向、队列、路由、可靠性和安全性。

AMQP系统采用典型的"生产者-消费者"模型，如图3-1所示。

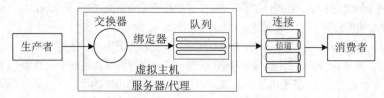

图3-1 AMQP系统的组成

其中生产者（Producer）是指消息的产生者；消费者（Consumer）是指消息的接收者；交换器（Exchange）是交换部件，根据消息的条件选择不同的消息接收者，是消息到达服务器/代理的第一站，根据分发规则，将消息分发到队列中；队列（Queue）是指消息队列，暂时缓存到达消费者的消息，等待消费者取走。一个消息可以复制到多个队列中。

OpenStack各模块之间的调度依赖于每个模块的API，任何组件的调用都是通过AMQP进行消息传递，进而传递到相关模块的。AMQP在OpenStack的工作中是一个通信连接枢纽，负责各模块间的调度消息发送和分发。

OpenStack支持多种消息队列软件，如RabbitMQ、Qpid和ZeroMQ。大部分OpenStack版本都支持RabbitMQ。如果使用其他消息队列软件，需要确认OpenStack版本与所选软件是否兼容。

RabbitMQ是一个基于erlang开发的AMQP的开源系统，提供了基于消息的通信服务和远程函数调用功能。与传统的远程函数调用不同，RabbitMQ的远程函数调用是基于消息传递的。开发者在编写远程函数调用时，无需编写服务器端和客户端代码，因而服务器端函数的修改有时并不影响客户端代码。

任务实现

1. 验证SQL数据库

RDO一体化OpenStack云平台是在操作系统为CentOS 7的主机中部署的，采用的数据库是MariaDB，执行以下命令查看该数据库服务的当前状态。

[root@node-a ~] # systemctl status mariadb
 • mariadb.service – MariaDB 10.3 database server
   Loaded: loaded (/usr/lib/systemd/system/mariadb.service; enabled; vendor preset: disabled)
   Active: active (running) since Sun 2020-08-30 15:31:55 CST; 6min ago
   …

在操作系统为CentOS 7的主机中，MariaDB配置文件为/etc/my.cnf以及/etc/my.cnf.d/*.cnf，其中主配置文件/etc/my.cnf只定义了以下两个选项。

[mysqld]
禁用符号链接以避免安全风险
symbolic-links=0
#导入/etc/my.cnf.d 目录中的所有配置文件

!includedir /etc/my.cnf.d

具体的配置主要由/etc/my.cnf.d 目录中的配置文件所提供，该目录下的文件列表如下。

```
[root@node-a ~]# ls /etc/my.cnf.d
client.cnf              galera.cnf           mysql-clients.cnf
enable_encryption.preset   mariadb-server.cnf    server.cnf
```

可以用文本编辑器编辑这些配置文件。本例中主要在/etc/my.cnf/server.cnf 文件中设置选项，命令如下。

```
### MANAGED BY PUPPET ###
[client]
port = 3306
socket = /var/lib/mysql/mysql.sock
[isamchk]
key_buffer_size = 16M
[mysqld]
basedir = /usr
bind_address = 0.0.0.0    #这里设置绑定任意地址，该节点能够通过网络通信
datadir = /var/lib/mysql   #数据库存放路径
default_storage_engine = InnoDB
expire_logs_days = 10
key_buffer_size = 16M
log-error = /var/log/mariadb/mariadb.log
max_allowed_packet = 16M
max_binlog_size = 100M
max_connections = 512
open_files_limit = -1
pid-file = /var/run/mariadb/mariadb.pid
port = 3306
query_cache_limit = 1M
query_cache_size = 16M
skip-external-locking
socket = /var/lib/mysql/mysql.sock
ssl = false
ssl-ca = /etc/mysql/cacert.pem
ssl-cert = /etc/mysql/server-cert.pem
ssl-key = /etc/mysql/server-key.pem
thread_cache_size = 8
thread_stack = 256K
tmpdir = /tmp
user = mysql
wsrep_cluster_name = galera_cluster
wsrep_provider = none
wsrep_sst_auth = root:a9be6998563c4e5c
wsrep_sst_method = rsync
[mysqld-5.0]
myisam-recover = BACKUP
[mysqld-5.1]
myisam-recover = BACKUP
```

```
[mysqld-5.5]
myisam-recover = BACKUP
[mysqld-5.6]
myisam-recover-options = BACKUP
[mysqld-5.7]
myisam-recover-options = BACKUP
[mysqld_safe]
log-error = /var/log/mariadb/mariadb.log    #将错误日志写入给定的文件
nice = 0
socket = /var/lib/mysql/mysql.sock
[mysqldump]
max_allowed_packet = 16M
quick
quote-names
```

例如，可以进一步配置MariaDB字符集，在配置文件中的[mysqld]节下添加如下定义语句。

```
init_connect='SET collation_connection = utf8_unicode_ci'
init_connect='SET NAMES utf8'
character-set-server=utf8
collation-server=utf8_unicode_ci
```

2. 操作SQL数据库

V3-1 操作SQL数据库

可以登录OpenStack的SQL数据库来进行操作，实现进一步验证。使用Packstack安装器安装RDO一体化OpenStack云平台时默认没有使用应答文件，MariaDB数据库管理员账户和密码将被记录在安装OpenStack过程中自动产生的一个应答文件中。本例中自动产生的应答文件为/root/packstack-answers-20200819-151747.txt，从中查到的MariaDB数据库管理员账户和密码信息如下，其中密码是随机产生的。

```
# User name for the MariaDB administrative user.    #管理员账户
CONFIG_MARIADB_USER=root
# Password for the MariaDB administrative user.     #管理员密码
CONFIG_MARIADB_PW=6d9022e23b5b4c1a
```

凭此密码以root用户身份登录MariaDB数据库服务器，然后进行测试操作。下面给出了部分查询操作示范，并配有相应的中文注释。

```
[root@node-a ~]# mysql -u root -p                    #本机以root身份登录
Enter password:                                       #输入root账户的密码
Welcome to the MariaDB monitor.  Commands end with ; or \g.
Your MariaDB connection id is 14692
Server version: 10.3.20-MariaDB MariaDB Server

Copyright (c) 2000, 2018, Oracle, MariaDB Corporation Ab and others.

Type 'help;' or '\h' for help. Type '\c' to clear the current input statement.

MariaDB [(none)]> show databases;                    #登录成功后，查看所有数据库列表
+--------------------+
| Database           |
+--------------------+
| aodh               |
```

```
| cinder              |
| glance              |
| gnocchi             |
| information_schema  |
| keystone            |
| mysql               |
| neutron             |
| nova                |
| nova_api            |
| nova_cell0          |
| performance_schema  |
| placement           |
| test                |
+---------------------+
14 rows in set (0.041 sec)

MariaDB [(none)]> use glance;                                          #选择镜像服务的数据库
Reading table information for completion of table and column names
You can turn off this feature to get a quicker startup with -A

Database changed
MariaDB [glance]> show tables;                                         #列出该数据库中的所有表
+--------------------------------------+
| Tables_in_glance                     |
+--------------------------------------+
| alembic_version                      |
| image_locations                      |
| image_members                        |
| image_properties                     |
| image_tags                           |
| images                               |
| metadef_namespace_resource_types     |
| metadef_namespaces                   |
| metadef_objects                      |
| metadef_properties                   |
| metadef_resource_types               |
| metadef_tags                         |
| migrate_version                      |
| task_info                            |
| tasks                                |
+--------------------------------------+
15 rows in set (0.000 sec)

MariaDB [glance]> select * from images;                                #查看 images 表中的内容
    #该表存放镜像的主要信息
+-----------------------------------------------------------------------------------------+
| id                          | name       | size     | status   | created_at             |
updated_at            | deleted_at       | deleted | disk_format | container_format | checksum |
owner                 | min_disk | min_ram | protected | virtual_size | visibility | os_hidden |
os_hash_algo | os_hash_value                                                                |
```

```
+------------------------------------------------------------------+
| 1c31fc7c-0e3b-4f36-8438-0f405f52dff8 | cirros      |   273 | deleted | 2020-08-19 07:29:52 |
2020-08-27 02:12:20 | 2020-08-27 02:12:20 |    1 | qcow2    | bare        |
52ba1c45042aa3688c09f303da283524 | 6d1454943e1944678b7228c056614a07 |         0 |0 |0 | NULL
|  public               |                                        0 | sha512
507ca3ef53a49145ede39d6cb7394bb40b5f419aec5abac496880112825cf177c15f49e35ac7c8c9a45d6
59598b71d0c59b93d85c79c2d54c69748bdeda2b0a5 |
...
3 rows in set (0.001 sec)
MariaDB [glance]> exit                                    #退出数据库登录状态
Bye
[root@node-a ~]#
```

3. 验证 NoSQL 数据库

计量服务需要使用 NoSQL 数据库，除非不用 Ceilometer 项目，否则必须安装 NoSQL 数据库。以前版本的 OpenStack 使用的 NoSQL 数据库是 MongoDB，现在的版本改用 Redis。Redis 作为 OpenStack 计量服务成员之间协作的后端驱动，其详细信息可以在/etc/ceilometer/ceilometer.conf 配置文件中进一步查看。

RDO 一体化 OpenStack 云平台选择的 NoSQL 数据库是 Redis。执行以下命令查看 Redis 数据库的当前状态。

```
[root@node-a ~]# systemctl status redis
• redis.service - Redis persistent key-value database
   Loaded: loaded (/usr/lib/systemd/system/redis.service; enabled; vendor preset: disabled)
   Drop-In: /etc/systemd/system/redis.service.d
           └─limit.conf
   Active: active (running) since Sun 2020-08-30 15:31:49 CST; 10min ago
...
```

在操作系统为 CentOS 7 的主机中，Redis 配置文件为/etc/redis.conf 以及/etc/redis/*.conf。可以用文本编辑器编辑这些配置文件。

另外，身份管理服务对于各服务的认证机制使用 NoSQL 数据库 Memcached 来缓存令牌。可以执行以下命令在 RDO 一体化 OpenStack 云平台中查看 Memcached 数据库的当前状态。

```
[root@node-a ~]# systemctl status memcached
• memcached.service - memcached daemon
   Loaded: loaded (/usr/lib/systemd/system/memcached.service; enabled; vendor preset: disabled)
   Active: active (running) since Sun 2020-08-30 15:31:48 CST; 10min ago
...
```

4. 验证 RabbitMQ

V3-2 验证并操作 RabbitMQ

RDO 一体化 OpenStack 云平台使用的消息队列服务是 RabbitMQ，可以执行以下命令查看该服务的当前状态。

```
[root@node-a ~]# systemctl status rabbitmq-server
• rabbitmq-server.service - RabbitMQ broker
   Loaded: loaded (/usr/lib/systemd/system/rabbitmq-server.service; enabled; vendor preset: disabled)
   Active: active (running) since Sun 2020-08-30 15:32:07 CST; 11min ago
...
```

5. 操作 RabbitMQ

可以使用 rabbitmqctl 控制台命令来操作 RabbitMQ。例如，执行以下命令查看 RabbitMQ 的运行状态。

```
[root@node-a ~]# rabbitmqctl status
Status of node 'rabbit@node-a'
[{pid,1734},
 {running_applications,
     [{rabbit,"RabbitMQ","3.6.16"},
      {rabbit_common,
          "Modules shared by rabbitmq-server and rabbitmq-erlang-client",
          "3.6.16"},
...
      {kernel,"ERTS  CXC 138 10","5.2"}]},
 {os,{unix,linux}},
...
 {processes,[{limit,1048576},{used,741}]},
 {run_queue,0},
 {uptime,4327},
 {kernel,{net_ticktime,60}}]
```

用户管理是比较常用的操作，如增加用户、删除用户、查看用户列表、修改用户密码。例如，执行以下命令查看 RabbitMQ 的用户列表。

```
[root@node-a ~]# rabbitmqctl list_users
Listing users
guest [administrator]
```

增加用户的语法格式如下。

```
rabbitmqctl  add_user  用户名  密码
```

任务二 了解并使用 OpenStack API

任务说明

OpenStack 的项目内部不同服务进程之间通过消息总线进行通信，而项目之间则通过调用 API 来实现相互通信。这种设计既保证了项目内部通信接口的可扩展性和可靠性，又保证了各个项目对外可以被不同类型的客户端访问，特别适合云计算的弹性部署和管理。OpenStack 的 API 基于 RESTful 架构，使用的协议是 HTTP。这些 API 包括方法、URI、媒体类型和响应代码。OpenStack 各个项目基于 HTTP 和 JSON 来实现自己的 RESTful API。当一个服务要提供 API 时，它就会启动一个 HTTP 服务器进程，用来对外提供 RESTful API。本任务的具体要求如下。

- 了解 OpenStack 的 RESTful API。
- 了解 OpenStack API 的调用方式。
- 了解 OpenStack API 的请求流程。
- 掌握获取 OpenStack 认证令牌的方法。
- 学会使用命令发送 API 请求。

知识引入

1. 什么是 RESTful API

RESTful API 是目前比较成熟的一套 Internet 应用程序的 API 软件架构。要理解 RESTful 架构，就要理解表现层状态转化（Representational State Transfer，REST）这个概念。

表现层（Representation）是指资源的外在表现形式。网络上的任何一个实体都是资源，如一段文本、一张图片、一首歌曲、一种服务等，每个资源都可以用一个特定的统一资源标识符（Uniform Resource Identifier，URI）来进行标识。用户访问一个 URI 就可以获得相应的资源。

URI 指向资源实体，但是并不能代表其表现形式。资源可以有多种表现形式，例如，文本可以用纯文本格式表现，也可以用 HTML 格式、XML 格式、JSON 格式表现，甚至可以采用二进制格式来表现。

客户端和服务器之间传递的是资源的表现形式，上网访问资源就是调用资源的 URI，获取该资源的表现形式的过程。此过程中所用的 HTTP 是无状态的，这就意味着，所有的状态都保存在服务器端。而客户端也只能使用 HTTP 提供的方法来操作服务器上的资源，主要方法包括 GET（获取资源）、POST（新建资源或更新资源）、PUT（更新资源）和 DELETE（删除资源）。这些操作会让服务器端发生状态转化，因为这种转化是建立在表现层之上的，所以就被称为表现层状态转化。

REST 要求必须通过统一的接口来对资源执行各种操作。REST 是所有 Web 应用都应该遵守的架构设计指导原则。符合 REST 原则的架构就是 RESTful 架构，符合 REST 设计标准的 API 就是 REST API，也称为 RESTful API。在 Web 应用程序中，客户端和服务器之间的交互在请求之间是无状态的，无状态请求可以由任何可用服务器响应，非常适合云计算环境。在 REST 样式的 Web 服务中，每个资源都有一个地址。资源本身都是方法调用的目标，方法列表对所有资源都是一样的。这种 Web 服务通常可以通过自动客户端或代表用户的应用程序进行访问。

2. OpenStack 的 RESTful API

OpenStack 各个项目都提供了 RESTful 架构的 API 作为对外提供的接口，而 RESTful 架构的核心是资源及其操作。OpenStack 定义了很多的资源，并实现了针对这些资源的各种操作函数。其 API 服务进程接收到客户端的 HTTP 请求时，路由模块（OpenStack 所使用的路由模块为 Rails）就会将请求的 URL 转化成相应的资源，并路由到合适的操作函数上。下面以执行 openstack server list 命令（该命令用于输出虚拟机实例列表）为例来说明这个流程。

（1）客户端通过 HTTP 发送请求，调用 openstack server list 命令。

（2）路由模块收到 HTTP 请求后，将这个请求分派给对应的控制器（Controller），并且绑定一个操作（Action）。

（3）每个控制器都对应一个 RESTful 资源，控制器是对应资源的操作集合。例如路由模块指定了要执行 index()函数的操作，那么对应控制器就会调用 index()函数。每个操作对应一个 HTTP 请求和响应。

在 OpenStack 的项目中采用通用的 RESTful API 形式，针对不同版本 API 应使用相应的版本号加以区分。在 URL 中加上 API 版本号，例如 Keystone 项目的 API 会有/v2.0 和/v3 的前缀，表明两个不同版本的 API。这里以一个通用的用户管理 API 为例，下面列出其主要使用形式。

- GET /v3/users：获取所有用户的列表。
- POST /v3/users：创建一个用户。
- GET /v3/users/<UUID>：获取一个特定用户的详细信息。
- PUT /v3/users/<UUID>：修改一个用户的详细信息。
- DELETE /v3/users/<UUID>：删除一个用户。

其中<UUID>表示使用一个 UUID 字符串，这是 OpenStack 中各种资源 ID 的表示形式。

一个完整的 RESTful Web API 主要包括以下 3 个要素。

- 资源地址与资源的 URI：如 http://example.com/resources/。
- 传输资源的表现形式：指 Web 服务接收与返回的 Internet 媒体类型，如 JSON、XML 等，其中 JSON 因具有轻量级的特点，从而得到了广泛的应用。
- 对资源的操作：指 Web 服务在该资源上所支持的一系列请求方法，如 POST、GET、PUT、DELETE 等。

3. OpenStack 的认证与 API 请求流程

要访问 OpenStack 的 API，必须先通过 OpenStack 认证。要对 OpenStack 服务的访问进行认证，必须首先发出认证请求，该请求中含有向 OpenStack 认证服务获取认证令牌（Authentication Token）的凭证。凭证通常是用户名和密码的组合，以及可选的云项目名或项目 ID。可以在每次访问之前向云管理员索取用户名、密码和项目，以便产生认证令牌；也可以直接提供一个令牌，避免每次访问都要提供用户名和密码。

当发送 API 请求时，需要在 X-Auth-Token 头部包含一个令牌。如果访问多个 OpenStack 服务，必须为每个服务获取一个令牌。令牌在过期前的限定时间段内有效。令牌也可能因为其他原因变得无效，例如用户的角色改变了，该用户的当前令牌就不再有效。

在 OpenStack 中，认证与 API 请求的工作流程如下。

（1）为云管理员提供的身份端点（Identity Endpoint）请求一个认证令牌。该请求中包括一个凭证，凭证中要提供的认证信息必须有用户域、用户名和密码。如果不提供用户名和密码，就必须提供一个令牌。

（2）如果请求成功，服务器会返回一个认证令牌。

（3）发送 API 请求，在 X-Auth-Token 头部需包含上一步返回的认证令牌。可以一直使用这个令牌发送 API 请求，直到服务完成该请求，或者出现未授权（401）的错误。

（4）如果遇到未授权（401）的错误，则需重新请求另一个令牌。

4. 调用 OpenStack API 的方式

OpenStack 作为一个云操作系统和一个框架，其 API 有着重要的意义。通过 OpenStack 认证之后，用户可以使用 OpenStack API 在 OpenStack 云平台上创建和管理资源，如创建虚拟机实例，为实例和镜像分配元数据。向 OpenStack 云发送 API 请求有多种方式，具体介绍如下。

（1）cURL 命令。cURL 是一个 Linux 操作系统的命令，用于发送 HTTP 请求并接收响应。它利用 URL 规则在命令行下工作，支持包括 HTTP、HTTPS、FTP 等众多协议，支持 POST、cookies、认证、从指定偏移处下载部分文件、用户代理字符串、限速、文件大小、进度条等特征。该命令适用于 OpenStack 测试。下面举例说明 cURL 命令常见的用法。

使用-v 选项显示请求详细信息。

```
curl www.abc.com -v
```

使用-X 或--request 选项指定请求方式，下面是一个 GET 请求。

```
curl -X GET http://localhost:8080
```

使用-d 或/--data 选项指定以 HTTP POST 方式向服务器传输数据。

```
curl -X POST -d "data=abc&key=111" http://localhost:8080/search -v
```

使用-d 选项时，将使用 Content-type:application/x-www-form-urlencoded 方式发送数据，此时可以省略-X POST。

使用-H 或/--header 选项自定义头信息传输给服务器。例如使用 JSON 格式上传数据。

```
curl -H "Content-Type:application/json" -d '{"data":"abc","key":"123"}' http://localhost:8080/search -v
```

如果在请求时带上 Cookie，可以采用以下用法。

```
curl -H "Cookie:username=XXX" {URL}
```

-s 或--silent 选项表示静默模式，cURL 命令执行过程中不输出任何东西。

（2）OpenStack 的 Python SDK。OpenStack API 是开源的 Python 客户端，可以在 Linux 操作系统或 macOS X 上运行。可以使用 OpenStack 官方提供的 Python SDK 编写 Python 自动化脚本调用 OpenStack 的 API，在 OpenStack 云中创建和管理资源。该 SDK 可实现对 OpenStack API 的 Python 绑定，让开发人员通过 Python 对象调用，而不是直接进行 REST 调用，从而使用 Python 执行自动化任务。实际上，所有的 OpenStack 命令行工具都是基于 Python SDK 实现的。

提示　OpenStack 还提供另外一套兼容 Amazon EC2 的 API，能够用于 OpenStack 和 Amazon 两套系统之间的迁移。

（3）OpenStack 命令行工具。每一个 OpenStack 项目都有一个用 Python 编写的命令行客户端，一般都命名为"python-projectclient"，例如 python-keystoneclient、python-novaclietn 等。这些客户端组件分别对应各个 OpenStack 项目，为用户提供命令行操作界面和 Python 的 SDK。例如 python-keystoneclient 对应 Keystone 项目，为用户提供 keystone 命令，同时也包括 Keystone 项目的 Python SDK。其实这些命令行工具都是基于 SDK 实现的。这些客户端组件提供的 SDK 也封装了对各自服务 API 的调用。

随着 OpenStack 项目的增多，若操作不同的项目都要使用专门的命令行工具，会给用户带来不便，于是 OpenStack 又推出了新的 python-OpenStackclient 组件，提供了一个统一的命令行工具 openstack。这个工具使用各个服务的客户端项目提供的 SDK 来完成对应的命令行操作，并可以取代各项目的命令行客户端。

（4）OpenStack 仪表板。OpenStack 通过 Horizon 项目提供基于 Web 界面的仪表板，云用户可以通过 Firefox、Chrome 等浏览器来访问该图形界面，进而访问和管理被授权访问的云资源。该仪表板通过 API 来和各个 OpenStack 服务进行交互，然后在 Web 界面上展示各个服务的状态；它也会接收用户的操作，然后调用各个服务的 API 来实现用户对各个服务的使用。

任务实现

V3-3　使用 OpenStack API

1. 获取 OpenStack 认证令牌

在运行身份管理服务的典型 OpenStack 部署中，可以指定用于认证的项目名、用户名和密码凭证。下面以使用 cURL 命令为例进行示范。

（1）首先导出环境变量 OS_PROJECT_NAME（项目名）、OS_PROJECT_DOMAIN_NAME（项目域名）、OS_USERNAME（用户名）、OS_PASSWORD（密码）和 OS_USER_ DOMAIN_NAME（用户域名）。最简单的方式是使用客户端环境脚本文件来设置导出所需的客户端环境变量，示例如下。

```
[root@node-a ~]# source keystonerc_demo        #从keystonerc_demo 文件中导出客户端环境变量
[root@node-a ~(keystone_demo)]# env | grep OS   #检查已导出的 OpenStack 环境变量
HOSTNAME=node-a
OS_USER_DOMAIN_NAME=Default
OS_PROJECT_NAME=demo
OS_IDENTITY_API_VERSION=3
OS_PASSWORD=ABC123456
OS_AUTH_URL=http://192.168.199.31:5000/v3
OS_USERNAME=demo
OS_PROJECT_DOMAIN_NAME=Default
```

Linux 操作系统的 source 命令用于在当前 Shell 环境下读取并执行指定文件中的命令，该命令也可以用"."来替代。本例用此命令来将 keystonerc_demo 文件中配置的 OpenStack 客户端环境变量加载到当前的运行环境中。注意，如果修改了 demo 账户的登录密码，则需要在 keystonerc_demo 文件中对应地修改 OS_PASSWORD 环境变量。

（2）然后运行 cURL 命令向 OpenStack 云平台请求一个令牌。

```
[root@node-a ~(keystone_demo)]# curl -v -s -X POST $OS_AUTH_URL/auth/tokens?nocatalog
    -H "Content-Type: application/json"    -d '{ "auth": { "identity": { "methods": ["password"],"password": {"user":
```

{"domain": {"name": """$OS_USER_DOMAIN_NAME"""},"name": """$OS_USERNAME""", "password": """$OS_PASSWORD"""} } }, "scope": { "project": { "domain": { "name": """$OS_PROJECT_DOMAIN_NAME""" }, "name": """$OS_PROJECT_NAME""" } }}' | python -m json.tool

环境变量 OS_AUTH_URL 表示 OpenStack 认证端点的 URL 地址。该命令末尾部分的"|"命令符后面的 python-m json.tool 命令用来将输出结果标准化。

如果请求成功，将会返回 Created（201）响应代码和一个令牌（X-Subject-Token 响应头的值）。该头部跟着一个响应体，含有一个 token 类型的对象，其中又包括令牌过期日期和时间（以 "expires_at":"datetime"的形式提供），以及其他属性。

下面给出上述 cURL 命令的执行结果（返回一个成功的响应）。

```
*   About to connect() to 192.168.199.31 port 5000 (#0)
*     Trying 192.168.199.31...
*   Connected to 192.168.199.31 (192.168.199.31) port 5000 (#0)
> POST /v3/auth/tokens?nocatalog HTTP/1.1
> User-Agent: curl/7.29.0
> Host: 192.168.199.31:5000
> Accept: */*
> Content-Type: application/json
> Content-Length: 227
>
} [data not shown]
* upload completely sent off: 227 out of 227 bytes
< HTTP/1.1 201 CREATED
< Date: Sun, 30 Aug 2020 08:06:20 GMT
< Server: Apache
< X-Subject-Token: gAAAAABfS138LD7rxrqlTo2lRMfZuXvQo5b-26_Bt9d08i09P5hP8Gi4obeaBGXm
RMKnmvz91AqZkcGpiJRrU6n0PY6AG-Nqwx12FSLMvI7mF58tQVG-2igSgCh2baEA183y8EbYaRyjmi
qGH6Ny5di2xivbjzvf26x4pXcYGMn_fW2guw313Sk                #令牌 ID
< Vary: X-Auth-Token
< x-openstack-request-id: req-7a7cdb5d-cd2c-4071-a9ff-4bfa6fa78d38
< Content-Length: 525
< Content-Type: application/json
<
{ [data not shown]
* Connection #0 to host 192.168.199.31 left intact
{
    "token": {                        #令牌的基本信息
        "audit_ids": [
            "3xbufmv0RC-KyRZoirFcMQ"
        ],
        "expires_at": "2020-08-30T09:06:20.000000Z",
        "is_domain": false,
        "issued_at": "2020-08-30T08:06:20.000000Z",
        "methods": [
            "password"
        ],
        "project": {
            "domain": {
```

```
                    "id": "default",
                    "name": "Default"
                },
                "id": "2a39abedd09644bb92487a78ee442e3f",
                "name": "demo"
            },
            "roles": [
                {
                    "id": "876916f03c8f46e09932dbb5282f3f12",
                    "name": "_member_"
                }
            ],
            "user": {
                "domain": {
                    "id": "default",
                    "name": "Default"
                },
                "id": "b5e07b6c99e045ec96f0fd79bd4348f8",
                "name": "demo",
                "password_expires_at": null
            }
        }
    }
```

2. 向 OpenStack 云平台发送 API 请求

下面以执行基本的计算服务 API 调用为例，示范发送 API 请求的步骤。

（1）执行以下命令导出环境变量 OS_TOKEN，将其值设为令牌 ID（上例中 X-Subject-Token 值）。

[root@node-a ~(keystone_demo)]# export OS_TOKEN=gAAAAABfS138LD7rxrqlTo2lRMfZuXvQo5b-26_Bt9d08i09P5hP8Gi4obeaBGXmRMKnmvz91AqZkcGpiJRrU6n0PY6AG-Nqwx12FSLMvl7mF58tQVG-2igSgCh2baEA183y8EbYaRyjmiqGH6Ny5di2xivbjzvf26x4pXcYGMn_fW2guw313Sk

默认令牌为一小时过期，可以配置不同的生存期。

（2）执行以下命令导出环境变量 OS_PROJECT_NAME。

export OS_PROJECT_NAME=demo

（3）执行以下命令导出环境变量 OS_COMPUTE_API。

export OS_COMPUTE_API=http://192.168.199.31:8774/v2.1

（4）执行以下命令访问计算服务 API，列出可用的实例。

[root@node-a ~(keystone_demo)]# curl -s -H "X-Auth-Token: $OS_TOKEN" $OS_COMPUTE_API/servers | python -m json.tool
```
    {
        "servers": [
            {
                "id": "f4f3bb80-889e-4c05-a039-51ea23f533d4",
                "links": [
                    {
                        "href": "http://192.168.199.31:8774/v2.1/servers/f4f3bb80-889e-4c05-a039-51ea23f533d4",
                        "rel": "self"
                    },
```

```
            {
                    "href": "http://192.168.199.31:8774/servers/f4f3bb80-889e-4c05-a039-51ea23f533d4",
                    "rel": "bookmark"
            }
        ],
        "name": "Fedora-VM"
    },
    {
        "id": "c76418b1-24ca-43b0-8d49-70114d8e41e6",
        "links": [
            {
                    "href":    "http://192.168.199.31:8774/v2.1/servers/c76418b1-24ca-43b0-8d49-70114d8e41e6",
                    "rel": "self"
            },
            {
                    "href": "http://192.168.199.31:8774/servers/c76418b1-24ca-43b0-8d49-70114d8e41e6",
                    "rel": "bookmark"
            }
        ],
        "name": "Cirros-VM"
    }
]
}
```

本例中使用 Python 脚本,以 JSON 格式显示列表。

可根据需要尝试其他计算服务的 API 操作,例如设置环境变量 OS_PROJECT_ID(表示项目 ID),再执行以下命令列出镜像。

```
curl -s -H "X-Auth-Token: $OS_TOKEN"    http://192.168.199.31:8774/v2.1/$OS_PROJECT_ID/images  | python -m json.tool
```

任务三 使用 OpenStack 命令行客户端

任务说明

OpenStack 为终端用户(客户端)提供了 Web 图形界面和命令行界面两种交互操作接口。云管理员应当掌握命令行客户端的操作。通常,OpenStack 项目(服务)都有自己的命令行客户端,但是建议使用统一的命令行客户端 openstack 来代替各项目的命令行客户端,本任务重点讲解 OpenStack 工具的基本用法。本任务的具体要求如下。

- 进一步了解 OpenStack 命令行客户端。
- 了解 OpenStack 命令的基本语法。
- 掌握 OpenStack 命令的使用方法。

知识引入

1. 为什么要使用命令行操作 OpenStack

OpenStackWeb 图形界面的功能没有命令行的全面，有些功能只能由命令行来实现。对于 Web 图形界面具备的功能，命令行往往可以使用更多的参数，而且使用更为灵活。通常命令行操作返回结果更快，操作效率更高，像创建镜像这样比较耗时的操作，使用命令行更为合适。命令行提供的命令还可以在脚本中使用，以实现批处理操作，提高工作效率。

不过，命令行操作不够直观，不适合为普通云用户提供服务，通常是云管理员使用命令行进行配置、管理和测试等工作。

2. 进一步了解 OpenStack 客户端

大多数 OpenStack 项目（服务）也会针对具体服务提供命令行客户端，例如计算服务提供的命令行客户端是 nova，镜像服务提供的命令行客户端是 glance。表 3-1 所示为部分 OpenStack 项目（服务）的命令行客户端。

表 3-1 部分 OpenStack 项目（服务）的命令行客户端

OpenStack 项目（服务）	客户端	软件包	说明
裸金属置备	ironic	python-ironicclient	管理和置备物理机
块存储	cinder	python-cinderclient	创建和管理卷
计算	nova	python-novaclient	创建和管理镜像、实例和实例类型
容器编排引擎置备	magnum	python-magnumclient	创建和管理容器
数据库	trove	python-troveclient	创建和管理数据库
镜像	glance	python-glanceclient	创建和管理镜像
网络	neutron	python-neutronclient	为虚拟机实例配置网络
对象存储	swift	python-swiftclient	收集统计信息、列出项目、更新元数据以及上载、下载或删除由对象存储服务所存储的文件
编排	heat	python-heatclient	基于模板装载栈，查看正在运行的栈，更新和删除栈
共享文件系统	manila	python-manilaclient	创建和管理共享文件系统
计量	ceilometer	python-ceilometerclient	创建和收集 OpenStack 计量信息

云管理员可以从命令行运行命令，或者让命令包含在自动化任务的脚本中。如果提供 OpenStack 认证凭证，如用户名和密码，则可以在任何计算机上执行这些命令。

OpenStackClient 项目提供统一的命令行客户端 openstack，让云管理员通过易于使用的命令访问 OpenStack 项目的 API。建议使用 openstack 命令（python-openstackclient）来访问和管理大多数 OpenStack 服务。

3. openstack 命令的语法

OpenStack 的 openstack 命令为 OpenStack API 提供了一个通用的命令行接口，其语法格式如下。

```
openstack [<全局选项>] <命令> [<命令参数>]
```

openstack 命令使用全局选项控制整体行为，也使用各命令特有的选项来控制对应命令的操作。大多数全局选项有相应的环境变量，这些变量可以直接导出。如果两类选项都提供，则命令行中的全局选项优先。例如，--os-cloud 选项指定云名称，--os-auth-type 选项指定认证类型，--os-auth-url

指定认证 URL 地址，--os-url 指定服务 URL 地址。

命令行中的命令表示的是要执行的 openstack 子命令，执行以下命令可以获取可用的子命令列表。

openstack --help

要查看某一子命令的说明信息，可执行以下命令。

openstack help <命令>

命令集的显示取决于 API 的版本，例如执行以下命令仅显示 Identity v3 的命令集。

openstack --os-identity-api-version 3 --help

对于内容较长的命令，可以使用换行符\进行换行。

4. 执行 openstack 命令所需的认证

openstack 使用与 OpenStack 各项目自有命令行界面类似的认证模式，所提供的凭证信息支持环境变量或命令行选项。主要的不同点是在 OS_PROJECT_NAME 或 OS_PROJECT_ID 的名称中使用项目取代 OpenStack 以前版本的租户，其语法格式如下。

export OS_AUTH_URL=<用于认证的 URL 地址>
export OS_PROJECT_NAME=<项目名>
export OS_USERNAME=<用户名>
export OS_PASSWORD=<密码>   # 这是可选项

openstack 能使用由 keystoneclient 库提供的不同类型的认证插件。可用的默认插件有 token（使用令牌认证）和 password（使用用户名和密码认证）。

也可以通过设置--os-token 和--os-url 选项（或 OS_TOKEN 和 OS_URL 环境变量）来使用 Keystone 项目的服务令牌（service token）进行认证，使用--os-token 和--os-url 选项自动选择令牌端点（token_endpoint）认证类型，使用--os-auth-url 和--os-username 选项则会选择密码认证类型。

当然，最省事的方式是使用客户端环境脚本文件来导出客户端环境变量，这个方式在上一个任务中已经介绍过。

任务实现

1. 云管理员通过 openstack 命令管理 OpenStack 云平台

云管理员使用 openstack 命令的示例步骤如下。

（1）执行以下命令加载云管理员 admin 的环境脚本。

[root@node-a ~(keystone_demo)]# source keystonerc_admin

（2）通过 openstack 命令调用身份服务 API 来列出所有的项目。

V3-4 使用 OpenStack 命令行客户端

[root@node-a ~(keystone_admin)]# openstack project list
+----------------------------------+----------+
| ID | Name |
+----------------------------------+----------+
2a39abedd09644bb92487a78ee442e3f	demo
4da5e36c1af24c6a9d5e8e55d9684af8	admin
6d1454943e1944678b7228c056614a07	services
+----------------------------------+----------+

（3）通过 openstack 命令调用身份服务 API 来查看 services 项目的详细信息。

[root@node-a ~(keystone_admin)]# openstack project show services
+-------------+-------------------------------+
| Field | Value |
+-------------+-------------------------------+

```
| description | Tenant for the openstack services |
| domain_id   | default                           |
| enabled     | True                              |
| id          | 6d1454943e1944678b7228c056614a07  |
| is_domain   | False                             |
| name        | services                          |
| options     | {}                                |
| parent_id   | default                           |
| tags        | []                                |
```

2. 普通云用户通过 openstack 命令使用 OpenStack 云服务

下面以一个创建虚拟机实例的例子来示范普通云用户如何使用 openstack 命令。要启动一个实例，必须选择实例的名称（name）、镜像（image）和实例类型（flavor）。

（1）执行以下命令加载云用户 demo 的环境脚本。

[root@node-a ~]# source keystonerc_demo

（2）通过 openstack 命令调用计算服务 API，列出该用户所关联的项目和当前可用的镜像。

[root@node-a ~(keystone_demo)]# openstack image list

```
+--------------------------------------+--------+--------+
| ID                                   | Name   | Status |
+--------------------------------------+--------+--------+
| 369d0e73-abb8-4a90-b835-6c627a0f47d1 | cirros | active |
| 37116975-33c9-4d3e-8551-0c83e4efe7ef | fedora | active |
```

（3）执行以下命令列出可用的实例类型（flavors）。

[root@node-a ~(keystone_demo)]# openstack flavor list

```
+----+-----------+-------+------+-----------+-------+-----------+
| ID | Name      | RAM   | Disk | Ephemeral | VCPUs | Is Public |
+----+-----------+-------+------+-----------+-------+-----------+
| 1  | m1.tiny   | 512   | 1    | 0         | 1     | True      |
| 2  | m1.small  | 2048  | 20   | 0         | 1     | True      |
| 3  | m1.medium | 4096  | 40   | 0         | 2     | True      |
| 4  | m1.large  | 8192  | 80   | 0         | 4     | True      |
| 5  | m1.xlarge | 16384 | 160  | 0         | 8     | True      |
```

（4）执行以下命令创建一个实例。

[root@node-a ~(keystone_demo)]# openstack server create --image cirros --flavor 1 Cirros_VM1

这里仅需指明虚拟机实例要用的镜像和实例类型 ID，而虚拟机实例所用的密钥对、安全组和网络会自动使用 demo 项目默认提供的。可以以 demo 用户身份登录到仪表板，进一步验证新创建的虚拟机实例，如图 3-2 所示。

	实例名称	镜像名称	IP 地址	实例类型	密钥对	状态	可用域	任务	电源状态	时间	动作
☐	Cirros_VM1	cirros	10.0.0.206	m1.tiny	-	运行	nova	无	运行中	1 minute	创建快照 ▼
☐	Fedora-VM	fedora	10.0.0.111, 192.168.199.83	m1.small	demo-key	关机	nova	无	关闭	3 days, 4 hours	启动实例 ▼
☐	Cirros-VM	cirros	10.0.0.31, 192.168.199.87	m1.tiny	demo-key	关机	nova	无	关闭	3 days, 5 hours	启动实例 ▼

图 3-2 新创建的虚拟机实例

项目实训

项目实训一 使用 cURL 命令获取实例列表

实训目的

理解 OpenStack 的身份认证和 API 请求流程。

实训内容

（1）为 demo 用户设置 OpenStack 认证的客户端环境变量。
（2）运行 cURL 命令，向 OpenStack 云平台请求一个令牌。
（3）导出环境变量 OS_TOKEN。
（4）设置环境变量 OS_COMPUTE_API。
（5）访问计算服务 API，获取当前的实例列表。

项目实训二 使用 openstack 命令创建 Fedora 虚拟机实例

实训目的

掌握 openstack 命令的用法。

实训内容

（1）执行 openstack 命令加载云用户 demo 的环境脚本。
（2）通过 openstack 命令调用计算服务 API，创建 Fedora 虚拟机实例。

项目总结

OpenStack 通过若干相互协作的服务来提供 IaaS 解决方案。每个服务提供一个 API 来实现这种整合。通过本项目的实施，读者应当了解 OpenStack 云计算的基础环境配置，了解 OpenStack API 并掌握其基本使用方法，掌握 OpenStack 命令行客户端的使用方法，为部署和管理 OpenStack 服务和组件打下基础。下一个项目将介绍 OpenStack 的身份管理。

项目四
OpenStack 身份管理

04

学习目标
- 了解 OpenStack 身份管理的基础知识
- 掌握项目、用户和角色的管理操作
- 掌握基于 oslo.policy 的权限管理

项目描述

有效的身份管理和访问控制是云平台安全管理的基础工作,是完善重点领域安全保障体系的重要举措。Keystone 是 OpenStack 身份服务(OpenStack Identity Service)的项目名称,相当于一个别名。Keystone 作为 OpenStack 中独立的安全认证服务项目,主要负责用户的身份认证、令牌管理、资源访问服务目录的提供,以及基于用户角色的访问控制。本项目将介绍 OpenStack 的身份管理体系和认证流程,掌握基于 Web 图形界面和命令行界面的身份管理操作。考虑到权限管理涉及 Keystone 策略服务,本项目也会讲解基于策略配置文件 policy.json 的权限访问控制。

任务一 理解身份服务

任务说明

在早期的 OpenStack 版本中,用户、消息、API 调用的认证都集成在 Nova 项目中。由于加入 OpenStack 的模块越来越多,安全认证所涉及的面越来越广,多种安全认证的处理变得越来越复杂,于是 OpenStack 改用一个独立的项目来统一处理不同的认证需求,这个项目就是 Keystone。Keystone 是 OpenStack 的一个核心项目,基本上所有的 OpenStack 项目都与它相关。当一个 OpenStack 服务收到用户的请求时,首先提交给 Keystone,由它来检查用户是否具有足够的权限。在 OpenStack 的整体架构中,Keystone 相当于服务总线,Nova、Glance、Cinder、Swift、Neutron、Horizon 等其他服务通过 Keystone 来注册其服务的端点(Endpoint),针对这些服务的调用或访问操作都需要经过 Keystone 的身份认证,并获得相应服务的端点才能被执行。本任务的具体要求如下。
- 了解 Keystone 的概念和功能。
- 理解 Keystone 的管理层次结构。
- 了解 Keystone 的认证流程。
- 通过 API 操作来进一步理解 Keystone 认证。

知识引入

1. Keystone 的基本概念

Keystone 为每一个 OpenStack 服务都提供了身份服务,而身份服务使用域、项目(租户)、用户和角色等的组合来实现。下面介绍相关的基本概念和术语。

(1)认证(Authentication)。认证是指确认用户身份的过程,又称身份验证。Keystone 验证由用户提供的一组凭证来确认传入请求的有效性。首次请求认证时,这些凭证是用户名和密码,或者是用户名和 API 密钥。当 Keystone 确认用户凭证有效后,就会发出一个认证令牌(Authentication Token)。在后续的请求中,用户只需要提供该令牌即可,前提是该令牌在有效期内。

(2)凭证(Credentials)。凭证又称凭据,是用于确认用户身份的数据。例如,用户名和密码、用户名和 API 密钥,或者由认证服务提供的认证令牌。

(3)令牌(Token)。令牌是访问 OpenStack API 和各种资源需要提供的一种特殊的文本字符串(由数字和字母组成)。令牌中包括可访问资源的范围和有效时间。Keystone 支持基于令牌的验证。

(4)用户(User)。用户是指使用 OpenStack 云服务的个人、系统或服务的账户名称。OpenStack 各个服务在身份管理体系中都被视为一种系统用户。Keystone 为用户提供认证令牌,让用户在调用 OpenStack 服务时拥有相应的资源使用权限。Keystone 可验证有权限的用户所发出的请求的有效性,用户使用自己的令牌登录和访问资源。可以将用户分配给特定的项目,这样用户就好像包含在该项目中一样,拥有该项目的权限。

(5)项目(Project)。项目在 OpenStack 早期版本中称为租户(Tenant),是分配和隔离资源或身份对象的一个容器,也是一个权限组织形式。一个项目可以映射到客户、账户、组织机构。OpenStack 用户要访问资源,必须通过一个项目向 Keystone 发出请求。项目是 OpenStack 服务调度的基本单元,其中必须包括相关的用户和角色。

(6)域(Domain)。域是项目和用户的集合,目的是为身份实体定义管理界限。域可以表示个人、公司或操作人员所拥有的空间,用户可以被授予某个域的管理员角色。域管理员能够在域中创建项目、用户和组,并将角色分配给域中的用户和组。

(7)组(Group)。组是一个表示域所拥有的用户集合的容器。授予域或项目的组角色应用于该组中的所有用户。向组中添加用户,会相应地授予该用户对关联的域或项目的角色和认证;从组中删除用户,也会相应地撤销该用户对关联的域或项目的角色和认证。

(8)角色(Role)。角色是一个用于定义用户权利和权限的集合。身份服务向包含一系列角色的用户提供一个令牌。当用户调用服务时,该服务解析用户角色设置,决定每个角色被授权访问哪些操作或资源。通常权限管理是由角色、项目和用户相互配合来实现的。一个项目中往往要包含用户和角色,用户必须依赖于某一项目,而用户必须以一种角色的身份加入项目中。项目正是通过这种方式实现对项目用户权限规范的绑定。

(9)端点(Endpoint)。端点就是 OpenStack 组件能够访问的网络地址,通常是一个 URL。端点相当于 OpenStack 服务对外的网络地址列表,每个服务都必须通过端点来检索相应的服务地址。如果需要访问一个服务,就必须知道其端点。端点请求的每个 URL 都对应一个服务实例的访问地址,并且具有 Public、Internal 和 Admin 这 3 种权限。Public URL 可以被全局访问,Internal URL 只能被内部访问,而 Admin URL 提供给云管理员使用。另外,Keystone 提供端点模板,部署和安装任何服务都需要按照模板创建一个端点服务列表。可以在端点中设置 OpenStack 服务的访问权限,控制服务能被访问的范围。

(10)服务(Service)。这里的服务是指像计算(Nova)、对象存储(Swift)或镜像(Glance)这样的 OpenStack 服务,它们提供一个或多个端点,供用户通过这些端点访问资源和执行操作。

(11)分区(Region)。分区表示 OpenStack 部署的通用分区。可以为一个分区关联若干个子分区,形成树状层次结构。每个分区有自己独立的端点,分区之间完全隔离,但是多个分区之间共享同一个 Keystone 服务和仪表板。尽管分区没有地理意义,部署时还是可以对分区使用地理名称。用户可以选择离自己更近的分区来部署自己的服务。

2. Keystone 的主要功能

Keystone 在 OpenStack 项目中跟踪用户和监管用户权限,对用户进行集中统一认证。其主要功能列举如下。

- 身份认证（Authentication）：令牌的发放和校验。Keystone 对用户的身份进行认证，需要用户在提交认证请求时提供相关元数据，认证通过后会发给用户一个可以核实该身份并且用于后续资源请求的令牌。
- 用户授权（Authorization）：授予用户在一个服务中所拥有的权限。这实际上是由 oslo 通用库来实现的，通过策略配置文件 policy.json 来定义各种操作与用户角色的匹配关系，以实现访问控制。严格地说，此功能已不属于 Keystone 项目。
- 用户管理（Account）：管理用户账户。Keystone 用于管理 OpenStack 身份服务的项目、用户和角色等。OpenStack 的每个用户和每个服务都必须在 Keystone 中注册，由 Keystone 保存其相关信息。需要身份管理的服务、系统用户都被视为 Keystone 的用户。
- 服务目录（Service Catalog）：为每个 OpenStack 服务对外提供一个可用的服务目录和相应的 API 端点。服务目录中保存所有服务的端点信息，服务之间的资源访问首先需要获取相应资源的端点信息（通常是 URL 地址列表），然后根据端点信息访问资源。

OpenStack 身份服务启动之后，一方面，会将 OpenStack 中所有相关的服务置于一张服务列表中，以便管理系统能够对外提供服务的目录；另一方面，OpenStack 中每个用户会按照各个用户的 UUID 产生一些 URL，Keystone 受委托管理这些 URL，为需要 API 端点的其他用户提供统一的服务 URL 和 API 调用地址。

3. Keystone 的管理层次结构

在 OpenStack Identity API v2 版本（现已被弃用）中，用户的权限管理以用户为单位，需要对每一个用户进行角色分配，并不存在对一组用户进行统一管理的方案，这给系统管理员带来了不便，会增加额外的工作量。使用租户（Tenant）来表示一个资源或对象，租户可以包含多个用户，不同租户之间相互隔离。根据服务运行的需求，租户可以映射为账户、组织、项目或服务。资源是以租户为单位分配的，这不是很符合现实世界中的层级关系。用户需要访问一个系统资源，必须使用一个租户向 Keystone 提出请求。作为 OpenStack 中服务调度的基本单元，租户必须包括相关的用户和角色等信息。例如，一个企业在 OpenStack 中拥有两个不同的项目，这就需要管理两个与项目对应的租户，并为这两个租户中的用户分别分配角色。由于 OpenStack 的租户没有更高层的单位，无法对多个租户进行统一管理，这就给拥有多个租户的企业用户带来了不便。

针对这些问题，OpenStack Identity API v3 版本引入了域和组两个新的概念，并将租户改称为项目，以符合现实世界和云服务的映射关系。OpenStack Identity API v3 利用域实现真正的多租户（Multi-Tenancy）架构，域作为项目的高层容器。云服务的客户是域的所有者，他们可以在自己的域中创建多个项目、用户、组和角色。通过引入域，云服务客户可以对其拥有的多个项目进行统一管理，而不必再像之前那样对每一个项目进行单独的管理。

组是一组用户的容器，可以向组中添加用户，并直接给组分配角色，这样在这个组中的所有用户就都拥有了该组所拥有的角色权限。通过引入组的概念，实现了对用户组的管理，达到了同时管理一组用户权限的目的。

域、组、项目、用户和角色之间的关系如图 4-1 所示。一个域中包含 3 个项目，可以通过组 Group1 将角色 admin 直接授予该域，这样组 Group1 中的所有用户都将对域中的所有项目拥有云管理员权限。也可以通过组 Group2 将角色_member_仅分配给项目 Project3，这样组 Group2 中的用户就只拥有针对项目 Project3 的相关权限，而不会影响其他项目。

4. Keystone 的认证流程

下面以用户创建虚拟机实例的 Keystone 认证流程来说明 Keystone 的运行机制，如图 4-2 所示。此流程也说明了 Keystone 与其他 OpenStack 服务之间如何实现交互和协同工作。

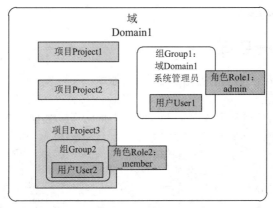

图 4-1　Keystone 的管理层次结构

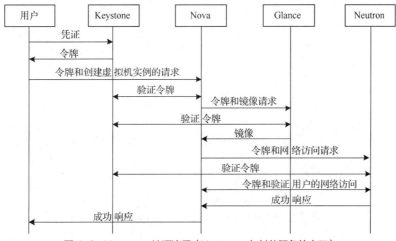

图 4-2　Keystone 认证流程（Keystone 与其他服务的交互）

首先，用户向 Keystone 提供自己的身份凭证，如用户名和密码。Keystone 会从数据库中读取数据对其进行验证，如果验证通过，会向用户返回一个临时的令牌。此后用户所有的请求都可以使用该令牌进行身份验证。用户向 Nova 申请虚拟机服务，Nova 会将用户提供的令牌发给 Keystone 进行验证；Keystone 会根据令牌判断用户是否拥有进行此项操作的权限，若验证通过，则 Nova 会向其提供相对应的服务。其他组件和 Keystone 的交互也是如此。例如，Nova 需要向 Glance 提供令牌并请求镜像，Glance 将令牌发给 Keystone 进行验证，如果验证通过就会向 Nova 返回镜像。

值得一提的是，认证流程中还涉及服务目录和 API 端点，具体说明如下。

（1）用户向 Keystone 提供身份凭证，Keystone 验证通过后向用户返回令牌的同时还会返回一个通用目录（Generic Catalog）。

（2）用户使用该令牌向该目录列表中的端点请求对应的项目信息，Keystone 验证通过后返回用户对应的项目列表。

（3）用户从列表中选择要访问的项目，再次向 Keystone 发出请求，Keystone 验证通过后返回管理该项目的服务列表和允许访问该项目的令牌。

（4）用户通过服务列表和通用目录映射找到服务的端点，并通过端点找到实际服务组件的位置。

（5）用户凭借项目令牌和端点来访问实际服务的组件。

（6）服务组件向 Keystone 提供用户项目令牌进行验证，Keystone 验证通过后返回一系列的确认信息和附加信息（用户希望操作的内容）给服务。

（7）服务执行一系列的操作。

V4-1 通过API操作来理解Keystone认证

任务实现

1. 查看当前的Identity API版本

目前OpenStack已经弃用了Identity API v2版本。在OpenStack主机上执行以下命令显示当前的Identity API版本，可以发现目前使用的是v3版本。

```
[root@node-a ~]# curl "http://localhost:5000" | python -m json.tool
  % Total    % Received % Xferd  Average Speed   Time    Time     Time  Current
                                 Dload  Upload   Total   Spent    Left  Speed
100   264  100   264    0     0  10468      0 --:--:-- --:--:-- --:--:-- 11478
{
    "versions": {
        "values": [
            {
                "id": "v3.13",                    #版本号
                "links": [
                    {
                        "href": "http://127.0.0.1:5000/v3/",
                        "rel": "self"
                    }
                ],
                "media-types": [
                    {
                        "base": "application/json",
                        "type": "application/vnd.openstack.identity-v3+json"
                    }
                ],
                "status": "stable",
                "updated": "2019-07-19T00:00:00Z"
            }
        ]
    }
}
```

2. 通过API请求认证令牌

Keystone默认支持的认证方法包括 external、password、token、oauth1、mapped 和 application_credential。其中password和token分别表示密码认证和令牌认证，是常用的两种认证方法。

密码认证要求验证两条信息：资源（Resource）信息和身份（Identity）。资源由作用域（Scope）来确定，指定用户要访问的资源（域或项目）。作用域决定获取令牌的有效范围，基于某域作用域的令牌只能用于执行与该域相关的功能，基于某项目作用域的令牌只能用于执行与该项目相关的功能。对于用户、域和项目来说，作用域常常是指实体的所属域，也就是说，某域的用户的作用域为该域，某项目的用户的作用域为该项目。请求令牌时不提供作用域，也可以获取没有作用域的令牌，这种令牌仅用来保存用户的凭证信息，意义不大。

上一个项目中已经示范过使用cURL工具获取认证令牌的操作，这里再给出另一种数据格式的请求令牌的示范操作，也就是以密码认证方式通过API获取令牌。在OpenStack主机上执行以下命令请求一个admin项目作用域的令牌。

```
[root@node-a ~]# curl -i   -H "Content-Type: application/json"   -d '
{ "auth": {
    "identity": {            #指定身份
      "methods": ["password"],
      "password": {          #密码认证
        "user": {
          "name": "admin",
          "domain": { "id": "default" },
          "password": "ABC123456"
        }
      }
    },
    "scope": {                        #指定作用域
      "project": {                    #作用域的项目
        "name": "admin",
        "domain": { "id": "default" }
      }
    }
  }
}'   "http://localhost:5000/v3/auth/tokens" ;
```

上述命令执行后返回的结果如下。

```
HTTP/1.1 201 CREATED
Date: Fri, 04 Sep 2020 00:48:09 GMT
Server: Apache
X-Subject-Token: gAAAAABfUY7KPLJNvQqZpOAnx-4UD4JZJnJ3ziz7RiisBIXVCpINSMObmwaeny3gvL2GSPgLXvDxyBHKFbOXxbwpc79_xZ_9_lKESDo6mbxPXq-Or4l6YllKJ1tG420uPFN5xFp4axuy2lwQ5C32lR7mVESr2pZzY-TDYZ1zyPc64_R_a0lqxYw
Vary: X-Auth-Token
x-openstack-request-id: req-eb66c432-9a73-40cc-a87c-894e04c4183d
Content-Length: 7288
Content-Type: application/json

{"token": {"is_domain": false, "methods": ["password"], "roles": [{"id": "515fa0eb5655421fb021a01bd93501a0", "name": "admin"}, {"id": "38b51863e23b43cb9dec1fee5b91c7a4", "name": "member"}, {"id": "0ed3d4d22ae64343b0ee1e8fa41851ed", "name": "reader"}], "expires_at": "2020-09-04T01:48:10.000000Z", "project": {"domain": {"id": "default", "name": "Default"}, "id": "4da5e36c1af24c6a9d5e8e55d9684af8", "name": "admin"}, "catalog": [{"endpoints": [{"region_id": "RegionOne", "url": "http://192.168.199.31:8041", "region": "RegionOne", "interface": "admin", "id": "0a88a4ed21be4a908c851faf1f307f90"}, ... {"region_id": "RegionOne", "url": "http://192.168.199.31:8777", "region": "RegionOne", "interface": "internal", "id": "d8645e3896f44a77b9206a3d281181da"}], "type": "metering", "id": "fb9b16f98f5641daa7c261dfafb9bac9", "name": "ceilometer"}], "user": {"password_expires_at": null, "domain": {"id": "default", "name": "Default"}, "id": "7db74ef9bd8b487db44cf4d18045c7d5", "name": "admin"}, "audit_ids": ["w4V7DN9SS9OSaOJ1bowITg"], "issued_at": "2020-09-04T01:57:40.000000Z"}}
```

返回的结果中除了令牌的基本信息（其中 X-Subject-Token 值为令牌 ID），还给出了可访问的端点列表,由 catalog 字段提供。

也可以获取作用域为某域的认证令牌,此时需要将用户角色指定分配给该域。

获取认证令牌之后,还可以凭借此令牌,以令牌认证方式请求另一个认证令牌。执行以下命令先导出环境变量 OS_TOKEN,将其值设置为上述操作获取的令牌 ID。

```
[root@node-a ~]# export OS_TOKEN="gAAAAABfUY7KPLJNvQqZpOAnx-4UD4JZJnJ3ziz7RiisBIXVCpINSMObmwaeny3gvL2GSPgLXvDxyBHKFbOXxbwpc79_xZ_9_IKESDo6mbxPXq-Or4l6YllKJ1tG420uPFN5xFp4axuy2lwQ5C32IR7mVESr2pZzY-TDYZ1zyPc64_R_a0lqxYw"
```

再执行以下命令以令牌认证方式请求一个认证令牌。

```
[root@node-a ~]# curl -i \
  -H "Content-Type: application/json" \
  -d '
{ "auth": {
    "identity": {
      "methods": ["token"],          #令牌认证
      "token": {
        "id": "'$OS_TOKEN'"
      }
    }
  }
}' \
  "http://localhost:5000/v3/auth/tokens"
```

返回的结果如下。

```
HTTP/1.1 201 CREATED
Date: Fri, 04 Sep 2020 00:52:44 GMT
Server: Apache
X-Subject-Token: gAAAAABfUY_dhATrcTNZDVGEJ2dg3QW5IXxisIQ6Kzsi25hnpUATfX7s4AKNv59b7Fk77QQuVJ0PmOBqovTcAilfnv0G1NXYr2_cG09JedCAL_N3JJlaPLxtM90uyNtTqXM90Ana08khOIeBZSOkfFQgqSWmn4stdVay8uDpDDylVS9LSktDNK4
Vary: X-Auth-Token
x-openstack-request-id: req-6c89fdb5-dd63-48ac-9396-3816aeaa23f6
Content-Length: 347
Content-Type: application/json

{"token": {"issued_at": "2020-09-04T00:52:45.000000Z", "audit_ids": ["kHKpMvbbRgy BsV74y MREfw", "8uue8tAVRdiGdl8hRVosTg"], "methods": ["token", "password"], "expires_at": "2020-09-04T01:48:10.000000Z", "user": {"password_expires_at": null, "domain": {"id": "default", "name": "Default"}, "id": "7db74ef9bd8b487db44cf4d18045c7d5", "name": "admin"}}}
```

这是一个新的认证令牌,由于本例中没有为该令牌指定作用域,这个令牌不能访问任何域或项目资源。

3. 使用认证令牌通过 API 进行身份管理操作

获取认证令牌后,就可以根据该令牌的权限进行身份管理操作。例如,执行以下命令获取域列表。

```
curl -s \
  -H "X-Auth-Token: $OS_TOKEN" \
  "http://localhost:5000/v3/domains" | python -mjson.tool
```

其中,令牌由环境变量 OS_TOKEN 提供,且在有效期内。

执行以下命令获取项目列表。
```
curl -s \
 -H "X-Auth-Token: $OS_TOKEN" \
 "http://localhost:5000/v3/projects" | python –mjson.tool
```
执行以下命令创建一个用户。
```
curl -s \
 -H "X-Auth-Token: $OS_TOKEN" \
 -H "Content-Type: application/json" \
 -d '{"user": {"name": "newuser", "password": "changeme"}}' \
 "http://localhost:5000/v3/users" | python –mjson.tool
```

任务二　管理项目、用户和角色

任务说明

Keystone 身份管理所涉及的资源较多，但是 OpenStack 云管理员主要管理的是项目、用户和角色。本任务在 RDO 一体化 OpenStack 平台上示范使用图形界面和命令行管理项目、用户和角色的操作。本任务的具体要求如下。

- 进一步理解项目、用户和角色的概念。
- 了解服务用户的特性。
- 掌握基于图形界面的身份管理基本操作。
- 掌握基于命令行界面的身份管理基本操作。

知识引入

1. 进一步了解项目、用户和角色

一个项目可以包括若干用户。在计算服务中，项目拥有虚拟机实例。在对象存储中，项目拥有容器。一个用户必须至少属于一个项目，也可以属于多个项目。因此应该至少添加一个项目，再添加用户。在删除用户账户之前，必须从该用户的主项目中删除该用户账户。

在 OpenStack 中可以针对项目（而不是用户）设置配额。如果不更改配额限制，系统会使用默认配额，默认配额值在控制节点上的/etc/nova/nova.conf 配置文件中定义。表 4-1 所示为主要配额选项的默认值及其说明。

表 4-1　主要配额选项的默认值及其说明

配额选项	nova.conf 配置文件中的对应项	默认值	说明
元数据条目	metadata_items	128	允许每个实例拥有的元数据数量
VCPU 数量	cores	20	允许项目使用的 CPU 核数
实例	instances	10	允许项目创建的实例数量
注入的文件	injected_files	5	允许注入文件的数量
已注入文件内容(Bytes)	injected_file_content_bytes	10 240	允许注入文件的字节数
密钥对	key_pairs	100	允许每个用户拥有的密钥对数量
注入文件路径的长度	injected_file_path_bytes	255	允许注入文件路径的字节数
卷	volumes	10	允许每个项目使用的逻辑卷数量

续表

配额选项	nova.conf 配置文件中的对应项	默认值	说明
内存（MB）	ram	51 200	允许项目使用的内存大小
安全组	security_groups	10	允许每个项目创建的安全组数量
安全组规则	security_group_rules	100	允许每个安全组中规则的数量
浮动 IP	floating_ips	50	允许项目使用的浮动 IP 地址数

用户可以是多个项目的成员，但要将用户分配给多个项目，需要定义一个角色。通常将该角色分配给"用户-项目"对，也就是为某个项目的指定用户分配角色。也可以为整个系统或某个域的指定用户分配角色。

与大多数 OpenStack 服务一样，Keystone 使用基于角色的访问控制来保护其 API。用户可以根据他们在某个项目、某个域或整个系统上的角色来访问不同的 API。默认 Keystone 提供 3 个角色：admin、member 和 reader。云管理员可以将这些角色分配给某个项目、某个域或整个系统的用户或组。

admin 角色具有最高权限。需要注意的是，在一个项目、一个域或整个系统中，admin 角色具有单独的授权，且授权不可传递。例如，系统中具有 admin 角色的用户可以管理所有的资源，而一个项目中具有 admin 角色的用户不能管理超出该项目范围的资源。常用的 reader 角色为整个系统、某个域或某个项目内的资源赋予只读访问权限。拥有该角色的两个用户可能有不同的 API 行为，具体取决于分配的范围。例如，拥有 reader 角色的系统用户可以列出所部署的所有项目，而拥有 reader 角色的某个域用户只能查看该域范围的项目。在 Keystone 中，可以使用 member 角色代替 reader 角色，这一操作并没有什么优势，只是 member 角色更适合于其他服务。member 角色可以增加 admin 和 reader 角色之间的控制力度。其他服务可能要求 member 角色创建资源，而让 admin 角色删除资源。

创建的所有角色都必须映射到每一个 OpenStack 服务特定的 policy.json 配置文件中，默认的策略会将大多数服务的管理权限授予 admin 角色。例如，如果将某个项目或用户绑定到 admin 角色，它们就拥有了 admin 角色的权限。在 OpenStack 中一般的操作任务都应该使用一个没有太多权限的项目和用户去操作。

2. 命令行的身份管理用法

在命令行中执行身份管理往往需要多条命令才能完成一个配置任务。对于身份管理服务的命令行操作，OpenStack 主张使用通用的 openstack 命令，而不使用之前专用的 keystone 命令。下面简单介绍 openstack 命令的身份管理基本用法。

（1）项目管理。

执行以下命令列出所有项目的 ID 和名称，包括禁用的项目。

```
openstack project list
```

查看项目详细信息的命令语法格式如下。

```
openstack project show 项目名称或 ID
```

创建一个项目的命令语法格式如下。

```
openstack project create --description 项目描述信息 项目名称 --domain 域名
```

修改项目需要指定项目名称或 ID，可以修改项目的名称、描述信息和激活状态。修改项目名称的命令语法格式如下。

```
openstack project set 项目名称或 ID --name 新的项目名称
```

临时禁用某项目的命令语法格式如下。

```
openstack project set 项目名称或 ID --disable
```

激活已禁用项目的命令语法格式如下。

```
openstack project set 项目名称或 ID --enable
```

删除项目的命令语法格式如下。

openstack project delete 项目名称或 ID

（2）用户管理。

列出用户列表的命令如下。

openstack user list

创建用户必须指定用户名，还可以为用户指定所关联的项目、密码和邮件地址。建议创建用户时就提供项目和密码，否则该用户不能登录。创建用户的命令的基本语法格式如下。

openstack user create --project 项目 --password 密码 用户名

修改用户需要指定用户名或 ID，可以修改用户的名称、邮件地址和激活状态。改变用户账户的名称和邮件地址的命令语法格式如下。

openstack user set 用户名或 ID --name 新的用户名 --email 邮件地址

临时禁用用户账户（不能登录）的命令语法格式如下。

openstack user set 用户名或 ID --disable

激活已禁用用户账户的命令语法格式如下。

openstack user set 用户名或 ID --enable

删除用户的命令语法格式如下。

openstack user delete 用户名或 ID

（3）角色管理。

执行以下命令列出可用的角色。

openstack role list

创建一个新的角色的语法格式如下。

openstack role create 角色名

查看角色详细信息的命令语法格式如下。

openstack role show 角色名或 ID

要将用户指派给项目，必须将角色赋予"用户-项目"对，这需要指定用户、角色和项目 ID。将角色分配给"用户-项目"对的语法格式如下。

openstack role add --user 用户名或 ID --project 项目名或 ID 角色名或 ID

查看某项目某用户的角色分配情况的命令语法格式如下。

openstack role assignment list --user 用户名 --project 项目名 --names

删除分配给"用户-项目"对角色的命令语法格式如下。

openstack role remove --user 用户名或 ID --project 用户名或 ID 角色名或 ID

3. 专用的服务用户

其他 OpenStack 服务要通过 Keystone 进行集中统一认证，必须进行注册，即在 Keystone 中创建相应的项目、用户和角色并进行关联，然后创建服务目录。Keystone 的服务目录是每个服务的可访问端点列表。实际上所有的 OpenStack 服务共用一个项目（通常命名为"service"或"services"），所用的角色都是 admin，而服务之间的通信也要使用 admin 角色。

例如，Glance 镜像服务有一个名为"glance"的服务用户，admin 角色会被指派给 glance 服务用户和 services 服务项目，Keystone 的服务目录中有一个名为"glance"的服务条目和相应的 API 端点信息。

OpenStack 服务在 Keystone 中注册的操作将在项目九中示范。

任务实现

1. 管理项目

向 OpenStack 云发起的任何请求都必须提供项目信息。这里以云管理员 admin 身份登录

V4-2 基于图形界面进行身份管理操作

OpenStack,在左侧导航窗格中展开"身份管理">"项目"节点,打开图 4-3 所示的"项目"界面,显示当前的项目列表。

RDO 一体化 OpenStack 云平台默认提供 3 个项目:admin、services 和 demo。该列表中显示每个项目的名称、描述信息、项目 ID、域名、激活状态和动作。可以从"动作"下拉菜单中选择项目操作命令,默认是管理项目成员,还可以编辑项目、修改组、修改配额等。

图 4-3 项目列表

单击"创建项目"按钮,弹出图 4-4 所示的"创建项目"面板,设置项目信息。本例中只提供了一个默认的域(域 ID 为 default,域名为 Default,也就是域的描述信息),项目名称是必填项。

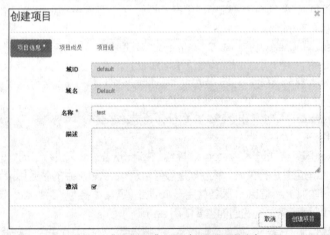

图 4-4 "创建项目"面板(设置项目信息)

根据需要设置项目成员,如图 4-5 所示。项目成员来自身份管理的用户列表。左侧"全部用户"列表中列出了所有的用户,单击某一用户名称后面的"+"按钮即可将其加入"项目成员"列表中,使其成为项目成员,要删除成员只需单击右侧"项目成员"列表中用户名称后面的"-"按钮。还可以根据需要通过用户名右侧的"_member_"下拉列表更改该项目成员的角色,一般情况下,这个值应该被设置为_member_,而云管理员用户的角色应该被设置为 admin。admin 是全局用户,而不仅仅属于某个项目,因此授予用户 admin 角色就等于赋予该用户在任何项目里管理整个云的权限。

图 4-5 "创建项目"面板（添加项目成员）

根据需要设置项目组，项目组选项来自身份管理的组列表。

单击"创建项目"按钮，完成项目的创建。

可以从项目列表中的"动作"下拉菜单中选择"修改配额"命令，打开图 4-6 所示的"编辑配额"面板，来查看和修改现有项目的计算、卷和网络配额。

图 4-6 查看或编辑项目的配额

2. 管理用户

用户是指使用云的用户账户，包括用户名、密码、邮箱等。以云管理员 admin 身份登录 OpenStack，在左侧导航窗格中展开"身份管理">"用户"节点，打开图 4-7 所示的用户列表，显示当前的所有用户。

RDO 一体化 OpenStack 云平台默认提供 11 个用户，其中 admin 和 demo 是云管理员和测试用户，其他都是 OpenStack 服务用户。该列表中显示每个用户的名称、描述信息、邮箱、用户 ID、激活状态、域名和动作。可以从"动作"下拉菜单中选择用户操作命令，默认操作是编辑用户，还可以修改密码、禁用用户、删除用户。

单击"创建用户"按钮，弹出图 4-8 所示的"创建用户"面板，在此可以设置用户信息。用户名和密码是必填信息，不过服务用户不需要密码。可以为用户指定一个主项目，还可以指定用户的默认角色。

图 4-7　用户列表

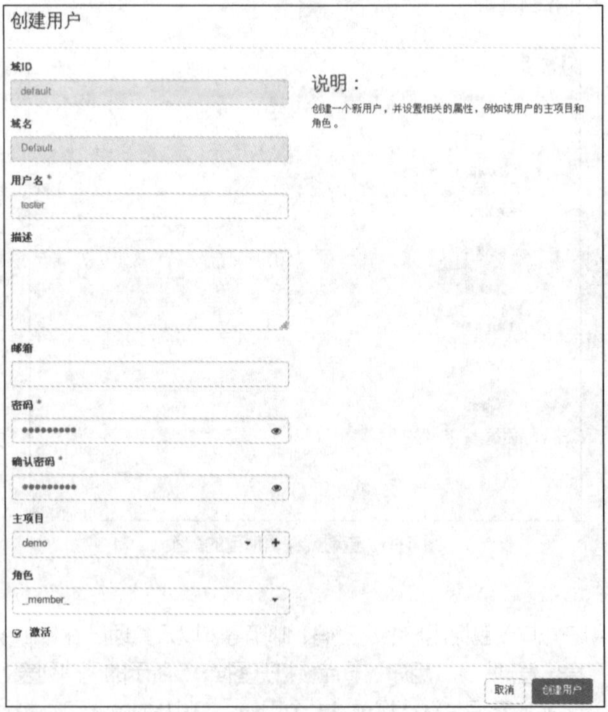

图 4-8　创建用户

3. 管理角色

角色表示一组权限。以云管理员 admin 身份登录 OpenStack，在左侧导航窗格中展开"身份管理">"角色"节点，打开图 4-9 所示的角色列表，显示当前的所有角色，包括每个角色的名称 ID 和动作。

RDO 一体化 OpenStack 云平台默认提供 6 个角色。其中 admin 是全局管理角色，具有最高权限；_member_ 是项目内部管理角色，具备该角色的用户可以在项目内部创建虚拟机实例；reader 角色具有只读权限；member 为普通成员角色；ResellerAdmin 角色用于访问对象存储；SwiftOperator 角色具有访问、创建容器，以及为其他用户设置访问控制列表（Access Control List，ACL）等权限。

注意，角色的分配是在项目管理界面"项目成员"选项卡中完成的。

图 4-9　管理角色

4. 查看服务的 API 端点

在 OpenStack 图形界面的左侧导航窗格中展开"项目">"访问 API"节点，打开图 4-10 所示的访问 API 列表，显示当前可用的服务 API 端点，其中 Compute 等服务的 API 端点中需要包含项目 ID（图中由下划线标示）。

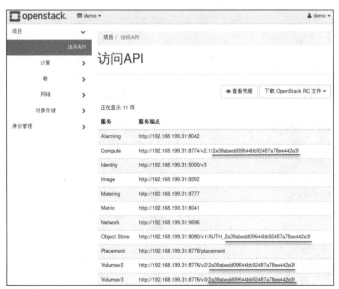

图 4-10　服务 API 端点列表

5. 使用命令行进行身份管理操作

执行相应的命令之前，需要设置客户端环境变量，否则每次执行命令都要重复设置相关的命令行参

V4-3 使用命令行进行身份管理操作

数。下面给出部分身份管理操作示例。

执行以下命令加载 demo 用户的客户端环境脚本。

[root@node-a ~]# source keystonerc_demo

执行以下命令查看当前的项目列表，该用户可以访问两个项目。

```
[root@node-a ~(keystone_demo)]# openstack project list
+----------------------------------+------+
| ID                               | Name |
+----------------------------------+------+
| 2a39abedd09644bb92487a78ee442e3f | demo |
| 4d6c0d0f6d2f45cf9d7dcc67650ced1e | test |
```

执行以下命令查看用户列表，可以发现 demo 用户没有被授权此项操作。

[root@node-a ~(keystone_demo)]# openstack user list
You are not authorized to perform the requested action: identity:list_users. (HTTP 403) (Request-ID: req-96a9f46b-187f-4f14-8909-c1bcad5f1631)

demo 用户的身份管理权限很有限。身份管理工作主要由云管理员来执行，需要云管理员权限。执行以下命令，加载 admin 用户的客户端环境脚本。

[root@node-a ~(keystone_demo)]# source keystonerc_admin

执行以下命令查看当前的项目列表，云管理员可以查看所有的项目。

```
[root@node-a ~(keystone_admin)]# openstack project list
+----------------------------------+----------+
| ID                               | Name     |
+----------------------------------+----------+
| 2a39abedd09644bb92487a78ee442e3f | demo     |
| 4d6c0d0f6d2f45cf9d7dcc67650ced1e | test     |
| 4da5e36c1af24c6a9d5e8e55d9684af8 | admin    |
| 6d1454943e1944678b7228c056614a07 | services |
```

执行以下命令查看云平台上所有的角色分配。

[root@node-a ~(keystone_admin)]# openstack role assignment list --name

Role	User	Group	Project	Domain	System	Inherited
admin	glance@Default		services@Default			False
admin	nova@Default		services@Default			False
admin	gnocchi@Default		services@Default			False
admin	neutron@Default		services@Default			False
admin	swift@Default		services@Default			False
admin	admin@Default		admin@Default			False
admin	cinder@Default		services@Default			False
member	demo@Default		demo@Default			False
member	demo@Default		test@Default			False
member	tester@Default		demo@Default			False
admin	placement@Default		services@Default			False
admin	ceilometer@Default		services@Default			False
ResellerAdmin	ceilometer@Default		services@Default			False
admin	aodh@Default		services@Default			False
admin	admin@Default				all	False

在命令后加上 --name 选项表示列出角色名称，否则会列出其 ID。输出的列表共有 7 列，分别是角

色（Role）、用户（User）、组（Group）、项目（Project）、域（Domain）、系统（System）、继承（Inherited）。

执行以下命令进一步筛选出系统管理员的角色分配。

```
[root@node-a ~(keystone_admin)]# openstack role assignment list --names --system all
+-----+------------+-----+------+------+--------+--------+
| Role  | User          | Group | Project | Domain | System    | Inherited |
+-----+------------+-----+------+------+--------+--------+
| admin | admin@Default |       |         |        | all       | False     |
```

执行以下命令查看_member_角色的分配情况。

```
[root@node-a ~(keystone_admin)]# openstack role assignment list --names   --role _member_
+--------+-------------+------+--------------+-----+--------+--------+
| Role      | User           | Group | Project      | Domain | System   | Inherited |
+--------+-------------+------+--------------+-----+--------+--------+
| _member_ | demo@Default |       | demo@Default |        |          | False     |
| _member_ | demo@Default |       | test@Default |        |          | False     |
| _member_ | tester@Default |     | demo@Default |        |          | False     |
```

执行以下命令查看当前的服务目录列表。

```
[root@node-a ~(keystone_admin)]# openstack catalog list
+---------+--------+------------------------------------+
| Name     | Type     | Endpoints                            |
+---------+--------+------------------------------------+
| gnocchi  | metric   | RegionOne                            |
|          |          |   admin: http://192.168.199.31:8041  |
|          |          | RegionOne                            |
|          |          |   internal: http://192.168.199.31:8041 |
|          |          | RegionOne                            |
|          |          |   public: http://192.168.199.31:8041 |
|          |          |                                      |
| aodh     | alarming | RegionOne                            |
|          |          |   admin: http://192.168.199.31:8042  |
|          |          | RegionOne                            |
|          |          |   internal: http://192.168.199.31:8042 |
|          |          | RegionOne                            |
|          |          |   public: http://192.168.199.31:8042 |
...
```

执行 openstack endpoint list 命令查看当前的 API 端点列表，结果如图 4-11 所示。

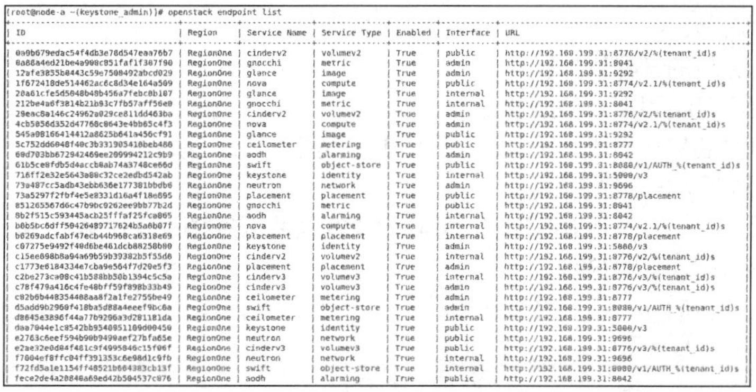

```
[root@node-a ~(keystone_admin)]# openstack endpoint list
+----------------------------------+-----------+--------------+---------------+---------+-----------+------------------------------------------------+
| ID                               | Region    | Service Name | Service Type  | Enabled | Interface | URL                                            |
+----------------------------------+-----------+--------------+---------------+---------+-----------+------------------------------------------------+
| 0a0b679edac54f4db3e78d547eaa76b7 | RegionOne | cinderv2     | volumev2      | True    | public    | http://192.168.199.31:8776/v2/%(tenant_id)s    |
| 0a88a4ed21be4a908c851faf1f307f90 | RegionOne | gnocchi      | metric        | True    | admin     | http://192.168.199.31:8041                     |
| 12afe3855b8443c59e7500492abcd029 | RegionOne | glance       | image         | True    | admin     | http://192.168.199.31:9292                     |
| 1f672418de514462ac6c8d34e164a509 | RegionOne | nova         | compute       | True    | public    | http://192.168.199.31:8774/v2.1/%(tenant_id)s  |
| 20a61cfe5d5048b48b456a7febc0b107 | RegionOne | glance       | image         | True    | internal  | http://192.168.199.31:9292                     |
| 212be4a6f3814b21b93c7fb57aff56e0 | RegionOne | gnocchi      | metric        | True    | internal  | http://192.168.199.31:8041                     |
| 29eac8a146c24962a029ce811dd463ba | RegionOne | cinderv2     | volumev2      | True    | admin     | http://192.168.199.31:8776/v2/%(tenant_id)s    |
| 4cb5856d352d47768c8643e4bb65c4f3 | RegionOne | nova         | compute       | True    | admin     | http://192.168.199.31:8774/v2.1/%(tenant_id)s  |
| 545a08166414412a8625b641a456cf91 | RegionOne | glance       | image         | True    | public    | http://192.168.199.31:9292                     |
| 5c752dd6048f40c3b331905410beb480 | RegionOne | ceilometer   | metering      | True    | public    | http://192.168.199.31:8777                     |
| 60d703bb672942469ee209994212c9b9 | RegionOne | aodh         | alarming      | True    | admin     | http://192.168.199.31:8042                     |
| 61b5ce8fdb5d4accb8ab74a3748ce66d | RegionOne | swift        | object-store  | True    | public    | http://192.168.199.31:8080/v1/AUTH_%(tenant_id)s |
| 716ff2e32e5643a88c32ce2edbd542ab | RegionOne | keystone     | identity      | True    | internal  | http://192.168.199.31:5000/v3                  |
| 73a487cc5adb43ebb636e177381bbdb6 | RegionOne | neutron      | network       | True    | admin     | http://192.168.199.31:9696                     |
| 73a5297f2fbf4e5e8331d16a4f18e895 | RegionOne | placement    | placement     | True    | public    | http://192.168.199.31:8778/placement           |
| 851265567d6c47b9bc9262ee9bb77b2d | RegionOne | gnocchi      | metric        | True    | public    | http://192.168.199.31:8041                     |
| 8b2f515c593445acb25fffaf25fca865 | RegionOne | aodh         | alarming      | True    | internal  | http://192.168.199.31:8042                     |
| b0b5bc6dff50426489717824b5a0b07f | RegionOne | nova         | compute       | True    | internal  | http://192.168.199.31:8774/v2.1/%(tenant_id)s  |
| b6269adcfabf47ecb44b968ca6318e69 | RegionOne | placement    | placement     | True    | internal  | http://192.168.199.31:8778/placement           |
| c07275e9492f40d6be461dcb88258b00 | RegionOne | keystone     | identity      | True    | admin     | http://192.168.199.31:5000/v3                  |
| c15ee098b8a94a69b59b39382b5f55d8 | RegionOne | cinderv2     | volumev2      | True    | internal  | http://192.168.199.31:8776/v2/%(tenant_id)s    |
| c1773e6184334e7cba9e564f7d20e5f3 | RegionOne | placement    | placement     | True    | admin     | http://192.168.199.31:8778/placement           |
| c2be273ca08c41b588bb50b1394c5c5a | RegionOne | cinderv3     | volumev3      | True    | internal  | http://192.168.199.31:8776/v3/%(tenant_id)s    |
| c78f479a416c4fe48bff59f898b33b49 | RegionOne | cinderv3     | volumev3      | True    | admin     | http://192.168.199.31:8776/v3/%(tenant_id)s    |
| c82b6b448354488aa8f2a1fe2755be49 | RegionOne | ceilometer   | metering      | True    | admin     | http://192.168.199.31:8777                     |
| d5add9b2960f418ba5d88a4eeef9bc6a | RegionOne | swift        | object-store  | True    | admin     | http://192.168.199.31:8080/v1/AUTH_%(tenant_id)s |
| d8645e3896f44a77b9206a3d281181da | RegionOne | ceilometer   | metering      | True    | internal  | http://192.168.199.31:8777                     |
| daa7044e1c8542bb9548051109d00450 | RegionOne | keystone     | identity      | True    | public    | http://192.168.199.31:5000/v3                  |
| e2763c6eef594b90b9499aef27bfa65e | RegionOne | neutron      | network       | True    | public    | http://192.168.199.31:9696                     |
| e2ae32e0d84f481c9f4995846c15f06f | RegionOne | cinderv3     | volumev3      | True    | public    | http://192.168.199.31:8776/v3/%(tenant_id)s    |
| f7004ef8ffc04ff391353c6e98d1c9fb | RegionOne | neutron      | network       | True    | internal  | http://192.168.199.31:9696                     |
| f72fd5a1e1154ff48521b664383cb13f | RegionOne | swift        | object-store  | True    | internal  | http://192.168.199.31:8080/v1/AUTH_%(tenant_id)s |
| fece2de4a20840a69ed42b504537c876 | RegionOne | aodh         | alarming      | True    | public    | http://192.168.199.31:8042                     |
```

图 4-11　在命令行中查看 API 端点列表

任务三 通过 oslo.policy 库实现权限管理

任务说明

OpenStack 通过 Keystone 完成身份认证，实际的授权则是在各个项目模块分别实现的。每个 OpenStack 服务（包括身份管理服务本身）都有自己的基于角色的访问策略，这都是由 OpenStack 的 oslo.policy 通用库实现的。这些策略在每个服务的 policy.json 文件（通常位于/etc/[服务名]目录下）中定义，决定各种操作与角色的匹配关系，决定用户能以哪种方式访问哪些对象。本任务的具体要求如下。

- 了解 OpenStack 的 oslo.policy 库。
- 了解 policy.json 文件的语法规则。
- 掌握 policy.json 文件的编写。

知识引入

1. OpenStack 的 oslo.policy 库

OpenStack 的 oslo.policy 库用于实现基于角色的权限访问控制（Role-Based Access Control，RBAC），使用策略控制某一个用户权限，规定用户能执行什么操作，不能执行什么操作。当一个 API 调用某个 OpenStack 服务时，该服务的策略引擎使用合适的策略定义来决定是否接受该调用。对 policy.json 文件的任何改动立即生效，以允许在服务运行期间实施新的策略。

2. policy.json 文件的语法

policy.json 文件是 JSON 格式的文本文件。每条策略采用一行语句定义，语法格式如下。

"目标":"规则"

策略中的目标，又称操作（Action），表示需要执行的操作，如启动一个实例或连接一个卷这样的 API 调用。操作名称通常是有规定的，例如，在/etc/nova/policy.json 文件中，Nova 计算服务关于列出实例、卷和网络的 API 调用分别由 compute:get_all、volume:get_all 和 network:get_all 表示，这是"<作用域>:<操作>"格式。当然，有些目标不需要指定作用域，只需定义 API 操作即可，如 add_image。

策略中的规则决定 API 调用在哪些情况或条件下可用，即是否被允许。通常这涉及执行调用的用户和 API 调用操作的对象，典型的规则如检查 API 用户是否为对象的所有者。

规则可以是以下任何一种（逻辑值结果为 True 或 False）。

（1）总是允许，可以使用空字符串（""）、中括号（[]）或"@"来表示。
（2）总是拒绝，只能使用感叹号（"!"）来表示。
（3）特定的检查结果。
（4）两个值的比较。
（5）基于简单规则的逻辑表达式。

特定的检查结果可以是以下几种形式之一。

（1）角色：角色名称——测试 API 凭证是否包括该角色。
（2）规则：规则名称——别名定义。
（3）http：目标 URL——将检查委托给远程服务器，远程服务器返回 True 则 API 被授权。

两个值的比较采用以下语法格式。

"值1: 值2"

其中值可以是以下形式之一。

（1）常量：可以是字符串、数值、True 或 False。

（2）API 属性：可以是项目 ID、用户 ID 或域 ID。

（3）目标对象属性：这是来自数据库中对象描述的字段。例如，compute:start 说明对象是实例被启动。启动实例的策略可能使用%(项目 ID)s 属性表示拥有该实例的项目。尾部 s 表示这是一个字符串。

（4）标志 is_admin：表明管理特权由 admin 令牌机制（keystone 命令的--os-token 选项）授予。admin 令牌允许在 admin 角色存在之前初始化 Identity（身份管理）数据库。

策略定义还可以采用别名，别名是复杂或难懂的规则的一个名称。它的定义以与策略规则相同的方式进行，语法格式如下。

"别名名称" : "<别名定义>"

一旦定义别名，就可以在策略中使用该规则关键字。

policy.json 文件的内容使用符号{ }括起来，其中的多条策略之间由逗号分隔。

```
{
    "别名 1" : "定义 1",
    "别名 2" : "定义 2",
    ...
    "目标 1" : "规则 1",
    "目标 2" : "规则 2",
    ....
}
```

任务实现

1. 编写简单的 policy.json 策略

这里给出几个实例来示范 policy.json 策略的编写方法。

下面是一条允许任何实体列出虚拟机实例的策略。

"compute:get_all" : ""

其目标是 compute:get_all，即计算服务列出全部实例的 API，规则是一个空字符串，意味着总是允许。

可以使用感叹号表示拒绝。以下这条策略表示不能搁置实例。

"compute:shelve": "!"

许多 API 只能由云管理员调用，这可以通过规则"role:admin"来表示。以下这条策略规定只有云管理员才能在 Identity（身份管理）数据库中创建新用户。

"identity:create_user" : "role:admin"

可以将 API 限制到任何角色。以下这条策略编排服务定义一个名为"heat_stack_user"的角色，属于该角色的用户都不被允许创建堆栈。

"stacks:create": "not role:heat_stack_user"

规则可以比较 API 属性和对象属性，例如以下这条策略。

"os_compute_api:servers:start" : "project_id:%(project_id)s"

这表示只有实例的所有者能够启动它。冒号之前的 project_id 字符串是一个 API 属性，也就是 API 用户的项目 ID。把它与对象（本例中为一实例）的项目 ID 进行比较，如果相等，则授予许可。

2. 解读 policy.json 策略

下面展示 RDO 一体化 OpenStack 云平台上镜像服务策略配置文件（/etc/glance/policy.json）的全部内容，供读者解读。

```
{
    "context_is_admin":  "role:admin",
    "default": "role:admin",
```

```
"add_image": "",
"delete_image": "",
"get_image": "",
"get_images": "",
"modify_image": "",
"publicize_image": "role:admin",
"communitize_image": "",
"copy_from": "",

"download_image": "",
"upload_image": "",

"delete_image_location": "",
"get_image_location": "",
"set_image_location": "",

"add_member": "",
"delete_member": "",
"get_member": "",
"get_members": "",
"modify_member": "",

"manage_image_cache": "role:admin",

"get_task": "",
"get_tasks": "",
"add_task": "",
"modify_task": "",
"tasks_api_access": "role:admin",

"deactivate": "",
"reactivate": "",

"get_metadef_namespace": "",
"get_metadef_namespaces":"",
"modify_metadef_namespace":"",
"add_metadef_namespace":"",

"get_metadef_object":"",
"get_metadef_objects":"",
"modify_metadef_object":"",
"add_metadef_object":"",

"list_metadef_resource_types":"",
"get_metadef_resource_type":"",
"add_metadef_resource_type_association":"",
```

```
        "get_metadef_property":"",
        "get_metadef_properties":"",
        "modify_metadef_property":"",
        "add_metadef_property":"",

        "get_metadef_tag":"",
        "get_metadef_tags":"",
        "modify_metadef_tag":"",
        "add_metadef_tag":"",
        "add_metadef_tags":""
}
```

项目实训

项目实训一 通过图形界面管理项目、用户和角色

实训目的

掌握图形界面的身份管理基本操作。

实训内容

（1）以云管理员身份登录 OpenStack，切换到"身份管理"仪表板。
（2）查看项目列表，并新建一个项目。
（3）查看用户列表，并新建一个用户。
（4）查看角色列表，并切换项目管理查看、更改角色分配。

项目实训二 通过命令行管理项目、用户和角色

实训目的

掌握命令行的身份管理操作方法。

实训内容

（1）熟悉使用命令行进行身份管理的方法。
（2）加载 admin 用户的客户端环境变量。
（3）查看项目列表，创建一个新的项目。
（4）查看用户列表，创建一个新的用户。
（5）查看用户角色分配情况。

项目总结

Keystone 集成了认证、授权和创建服务目录等服务，为其他的 OpenStack 组件和服务提供统一的身份管理。通过本项目的实施，读者应当了解 OpenStack 身份服务的体系和流程，熟悉 Web 图形界面和命令行界面的身份管理基本操作。在安装 Keystone 之后，其他 OpenStack 服务必须要在其中注册才能被使用。至于其他 OpenStack 服务如何在 Keystone 中创建项目、用户和角色并进行关联，将在项目九手动部署 OpenStack 时具体讲解。下一个项目将介绍 OpenStack 的镜像服务。

项目五
OpenStack镜像管理与制作

05

学习目标
- 理解 OpenStack 镜像服务
- 掌握 OpenStack 镜像的管理操作
- 掌握 OpenStack 镜像的制作方法

项目描述

基于 OpenStack 构建 IaaS 平台的主要目的是对外提供虚拟机服务。虚拟机实例在创建时必须选择需要安装的操作系统,镜像服务(Image Service)就是在创建为计算服务(Compute Service)的虚拟机实例时,为其提供所需的操作系统镜像,它在 OpenStack 中的项目名称为 Glance。在整个 OpenStack 项目中,Keystone 是关于身份管理的中心,而 Glance 则是关于镜像的中心。本项目将介绍 Glance 镜像服务的基础知识,以及镜像管理和镜像制作的方法。任务实现中的 Glance 镜像验证和操作都是在 RDO 一体化 OpenStack 云平台上进行的。严格地讲,镜像的制作并不属于 OpenStack 项目。除了直接使用官方预制的 OpenStack 镜像外,实际工作中往往有独特的需求,需要专门定制虚拟机镜像。研发国产操作系统镜像,有利于将云平台安全牢牢掌握在自己手里。为此,本项目介绍了定制镜像的 3 种方法,分别是基于预制镜像定制镜像、使用自动化工具制作镜像和手动制作镜像。

任务一 理解 OpenStack 镜像服务

任务说明

在早期的 OpenStack 版本中,Glance 只有管理镜像的功能,并不具备镜像存储功能。现在 Glance 已发展成为集镜像上传、检索、管理和存储等多种功能于一体的 OpenStack 核心服务。虚拟机镜像通过 Glance 可以存储到不同的位置:可以存储到简单的文件系统中,也可以存储到像 Swift 服务这样的对象存储系统中。本任务的具体要求如下。

- 了解什么是镜像。
- 了解什么是镜像服务。
- 理解 Glance 项目的架构。
- 通过操作来验证 OpenStack 的 Glance 服务。

知识引入

1. 什么是镜像

镜像的英文为 Image,又译为映像,通常是指一系列文件或一个磁盘驱动器的精确副本。镜像文件其实和 ZIP 压缩包类似，是将特定的一系列文件（如一个测试版的操作系统）按照一定的格式制作成单一的文件，以便用户下载和使用。

Hypervisor（虚拟机管理器）程序可以模拟出一台完整的计算机，而计算机需要操作系统，虚拟机镜像文件可以提供给 Hypervisor，用于为虚拟机安装操作系统。

虚拟磁盘为虚拟机提供存储空间，在虚拟机中，虚拟磁盘的功能相当于硬盘，被虚拟机当作物理磁盘使用。虚拟机所使用的虚拟磁盘，实际上也是一种特殊格式的镜像文件。虚拟磁盘文件用于捕获驻留在物理主机内存的虚拟机的完整状态，并以特定的磁盘文件格式保存。虚拟机从其虚拟磁盘文件启动，并加载到宿主机内存中。随着虚拟机的运行，虚拟磁盘文件可以通过更新来反映数据或状态的变动。

云环境下尤其需要镜像这种高效的解决方案。镜像就是一个模板，类似于 VMware 的虚拟机模板，其预先安装基本的操作系统和其他应用软件。例如，在 OpenStack 中创建虚拟机实例时，首先需要准备一个镜像，然后启动一个或多个该镜像的实例（副本）来创建虚拟机实例，整个过程实现了自动化，速度极快。如果从镜像启动虚拟机实例，该虚拟机实例被删除后，镜像依然存在，但是镜像不包括本次在该虚拟机实例上的变动信息，因为镜像只是虚拟机实例启动的基础模板。OpenStack 中的镜像就是虚拟机镜像，是包含有可启动的操作系统的虚拟机实例磁盘的单个文件。

2. 什么是镜像服务

镜像服务就是用来管理镜像的，其用途是让用户能够发现、获取和保存镜像。在 OpenStack 中提供镜像服务的是 Glance 项目，其主要功能如下。

（1）查询和获取镜像的元数据和镜像本身。
（2）注册和上传虚拟机镜像，包括镜像的创建、下载和管理。
（3）维护镜像信息，包括镜像的元数据和镜像本身。
（4）支持多种方式存储镜像，包括普通的文件系统、Swift 对象存储系统等。
（5）对虚拟机实例执行创建快照（Snapshot）命令来创建新的镜像，或者备份虚拟机实例的状态。

Glance 是关于镜像的中心，可以被终端用户或者 Nova 计算服务访问，接受磁盘或者镜像的 API 请求，定义镜像元数据的操作。

3. Glance 架构

Glance 并不负责实际的存储，只是实现镜像管理功能，功能比较单一，所包含的组件较少，其架构如图 5-1 所示。Glance 采用客户/服务器端（Client/Server, C/S）架构，服务器端提供一个 REST API，客户端通过 REST API 来执行关于镜像的各种操作。

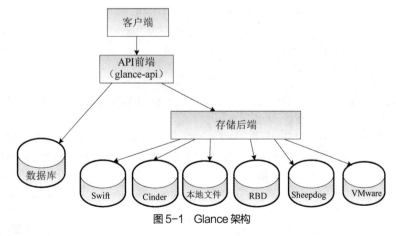

图 5-1 Glance 架构

（1）客户端。客户端是 Glance 服务的使用者，可以是 OpenStack 命令行工具、Horizon 仪表板或 Nova 计算服务。

（2）glance-api。glance-api 是系统后台运行的服务进程，是 Glance 服务的入口，对外提供 REST API，负责接收来自客户端的 RESTful 请求，响应镜像查询、获取和存储的调用。

如果是与镜像本身存取相关的操作，glance-api 会将请求转发给该镜像的存储后端，由后端的存储系统提供相应的镜像文件操作。

如果是与镜像的元数据相关的操作，glance-api 会直接操作 Glance 数据库，存取镜像的元数据，包括镜像大小、类型等信息。

（3）数据库。Glance 的数据库模块用于存储镜像的元数据，可以选用 MySQL、MariaDB、SQLite 等 SQL 数据库。注意，镜像本身（chunk 二进制数据）是通过 Glance 存储驱动存放到各种存储后端中的。

（4）存储后端。Glance 服务本身并不存储镜像文件，它将镜像文件存放在后端存储系统中。镜像本身的数据通过 glance_store（Glance 的 Store 模块，用于实现存储后端的框架）存放在各种后端，并可从中获取。Glance 支持以下几种类型的存储后端。

- 本地文件存储（或者任何挂载到 glance-api 控制节点的文件系统），这是默认配置。
- 对象存储（Object Storage）：Swift。
- RADOS 块设备（RBD）。
- Sheepdog：一个分布式存储系统，能够为 QEMU 提供块存储服务，也能够为支持互联网 SCSI（internet SCSI，iSCSI）协议的客户端提供存储服务，同时支持 RESTful 接口的对象存储服务（兼容 Swift 和 S3）。
- 块存储（Block Storage）：Cinder。
- VMware 数据存储。

具体使用哪种存储后端，可以在/etc/glance/glance-api.conf 配置文件中进行配置。

任务实现

V5-1 验证 OpenStack 的 Glance 服务

1. 查看 Glance 配置文件

Glance 提供许多选项来配置 Glance API 服务器和 Glance，用于存储镜像的各种存储后端，大多数配置通过配置文件来实现。在启动 Glance 服务器时，可以指定要用的配置文件。如果没有指定，Glance 将依次在~/.glance、~/、/etc/glance 和/etc 目录中查找配置文件。通常，Glance 的配置文件位于/etc/glance 目录下，执行以下命令列出该目录下的内容。

```
[root@node-a ~]# cd /etc/glance
[root@node-a glance]# ls
glance-api.conf            glance-scrubber.conf    rootwrap.conf
glance-cache.conf          glance-swift.conf       rootwrap.d
glance-image-import.conf   metadefs                schema-image.json
glance-registry.conf       policy.json
```

Glance API 服务器配置文件名一般是 glance-api.conf，其配置对应 Glance 的 glance-api 服务，其中镜像存储后端的相关配置在[glance_store]节中定义。filesystem_store_datadir 参数定义镜像存储路径，swift_store_auth_address 参数定义 Swift 存储后端的地址。镜像存储后端的默认设置如下。

```
stores=file,http,swift         #定义多个文件存储后端
default_store=file             #定义默认的存储后端
```

配置文件 glance-cache.conf 定义镜像缓存配置，glance-scrubber.conf 定义镜像删除相关配置，glance-api.conf 定义镜像服务 API 配置。policy.json 是镜像服务的策略配置文件。

2. 验证 Glance 服务

执行以下命令查看当前运行的 Glance 服务。

[root@node-a etc]# systemctl status *glance*.service
- openstack-glance-registry.service - OpenStack Image Service (code-named Glance) Registry server
    Loaded: loaded (/usr/lib/systemd/system/openstack-glance-registry.service; enabled; vendor preset: disabled)
    Active: active (running) since Wed 2020-09-16 10:26:44 CST; 45min ago
...
- openstack-glance-api.service - OpenStack Image Service (code-named Glance) API server
    Loaded: loaded (/usr/lib/systemd/system/openstack-glance-api.service; enabled; vendor preset: disabled)
    Active: active (running) since Wed 2020-09-16 10:26:44 CST; 45min ago
...

Glance 有两个子服务。glance-registry（openstack-glance-registry.service）是系统后台运行的 Glance 注册服务进程，负责处理与镜像元数据相关的 RESTful 请求。元数据包括镜像大小、类型等信息。OpenStack 从 Queens 版本开始弃用 glance-registry 服务及其 API，将 glance-registry 服务集成到了 glance-api（openstack-glance-api.service）中。如果 glance-api 接收到与镜像元数据有关的请求，会直接操作数据库，无须再通过 glance-registry 服务，这样就减少了一个中间环节。这里保留 glance-registry 服务，只是为了兼容早期版本。

3. 试用镜像服务的 API

Glance 提供的 RESTful API 目前有两个版本，Images API v1 和 Images API v2，它们之间存在较大差别。版本 v1 只提供基本的镜像和成员操作功能，包括镜像创建、删除、下载、列表、详细信息查询、更新，以及镜像租户成员的创建、删除和列表。版本 v2 除了支持 v1 的所有功能外，还增加了镜像位置的添加、删除和修改操作，元数据和名称空间操作，以及镜像标签操作。两个版本对镜像存储的支持相同。OpenStack 从 Newton 发行版开始弃用版本 v1 并将其移除。下面通过 curl 命令行工具试用 Glance 镜像服务的 API。

执行以下命令请求一个 admin 项目作用域的令牌（其中的认证信息和作用域设置省略了，请参见上一项目）。

```
[root@node-a ~]# curl -i   -H "Content-Type: application/json"  -d ' \
{ "auth": {
    "identity": {
        ...
    },
    "scope": {
        ...
    }
  }
}'   "http://localhost:5000/v3/auth/tokens"
```

返回的结果中提供了令牌 ID，给出了可访问的端点列表，关于镜像服务的端点信息如下。

{"endpoints": [{"region_id": "RegionOne", "url": "http://192.168.199.31:9292", "region": "RegionOne", "interface": "admin", "id": "12afe3855b0443c59e7508492abcd029"}, {"region_id": "RegionOne", "url": "http://192.168.199.31:9292", "region": "RegionOne", "interface": "internal", "id": "20a61cfe5d5048b48b456a7febc0b107"}, {"region_id": "RegionOne", "url": "http://192.168.199.31:9292", "region": "RegionOne", "interface": "public", "id": "545a08166414412a8625b641a456cf91"}], "type": "image", "id": "b2123ac73fe34d78a2338b247d3e8de7", "name": "glance"}

执行以下命令导出环境变量 OS_TOKEN,并将其值设置为上述操作获取的令牌 ID,尝试通过 Images API v1 获取当前镜像列表。

[root@node-a ~]# curl -s -H "X-Auth-Token: $OS_TOKEN" http://localhost:9292/v1/images
{"versions": [{"status": "CURRENT", "id": "v2.9", "links": [{"href": "http://localhost:9292/v2/", "rel": "self"}]}, {"status": "SUPPORTED", "id": "v2.7", "links": [{"href": "http://localhost:9292/v2/", "rel": "self"}]}, … "links": [{"href": "http://localhost:9292/v2/", "rel": "self"}]}, {"status": "SUPPORTED", "id": "v2.0", "links": [{"href": "http://localhost:9292/v2/", "rel": "self"}]}]}

结果表明 Images API v1 已经无法使用,要求使用 Images API v2。执行以下命令尝试通过 Images API v2 获取当前镜像列表。

[root@node-a ~]# curl -s -H "X-Auth-Token: $OS_TOKEN" http://localhost:9292/v2/images
{"images": [{"container_format": "bare", "min_ram": 0, "updated_at": "2020-08-27T02:55:01Z", "file": "/v2/images/37116975-33c9-4d3e-8551-0c83e4efe7ef/file", "owner": "2a39abedd09644bb92487a78ee442e3f", "id": "37116975-33c9-4d3e-8551-0c83e4efe7ef", "size": 302841856, "self": "/v2/images/37116975-33c9-4d3e-8551-0c83e4efe7ef", "disk_format": "qcow2", …]}

结果表明获取镜像列表成功。

任务二 管理 OpenStack 镜像

任务说明

要为用户提供云计算服务,就必须准备好虚拟机镜像,这就涉及镜像的管理。可以通过 Web 图形界面或命令行工具来上传和管理镜像。本任务的具体要求如下。

- 了解镜像的格式、状态和访问权限。
- 了解镜像元数据。
- 掌握图形界面的镜像管理基本操作。
- 掌握命令行界面的镜像管理基本操作。

知识引入

1. 虚拟机镜像的磁盘格式和容器格式

格式用于描述组成文件的二进制位在存储介质上的排列方式。虚拟机镜像有不同的格式,在 OpenStack 中添加一个虚拟机镜像到 Glance 时,必须指定镜像的磁盘格式(Disk Format)和容器格式(Container Format)。

这里的磁盘格式是指底层磁盘镜像格式,不同的虚拟设备供应商对虚拟机磁盘镜像中包含的信息有不同的布局格式。OpenStack 所支持的镜像文件磁盘格式如表 5-1 所示。

表 5-1 OpenStack 所支持的镜像文件磁盘格式

磁盘格式	说明
.raw	无结构的磁盘格式
.vhd	VHD 磁盘格式。该格式通用于 VMware、Xen、Microsoft、VirtualBox 以及其他虚拟机实例管理程序
.vhdx	VHDX 磁盘格式,是 VHD 格式的增强版本,支持更大的磁盘尺寸
.vmdk	另一种比较通用的虚拟机实例磁盘格式
.vdi	由 VirtualBox 虚拟机实例监控程序和 QEMU 仿真器支持的磁盘格式
.iso	用于光盘(如 CD-ROM)数据内容的档案格式

续表

磁盘格式	说明
.ploop	由 Virtuozzo 支持，用于运行 OS 容器的磁盘格式
.qcow2	由 QEMU 仿真器支持，可动态扩展，支持写时复制（Copy on Write）的磁盘格式
.aki	在 Glance 中存储的 Amazon 内核格式
.ari	在 Glance 中存储的 Amazon 虚拟内存盘（Ramdisk）格式
.ami	在 Glance 中存储的 Amazon 虚拟机实例格式

Glance 对镜像文件进行管理，往往将镜像元数据装载于一个"容器"中。Glance 的容器格式是指虚拟机镜像包含的一个文件格式，该文件格式还包含有关实际虚拟机实例的元数据和其他相关信息。磁盘格式是磁盘镜像发行的包格式，而容器格式可以看作是虚拟机镜像添加元数据和其他相关信息之后重新打包的格式。OpenStack 所支持的镜像文件容器格式如表 5-2 所示。

表 5-2　OpenStack 所支持的镜像文件容器格式

容器格式	说明
.bare	没有容器或元数据封头的镜像
.ovf	开放虚拟化格式（Open Virtualization Format）
.ova	开放虚拟化设备格式（Open Virtualization Appliance Format）
.aki	在 Glance 中存储的 Amazon 内核格式
.ari	在 Glance 中存储的 Amazon 虚拟内存盘（Ramdisk）格式
.ami	在 Glance 中存储的 Amazon 机器格式
.docker	在 Glance 中存储的容器文件系统的 Docker 的 tar 档案
.compressed	未指定压缩文件的精确格式。特定的 OpenStack 服务可能支持特定的格式。可以假定任何使用这种压缩容器格式镜像创建的 OpenStack 服务能够使用这种镜像

> **提示** Glance 不能确认容器格式镜像属性实际描述的镜像数据的有效负载，也不保证所有的 OpenStack 服务能够处理由 Glance 定义的所有容器格式。

2. 镜像的状态

镜像的状态是 Glance 管理镜像的一个重要方面。Glance 为整个 OpenStack 云平台提供镜像查询服务，可以通过虚拟机镜像的状态感知某一镜像的使用情况。Glance 负责管理镜像生命周期。在镜像的生命周期中，镜像的状态会不断发生转换，从一个状态转换到下一个状态，通常一个镜像会经历 Queued（初始化状态，在 Glance 数据库中只有其元数据，镜像数据还没有上传到存储系统）、Saving（正在上传镜像）、Active（镜像成功上传，成为 Glance 中可用的镜像）和 Deleted（镜像被自动删除且不再可用，但是 Glance 仍然保留该镜像的相关信息和原始数据）等几个状态，其他状态只有在特殊情况下才会出现。

3. 镜像的访问权限

在 Glance 中镜像具有以下几种访问权限。
- Public（公共的）：可以被所有的项目使用。
- Private（私有的）：只能被镜像所有者所在的项目使用。
- Shared（共享的）：一个非共有的镜像可以共享给其他项目，这是通过项目成员操作来实现的。
- Protected（受保护的）：这种镜像不能被删除。

4. 镜像的元数据

镜像的元数据也就是镜像属性，提供关于由镜像服务所存储的虚拟磁盘的信息。元数据作为与镜像数据关联的镜像记录的一部分，由镜像服务存储。镜像元数据有助于终端用户决定镜像的性质。相关的 OpenStack 组件和驱动通过镜像元数据与镜像服务交互。

从 OpenStack 的 Juno 发行版开始，元数据定义服务（Metadata Definition Service）就被加入 Glance 中。它为厂商、云管理员、服务和用户提供了一个通用的 API 来自定义可用的键值对元数据，这些元数据可用于不同类型的资源，包括镜像、实例、卷、实例类型、主机聚合以及其他资源。一个定义包括一个属性的键、描述信息、约束和要关联的资源类型。元数据定义目录并不存储特定实例属性的值。调用创建镜像元数据的接口成功后，只是创建了镜像的元数据，镜像对应的实际镜像文件并不存在。

5. 命令行的镜像管理方法

对于云管理员来说，使用命令行工具管理镜像的效率更高。建议使用 openstack 命令替代传统的 glance 命令。在使用命令行之前，需要加载用户的环境脚本。下面简单介绍使用 openstack 命令管理镜像的基本方法。

（1）查看镜像。

执行以下命令查看已有的镜像列表，查询结果包括镜像的 ID、名称以及状态。

```
openstack image list
```

进一步查看镜像详细信息的命令语法格式如下。

```
openstack image show 镜像名称或ID
```

（2）创建镜像。

在 OpenStack 云中创建镜像的命令语法格式如下。

```
openstack image create [选项] 镜像名称
```

该命令提供许多选项来控制镜像的创建。下面列出部分常用的选项说明。

- --container-format：镜像容器格式。镜像容器格式的默认格式为.bare，可用的格式还有.ami、.ari、.aki、.docker、.ova、.ovf。
- --disk-format：镜像磁盘格式。镜像磁盘格式的默认格式为.raw，可用的格式还有.ami、.ari、.aki、.vhd、.vmdk、.qcow2、.vhdx、.vdi、.iso 和.ploop。
- --min-disk：启动镜像所需的最小磁盘空间，单位是 GB。
- --min-ram：启动镜像所需的最小内存，单位是 MB。
- --file：指定上传的本地镜像文件及其路径。
- --volume：指定创建镜像的卷。
- --project：设置镜像所属的项目，即镜像的所有者，以前使用的是--owner 选项。
- --public：表示镜像是公共的，可以被所有项目使用。
- --private：表示镜像是私有的，只能被镜像所有者（项目）使用。
- --shared：表示镜像是可共享的。
- --protected：表示镜像是受保护的，不能被删除。
- --unprotected：表示镜像不受保护，可以被删除。
- --property：以键值对的形式设置属性（元数据定义），可以设置多个键值对。
- --tag：设置标记，也是元数据定义的一种形式，仅用于 Image v2，可以设置多个标记。

可以上传一个 ISO 镜像到镜像服务，随后通过计算服务启动一个 ISO 镜像。从 ISO 镜像创建 Glance 镜像的语法格式如下。

```
openstack image create ISO镜像 --file 镜像文件.iso \
   --disk-format iso --container-format bare
```

（3）更改镜像。
更改镜像的基本语法格式如下。

openstack image set　[选项]　镜像名称

此处的选项与创建镜像的选项基本相同。
取消镜像更改的基本语法格式如下。

openstack image unset　[选项]　镜像名称

（4）删除镜像。
删除镜像的基本语法格式如下。

openstack image delete　<镜像名称或 ID>

（5）镜像与项目关联。
将镜像与项目关联的语法格式如下。

openstack image add project　[--project-domain 项目所属域]　镜像名或 ID　项目名或 ID

将镜像与项目解除关联的语法格式如下。

openstack image remove project　[--project-domain 项目所属域]　镜像名或 ID　项目名或 ID

任务实现

1. 获取镜像

获取 OpenStack 虚拟机镜像最简单的方式是直接下载已经制作好的镜像。为 OpenStack 制作的多数镜像都包含 cloud-init 软件包，以支持 SSH 密钥对和用户数据的注入。因为许多镜像默认不支持 SSH 密码认证，所以通过注入的密钥对来启动镜像，用户可以使用私钥，并且默认账户通过 SSH 协议登录虚拟机实例。

RDO 官网和 OpenStack 官网提供专门为 OpenStack 预制的镜像文件的下载服务，分别如图 5-2 和图 5-3 所示。RDO 官网还给出了将这些镜像导入 Glance 的方法（命令行操作）。OpenStack 官网对相关的镜像文件提供了更详细的说明信息。

V5-2　获取镜像

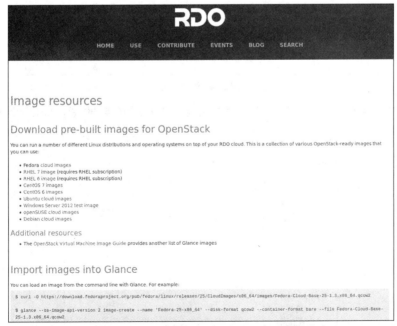

图 5-2　RDO 官网提供的 OpenStack 预制镜像

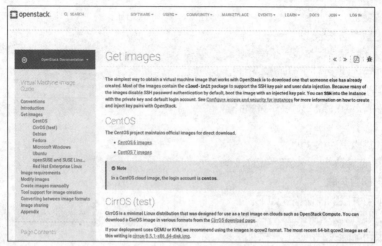

图 5-3　OpenStack 官网提供的 OpenStack 预制镜像

2. 查看镜像

普通云用户一般通过 Web 图形界面来使用镜像。向 OpenStack 云发起的任何请求都必须提供项目信息。这里以 demo 用户身份登录 OpenStack，在左侧导航窗格中展开"项目">"计算">"镜像"节点，打开图 5-4 所示的镜像列表界面。

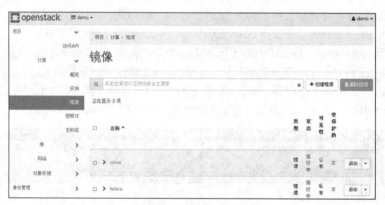

图 5-4　镜像列表

单击列表中的镜像名称，打开相应界面，其中会显示对应镜像的详细信息，如图 5-5 所示。

图 5-5　查看镜像的详细信息

测试时往往使用命令行工具查看镜像。依次执行以下两条命令，先加载用户的环境变量，再显示镜像列表。

```
[root@node-a ~]# source keystonerc_demo
[root@node-a ~(keystone_demo)]# openstack image list
+--------------------------------------+--------+--------+
| ID                                   | Name   | Status |
+--------------------------------------+--------+--------+
| 369d0e73-abb8-4a90-b835-6c627a0f47d1 | cirros | active |
| 37116975-33c9-4d3e-8551-0c83e4efe7ef | fedora | active |
```

执行以下命令，查看指定镜像的详细信息（输出结果中增加了注释）。

```
[root@node-a ~(keystone_demo)]# openstack image show fedora
Field            | Value                                                              |
-----------------+--------------------------------------------------------------------+
| checksum        | 9ba41708fdc7d21a829e3836242f56d6 |                #校验和
| container_format| bare|                                              #容器格式
| created_at      | 2020-08-27T02:54:55Z|                              #创建时间
| disk_format     | qcow2|                                             #磁盘格式
| file            | /v2/images/37116975-33c9-4d3e-8551-0c83e4efe7ef/file|#镜像访问文件路径
| id              | 37116975-33c9-4d3e-8551-0c83e4efe7ef |             #镜像ID
| min_disk        | 0 |                                                #最小磁盘大小
| min_ram         | 0 |                                                #最小内存
| name            | fedora|                                            #镜像名称
| owner           | 2a39abedd09644bb92487a78ee442e3f|                  #镜像所有者
| properties      | os_hash_algo='sha512', os_hash_value='c004…fd76', os_hidden='False' |
|                 |                                                    #镜像属性（元数据）
| protected       | False|                                             #是否受保护
| schema          | /v2/schemas/image|                                 #镜像模式
| size            | 302841856|                                         #镜像大小
| status          | active|                                            #镜像状态
| tags            |    |                                                #镜像标签
| updated_at      | 2020-08-27T02:55:01Z|                              #更新时间
| virtual_size    | None|                                              #虚拟大小
| visibility      | private|                                           #可见性
```

3. 创建镜像

这里的创建镜像并不是指制作或生成镜像，而是指将已有的镜像文件上传到 Glance 中并进行注册。项目二中已经示范过图形界面的镜像创建过程，这里仅示范使用命令行工具创建镜像的步骤。从 OpenStack 官网下载一个 CentOS 7 操作系统的预制镜像文件，本例下载的文件是 CentOS-7-x86_64-GenericCloud.qcow2.xz，这是一个.xz 格式的压缩包，需要先解压缩才能使用。

V5-3 创建和管理镜像

如果实验用的操作系统为 CentOS 的主机上没有安装 xz 工具，则需执行 yum install xz 命令进行安装。执行以下命令将下载的镜像压缩包解压缩。

```
[root@node-a ~]# xz -d ~/Downloads/CentOS-7-x86_64-GenericCloud.qcow2.xz
```

考虑示范的多样性，执行以下命令加载云管理员 admin 的环境脚本，以 admin 用户身份进行操作。

```
[root@node-a ~]# source keystonerc_admin
```

执行以下命令向 OpenStack 云上传一个.qcow2 格式的 CentOS 7 镜像并进行注册。

```
[root@node-a ~(keystone_admin)]# openstack image create --disk-format qcow2 --container-format bare --public --file ~/Downloads/CentOS-7-x86_64-GenericCloud.qcow2 centos7
```

这里以 admin 用户身份进行操作，使用--public 选项将其定义为公共的，让该镜像为所有项目使用。

镜像操作问题的排查方法主要是查看日志，/var/log/glance/api.log 是 Glance 日志文件。Nova 计算服务也涉及镜像的创建，遇到镜像创建的问题，可以查看/var/log/nova/nova-api.log 和 /var/log/nova/nova-compute.log 日志文件中的错误信息。

4. 管理镜像

创建成功后，该镜像将在镜像列表中显示，可以对该镜像执行进一步管理操作，从右端的"动作"下拉菜单中可选择多种操作命令，如编辑镜像、更新元数据、删除镜像，如图 5-6 所示。

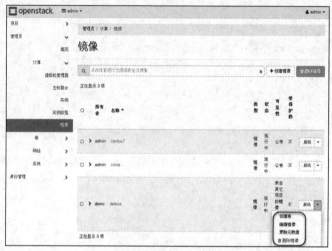

图 5-6 镜像管理操作

编辑镜像的页面如图 5-7 所示，在"镜像详情"中可以修改镜像的描述信息。单击"下一步"按钮或者直接切换到"元数据"界面，可以修改镜像的元数据。要保存所修改的内容，单击"更新镜像"按钮即可。

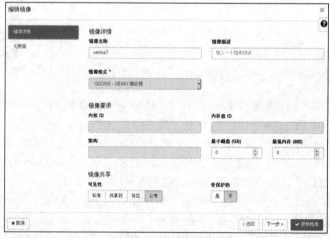

图 5-7 编辑镜像

从"动作"下拉菜单中选择"更新元数据"命令，可以打开图 5-8 所示的页面，直接修改镜像的元数据。从左侧"可用的元数据"列表中选择要添加的元数据选项（由系统预置），单击"+"按钮将其添加到右侧的"已存在的元数据"列表中，根据需要修改元数据选项的值。用户也可以自定义元数据选项，具体方法是在"定制"文本框中输入元数据选项，单击"+"按钮将其添加到右侧列表中。

图 5-8　编辑镜像的元数据

也可以使用命令行工具为镜像设置元数据。在创建镜像的 openstack image create 命令或修改镜像的 openstack image set 命令中，通过--property 选项以键值对的形式定义元数据（即属性），可以根据需要设置多个元数据。例如，执行以下命令，通过元数据设置将"fedora"镜像的架构（architecture）设置为 x86_64、Hypervisor 类型（hypervisor_type）设置为 qemu。

```
[root@node-a ~(keystone_admin)]# openstack image set --property architecture=x86_64 --property hypervisor_type=qemu fedora
```

OpenStack 镜像通用的镜像元数据在/etc/glance/schema-image.json 配置文件中定义，下面列出其中的部分内容。

```
{
    "kernel_id": {
        "type": ["null", "string"],
        "pattern": "^([0-9a-fA-F]){8}-([0-9a-fA-F]){4}-([0-9a-fA-F]){4}-([0-9a-fA-F]){4}-([0-9a-fA-F]){12}$",
        "description": "ID of image stored in Glance that should be used as the kernel when booting an AMI-style image."
    },
    "ramdisk_id": {
        "type": ["null", "string"],
        "pattern": "^([0-9a-fA-F]){8}-([0-9a-fA-F]){4}-([0-9a-fA-F]){4}-([0-9a-fA-F]){4}-([0-9a-fA-F]){12}$",
        "description": "ID of image stored in Glance that should be used as the ramdisk when booting an AMI-style image."
    },
    ...
}
```

其他属性可以参考 Glance 管理指南。

5. 转换镜像格式

一般使用 qemu-img 工具进行镜像格式转换。使用 qemu-img 工具的 convert 子命令可以非常容易地将镜像从一种格式转换为另一种格式。该工具支持的转换格式包括.raw、.qcow2、.qed、.vdi、.vmdk和.vhd，其基本语法格式如下。

```
qemu-img convert [-f 源格式] [-O 目标格式] [-o 选项] 源文件路径 目标文件路径
```

例如，执行以下命令将.raw 格式的 cirros 镜像转换为.qcow2 格式的镜像。

```
[root@node-a ~]# qemu-img convert -f raw -O qcow2 ~/Downloads/cirros-0.5.1-x86_64-disk.img ~/Downloads/cirros-0.5.1-x86_64-disk.qcow2
```

任务三　基于预制镜像定制 OpenStack 镜像

任务说明

OpenStack 所提供的虚拟机实例是通过镜像部署的。虽然可以直接使用官方提供的 OpenStack 预制镜像，但这种镜像基本不能满足生产环境的实际需要，因此必须定制所需的 OpenStack 镜像。制作 OpenStack 镜像的方法有多种，以预制镜像为基础进行定制比较简单、直观。这里以基于官方标准镜像定制 CentOS Linux 镜像为例进行示范。首先要基于标准镜像创建一个实例，然后对该实例进行修改，最后基于该实例创建一个镜像快照。本任务具体要求如下。

- 了解 cloud-init。
- 了解实例快照。
- 掌握基于预制镜像定制镜像的方法。

知识引入

1. 什么是 cloud-init

前面提到过，为 OpenStack 制作的多数镜像都包含 cloud-init 包。cloud-init 是一组 Python 脚本的集合，是一个能够定制云镜像的实用工具，其功能强大，可以完成默认区域设置、主机名设置、用户密码和 SSH 密钥对注入、网络设备配置、临时装载点设置、软件包安装等虚拟机实例初始化任务。这些功能是通过修改/etc/cloud/cloud.cfg 配置文件来实现的。cloud-init 一般会被包含在用于启动虚拟机实例的镜像文件中，基于该镜像部署虚拟机实例，cloud-init 会随虚拟机实例的启动自动启动，对虚拟机实例进行自定义的初始配置。它目前支持 Ubuntu、Fedora、Debian、RHEL、CentOS 等主流的 Linux 操作系统发行版。

OpenStack 提供的官方 Linux 操作系统云镜像中大多预装有 cloud-init。如果镜像中没有安装，或者是自己制作的 Linux 镜像，则需要自行安装该软件包。常用的 Linux 操作系统发行版常有原生的软件源，如 CentOS 可以直接使用 yum 命令安装。在 CentOS 7 上安装 cloud-init 的命令如下。

```
yum install cloud-init cloud-utils-growpart
```

cloud-utils-growpart 是管理磁盘分区的软件包，要实现分区自动扩展就必须安装它。这种功能只有 Linux 操作系统的内核版本高于 3.8 时才能直接支持。

cloud-init 其实就是驻留在虚拟机实例中的一个代理程序，但是它只在系统启动时运行，不会常驻在系统中。当系统启动时，cloud-init 可从 Nova 元数据服务或者配置驱动器（Config Drive）中获取元数据，完成实例的定制化工作，关于这方面的讲解请参见项目六中的任务三。

2. 什么是实例快照

快照（Snapshots）是一种基于时间点的数据备份技术，能够记录某一个时刻的数据信息并将其保存，以便在需要时将数据恢复到之前时间点的状态。OpenStack 中为虚拟机实例生成的快照抓取实例正在运行的磁盘状态，其实是一个完整的镜像，由 Glance 镜像服务管理，并且可以像镜像一样利用快照镜像创建新的虚拟机实例，与原本的虚拟机实例没有什么关系。

任务实现

1. 通过预制的 OpenStack 镜像创建一个虚拟机实例

主流的 Linux 操作系统发行版都提供可以在 OpenStack 中直接使用的云镜像。本项目任务二中已经将从官网下载的 CentOS 7 预制镜像文件上传到 OpenStack 云中，在 OpenStack 云平台中创建了相应的镜像。这里以 demo 用户身份登录 OpenStack，基于该 CentOS 7 镜像创建一个虚拟机实例。由于仅用于测试，就没有为该实例创建新的卷，如图 5-9 所示。

V5-4 基于预制镜像定制 OpenStack 镜像（一）

图 5-9 创建实例时不创建新卷

本例中创建的实例名为"centos7-VM"，且为它分配了浮动 IP 地址，如图 5-10 所示。

图 5-10 基于 CentOS 7 预制镜像创建的实例

2. 对实例进行定制

由于 CentOS 7 预制镜像是标准镜像，没有图形界面，默认使用美国纽约时区，而且只能通过 SSH 密钥对登录，这就需要对该镜像进行定制，定制的主要内容是添加图形界面、设置时区和语言、设置 SSH 密码登录等。

确认上述实例已经启动运行，使用私钥通过 SSH 登录该虚拟机实例，这里直接在节点主机上操作。

（1）本例中虚拟机实例的浮动 IP 地址为 192.168.199.50，执行以下命令登录。

```
[root@node-a ~]# ssh -i ~/.ssh/demo-key.pem centos@192.168.199.50
The authenticity of host '192.168.199.50 (192.168.199.50)' can't be established.
ECDSA key fingerprint is SHA256:RMr6uX7onhIw8UMiiAA3JMpumbAqATe19i6UT/G8M+8.
ECDSA key fingerprint is MD5:9c:7d:f9:80:d9:73:34:c4:a6:7d:2f:9f:83:f0:f8:88.
Are you sure you want to continue connecting (yes/no)? yes
Warning: Permanently added '192.168.199.50' (ECDSA) to the list of known hosts.
```

（2）成功登录后，执行以下命令切换到 root 用户。

```
[root@cenos7-vm ~]$ sudo su -
```

（3）执行 passwd 命令设置 root 用户的密码。

```
[root@cenos7-vm ~]# passwd
```

```
Changing password for user root.
New password:
Retype new password:
passwd: all authentication tokens updated successfully.
```

（4）使用 vi 工具编辑/etc/ssh/sshd_config 配置文件，将其中的 PasswordAuthentication 参数值设置为 yes，然后保存该文件并退出编辑。再执行以下命令重启 SSH 服务，以允许 root 账户使用密码通过 SSH 登录。

```
[root@cenos7-vm ~]# systemctl restart sshd
```

（5）执行以下命令查看 CentOS 的详细版本。

```
[root@cenos7-vm ~]# cat /etc/redhat-release
CentOS Linux release 7.8.2003 (Core)
```

（6）执行以下命令安装图形界面。

```
yum groupinstall "Server with GUI"
```

yum groupinstall 命令用于安装一个安装包，该安装包包括若干单个软件以及单个软件的依赖关系。要了解有哪些可安装的包，可以执行 yum grouplist 命令。

（7）执行以下命令将时区修改为上海。

```
[root@cenos7-vm ~]# cp /usr/share/zoneinfo/Asia/Shanghai /etc/localtime
cp: overwrite '/etc/localtime'? y
```

（8）执行以下命令将系统语言修改为中文。

```
[root@cenos7-vm ~]# localectl   set-locale LANG=zh_CN.UTF8
```

（9）执行以下命令设置系统默认启动图形界面。

```
[root@cenos7-vm ~]# systemctl set-default graphical.target
Removed symlink /etc/systemd/system/default.target.
Created symlink from /etc/systemd/system/default.target to /usr/lib/systemd/system/graphical.target.
```

3. 定制 cloud-init 初始化行为

CentOS 7 预制镜像预装有 cloud-init 包，由 cloud-init 负责实例的初始化工作。使用 vi 工具编辑实例 CentOS 7 的/etc/cloud/cloud.cfg 配置文件，将 disable_root 参数的值设为 0，让 root 账户能够直接登录实例（默认不允许登录）。将 ssh_pwauth 参数的值设为 1，以启用 SSH 密码登录（默认只能通过私钥 SSH 登录）。保存该文件并退出，接着执行以下命令重启系统。

```
[root@cenos7-vm ~]# reboot
```

4. 为上述实例创建快照

启动系统后，在仪表板界面中访问该实例的控制台，可以发现会自动进入图形界面，如图 5-11 所示。输入前面设置的 root 账户和密码进行登录。

V5-5　基于预制镜像定制 OpenStack 镜像（二）

图 5-11　CentOS 7 的图形界面控制台

在仪表板界面中展开实例列表,单击该实例条目右端的"创建快照"按钮,弹出图 5-12 所示的"创建快照"面板。

图 5-12 创建快照

在该面板为快照命名,单击"创建快照"按钮,将为实例生成一个快照并保存在 Glance 中,如图 5-13 所示。

图 5-13 生成的实例快照

5. 测试实例快照

可以通过用快照部署新实例的方式进行实际测试。基于实例快照创建一个新的实例,如图 5-14 所示。

图 5-14 基于实例快照创建一个新的实例

创建成功后,该实例出现在实例列表中,并正常运行,如图 5-15 所示。

图 5-15 基于实例快照创建的新实例

通过控制台访问该实例,如图 5-16 所示,可以测试定制的功能。

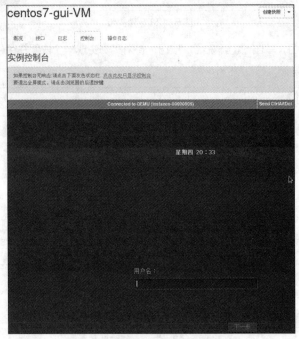

图 5-16 访问基于实例快照创建的实例

6. 将实例快照转换成镜像

考虑到在生产环境中一般都使用镜像,这里就将该快照转换为镜像,可以直接使用 openstack image create 命令来完成操作。首先获取实例快照的文件路径,可通过查看其"ID"值,本例中为 c9e65002-07fc-4ed8-92f5-8c0ced750332,来确定具体的文件路径。

```
[root@node-a ~(keystone_demo)]# openstack image list
+--------------------------------------+------------------+--------+
| ID                                   | Name             | Status |
+--------------------------------------+------------------+--------+
| 885aeabf-3753-43c0-865f-85d08083a1f1 | centos7          | active |
| c9e65002-07fc-4ed8-92f5-8c0ced750332 | centos7-gui-snap | active |
| 369d0e73-abb8-4a90-b835-6c627a0f47d1 | cirros           | active |
| 37116975-33c9-4d3e-8551-0c83e4efe7ef | fedora           | active |
```

然后执行 openstack image create 命令创建新的镜像。

```
[root@node-a ~(keystone_demo)]# openstack image create centos7-gui --file /var/lib/glance/images/c9e65002-07fc-4ed8-92f5-8c0ced750332 --disk-format qcow2 --container-format bare
```

至此,一个名为"centos7-gui"的 CentOS 7 镜像就定制完成了。

任务四 使用自动化工具制作 OpenStack 镜像

任务说明

前面基于预制镜像制作镜像的步骤比较复杂，所定制的镜像文件也比较大，而使用自动化镜像生成工具可以大大提高制作镜像的效率，所制作的镜像也更能满足生产环境的需求。自动化镜像生成工具目前有很多，OpenStack 官方的虚拟机镜像指南推荐了多款，其中 Diskimage-builder 是 OpenStack 中 TripleO 项目的子项目，功能比较完善，支持主要的 Linux 操作系统发行版的镜像制作。本任务重点示范使用该工具自动生成 Linux 操作系统镜像的方法。本任务的具体要求如下。

- 了解 OpenStack 的自动化镜像生成工具。
- 了解 Diskimage-builder 工具的基本用法。
- 掌握使用 Diskimage-builder 工具生成镜像的方法。

知识引入

1. Diskimage-builder 工具

Diskimage-builder 简称 DIB，是 OpenStack 的官方项目，是云镜像的自动化生成工具，主要用于构建适用于 OpenStack 平台的操作系统镜像，其所构建的镜像可同时用于虚拟化平台和裸金属架构。

Diskimage-builder 的镜像生成原理是首先将最初启动虚拟机实例时安装操作系统完成后的镜像保存为基础镜像，然后将该基础镜像挂载到本地，再将系统的根目录切换（chroot）到根分区，根据不同的定制需要增加不同的模块，安装完成后保存为特定格式的镜像文件。这就意味着，用户可以利用该工具定制 Linux 操作系统镜像，如个性化的桌面系统发行版、公司生产环境中的专用操作系统镜像等。该工具目前只支持 Fedora、Red Hat、Ubuntu、Debian、CentOS、Gentoo 以及 openSUSE 等 Linux 操作系统的镜像生成，目前还不支持 Windows 操作系统镜像的定制。

使用 Diskimage-builder 首次制作某操作系统镜像时需要从网上下载该操作系统的基础镜像文件，后面再制作同一版本的镜像时，可直接使用之前下载的镜像缓存文件，速度非常快。另外，如果网络不稳定，可以提前准备好基础镜像文件，然后指定本地文件作为基础镜像。

2. 其他自动化镜像生成工具

除了官方项目 Diskimage-builder，还有一些其他的自动化生成工具支持 OpenStack 镜像的构建，下面进行简单介绍。

- Oz：自动生成虚拟机镜像文件的命令行工具。作为 Python 应用程序，Oz 与 KVM 交互，逐步完成安装虚拟机实例的过程。Oz 针对所支持的操作系统使用一套预定义的 kickstart（基于 Red Hat 的系统）和 preseed 文件（基于 Debian 的系统）来实现镜像的生成，也可以用来创建 Microsoft Windows 镜像。kickstart 是 Red Hat 公司针对自动安装 Red Hat、Fedora 与 CentOS 这 3 种同一体系的操作系统而制定的问答规范，不仅可以自动应答一些简单问题，还可以指定操作系统需要安装的各种软件包，更可以在操作系统安装完成后自动执行一些脚本，这些脚本可以让用户直接配置系统。preseed 则是 Debian/Ubuntu 操作系统自动安装的问答规范，同样可以预定义 Ubuntu 操作系统如何安装，其配置更多通过手动处理。
- Packer：从单个源配置构建多种平台的虚拟机镜像的工具。
- image-bootstrap：生成可启动的虚拟机镜像的命令行工具，支持 Arch、Debian、Gentoo、Ubuntu 操作系统的 OpenStack 镜像制作。
- imagefactory：可以自动构建、转换和上传镜像到不同的云提供商的新型工具，使用 Oz 作为其后端，支持基于 OpenStack 的云。
- KIWI：操作系统镜像构建器，支持多种 Linux 硬件平台、虚拟化和云系统的操作系统镜像构建。
- virt-builder：快速构建虚拟机镜像的工具。可以在几分钟内为本地和云构建多种虚拟机实例镜像。它支持多种方式定制，自动化过程和脚本非常简单。

任务实现

V5-6 使用 Diskimage-builder 制作镜像

1. 安装 Diskimage-builder

如果当前的 Linux 操作系统不提供 Diskimage-builder 安装包，则需要考虑选择 pip 安装（最新的版本需要 pip3）或源代码安装的方式。下面示范 pip 安装方式。

（1）执行以下命令安装 epel 扩展源。

```
yum -y install epel-release
```

（2）执行以下命令安装 pip 工具。

```
yum -y install python-pip
```

（3）执行以下命令安装支持环境。多数镜像格式需要 qemu-img 工具处理，生成带分区的镜像时还需要 kpartx 工具。

```
yum -y install qemu-img kpartx
```

（4）执行以下命令升级 pip 工具。注意 pip21.0 已停止对 Python2.7 的支持。

```
pip install --upgrade "pip<20.0"
```

（5）执行以下命令安装 Diskimage-builder。

```
pip install "diskimage-builder==2.2.0"
```

2. 熟悉 Diskimage-builder 的用法

在 Diskimage-builder 工具中使用 disk-image-create 命令构建镜像。该命令的基本语法格式如下。

```
disk-image-create [选项]...[元素]...
```

其主要选项及说明列举如下。

（1）-a i386|amd64|armhf|arm64：设置镜像的操作系统架构（默认为 amd64）。

（2）-o imagename：设置所生成的镜像文件的名称（默认为 image）。

（3）-t qcow2,tar,tgz,squashfs,vhd,docker,aci,raw：设置所生成的镜像文件的类型（默认为 qcow2）。

（4）-x：在运行过程中启用跟踪。连续使用两个 -x 选项（-x -x）可以获取更为详细的跟踪信息。

（5）-u：无压缩，不会压缩镜像，所生成的镜像文件更大但速度更快。

（6）-c：在开始构建镜像之前清理环境。

（7）--logfile：将运行过程的输出信息记录到指定的日志文件（意味着 DIB_QUIET=1）。

（8）--checksum：为构建的镜像生成 md5 和 sha256 校验和文件。

（9）--image-size size：设置镜像文件大小（单位为 GB）。

（10）--image-cache directory：设置缓存镜像的位置（默认为~/.cache/image-create）。

（11）--min-tmpfs size：构建镜像所需的 tmpfs 最小的大小（单位为 GB）。

（12）--no-tmpfs：不使用 tmpfs 来加速镜像构建。

（13）--offline：不更新缓存资源。

（14）--qemu-img-options：直接传递给 qemu-img 命令的选项，采用"键=值"形式，多个选项之间用逗号分隔。

（15）--root-label label：根文件系统的标签（默认为'cloudimg-rootfs'）。

（16）--ramdisk-element：定义用于构建虚拟磁盘的主元素，默认为'ramdisk'。对于不支持

busybox 包的 RHEL 操作系统和 CentOS，应当设置为'dracut-ramdisk'。

（17）--install-type：指定默认的安装类型，默认值为'source'。如果设置为'package'，将默认使用基于安装的包。

（18）--docker-target：如果生成的镜像类型是 docker，则指定要使用的仓库和标记。默认为所生成镜像名称的值。

（19）-n：跳过默认的 base 元素。

（20）-p package[,p2...] [-p p3]：在镜像中安装额外的包。在'install.d'阶段之后运行一次，可以定义多次。

（21）-h|--help：显示帮助信息。

（22）--version：显示版本信息。

这里的元素（Element）是指用来组织制作镜像的元素。元素决定镜像中包含的内容，例如创建用户、安装软件包、进行某种配置，采用类似应用程序中的接口/插件的机制，通过执行元素中规定目录下的定制脚本来完成对镜像的定制。Diskimage-builder 工具通过丰富的元素可以非常灵活高效地定制自己需要的镜像。例如，vm 元素用于建立已分区的磁盘，fedora 元素表示使用 Fedora 操作系统云镜像作为构建磁盘镜像的基线。可以到 Diskimage-builder 官网上查看元素列表，也可以自定义元素。注意，至少必须指定要发布的根元素。

元素还可以为 disk-image-create 命令的运行提供环境变量。有通用的环境变量，例如 ELEMENTS_PATH 定义元素的外部位置，相当于环境变量$PATH；DIB_NO_TIMESTAMP 指定运行过程中输出的信息是否提供时间戳，这对抓取输出很有用；DIB_QUIET 决定是否将日志信息输出到标准输出，0 值表示总是输出到标准输出。也有许多针对具体元素的环境变量，如 devuser 元素表示在镜像中创建一个开发测试用的用户，其环境变量 DIB_DEV_USER_USERNAME 表示用户名。

了解 Diskimage-builder 的用法之后，下面给出几个简单的实例。

执行以下脚本生成一个通用的、可启动的最新发行版 Ubuntu 操作系统镜像。

```
disk-image-create ubuntu vm
```

如果要记录 disk-image-create 命令运行过程中的所有输出，可以使用如下命令格式。

```
disk-image-create vm ubuntu 2>&1 | tee 指定的文件
```

进一步定制可通过执行以下命令设置环境变量来实现。

```
export ELEMENTS_PATH=~/source/tripleo-image-elements/elements
disk-image-create -a amd64 -o fedora-amd64-heat-cfntools vm fedora heat-cfntools
```

3. 使用 Diskimage-builder 自动构建 Ubuntu 操作系统镜像

下面创建一个 Ubuntu 操作系统的镜像，并允许密钥对注入，创建用户密码登录。

先执行以下命令设置相关的环境变量。

```
[root@node-a ~]# export DIB_DEV_USER_USERNAME=ubuntu          #初始用户名
[root@node-a ~]# export DIB_DEV_USER_PASSWORD=ubuntu          #初始用户密码
[root@node-a ~]# export DIB_DEV_USER_PWDLESS_SUDO=YES         #为用户启用无密码 sudo
[root@node-a ~]# export DIB_CLOUD_INIT_DATASOURCES="ConfigDrive, OpenStack"
                        #cloud-init 的源是 ConfigDrive 和 OpenStack
```

再执行以下命令构建镜像。

```
[root@node-a ~]# disk-image-create -a amd64 -t qcow2 -o ubuntu.qcow2 ubuntu vm cloud-init-datasources devuser
Building elements: base  ubuntu vm cloud-init-datasources devuser
Expanded element dependencies to: cloud-init-datasources dib-python install-types dib-run-parts devuser vm manifests cache-url pkg-map base ubuntu dib-init-system bootloader package-installs dpkg dkms
```

```
Building in /tmp/image.2mmibm78
...
/dev/loop0: [0041]:116844 (/tmp/image.VIBY4MuB/image.raw)
Converting image using qemu-img convert
Image file ubuntu.qcow2 created...
umount: /tmp/image.VIBY4MuB: target is busy.
        (In some cases useful info about processes that use
         the device is found by lsof(8) or fuser(1))
rm: cannot remove '/tmp/image.VIBY4MuB': Device or resource busy
*** /tmp/image.bv8EsTxe/mnt is not a directory
```

其中-a amd64 选项表示操作系统架构为 64 位,-t qcow2 选项表示磁盘格式为.qcow2, -o ubuntu.qcow2 选项指定所生成的镜像文件,后面的 ubuntu vm cloud-init-datasources devuser 等参数都是元素。cloud-init-datasources 元素将 cloud-init 配置为仅使用指定的数据源列表,这个列表由其环境变量 DIB_CLOUD_INIT_DATASOURCES 指定；devuser 指定镜像中的开发测试用户,具体由其 DIB_DEV_USER_USERNAME 等环境变量指定。

镜像构建完毕之后,执行以下命令检查所生成的镜像文件。

```
[root@node-a ~]# ls ubuntu.qcow2 -l
-rw-r--r-- 1 root root 380601856 Sep 20 20:37 ubuntu.qcow2
```

接下来开始测试。执行以下命令将该镜像上传到 OpenStack 云中。

```
[root@node-a ~]# source keystonerc_demo
[root@node-a ~(keystone_demo)]# openstack image create --disk-format qcow2 --file ubuntu.qcow2 ubuntu
```

基于该镜像创建一个虚拟机实例,并为该实例分配浮动 IP 地址,如图 5-17 所示。

图 5-17 基于 Ubuntu 操作系统镜像创建的实例

在命令行中通过 SSH 登录到该虚拟机实例,测试该镜像的定制。

```
[root@node-a ~]# ssh -i ~/.ssh/demo-key.pem ubuntu@192.168.199.68    #初始用户为 ubuntu,支持 SSH 密钥注入
...
Welcome to Ubuntu 14.04.6 LTS (GNU/Linux 3.13.0-170-generic x86_64)   #Ubuntu 版本

 * Documentation:  https://help.ubuntu.com/

  System information as of Mon Sep 21 08:22:18 UTC 2020

  System load: 1.21              Memory usage: 2%     Processes:         53
  Usage of /:  63.5% of 1.47GB   Swap usage:   0%     Users logged in: 0
...
Ubuntu comes with ABSOLUTELY NO WARRANTY, to the extent permitted by
applicable law.

$ sudo passwd root                                              #测试无密码 sudo
Enter new UNIX password:
```

```
Retype new UNIX password:
passwd: password updated successfully
```

默认构建的 Ubuntu 镜像系统版本为 14.04，代号为"trusty"，具体取决于 Diskimage-builder 本身的版本。如果要构建其他版本的 Ubuntu 操作系统镜像，可通过环境变量 DIB_RELEASE 来指定，例如将其值设置为"xenial"，会构建 16.04 版本的 Ubuntu 操作系统镜像。

```
export DIB_RELEASE=xenial
```

任务五 手动制作 OpenStack 镜像

任务说明

手动制作镜像是最符合实际使用需求的，需要定制什么样的镜像都可以由自己来决定，只是过程比较烦琐。这种方式仅适合开发人员，或者小规模的应用。本任务以制作 Windows Server 2012 R2 操作系统镜像为例，示范手动制作镜像的全过程。本任务的具体要求如下。
- 了解 KVM 虚拟化工具。
- 了解 KVM 镜像文件格式。
- 掌握手动创建 OpenStack 镜像的方法。

知识引入

1. 手动制作镜像

用户可以在自己的操作系统上手动创建新的镜像，然后将其上传到 OpenStack 云中。要创建新的镜像，需为用于安装客户操作系统的 CD 或 DVD 安装 ISO 文件，还要能够访问虚拟化工具，可以使用 KVM，或者使用 GUI 桌面虚拟化工具（如 VMware Fusion 或 VirtualBox）。

创建新的虚拟机镜像时，应连接 Hypervisor 的图形界面控制台，用作虚拟机实例的显示界面，允许用户使用键盘和鼠标与客户端操作系统的安装程序进行交互。

KVM 提供的图形界面控制台可以通过虚拟网络计算（Virtual Network Computing，VNC）协议或更新的独立计算环境简单协议（Simple Protocol for Independent Computing Environment，SPICE）访问。使用 KVM 平台制作 OpenStack 镜像实际上是一种系统镜像文件格式的转换，将制作好的系统镜像文件转换为原始格式的文件。

2. KVM 虚拟化工具

KVM 全称为 Kernel-based Virtual Machine，可译为基于内核的虚拟机，是一种基于 Linux x86 硬件平台的开源全虚拟化解决方案，也是主流的 Linux 虚拟化解决方案，支持广泛的客户端操作系统。KVM 需要 CPU 的虚拟化指令集支持，如 Intel 的 Intel VT（vmx 指令集）或 AMD 的 AMD-V（svm 指令集）。

KVM 模块负责对虚拟机的虚拟 CPU 和内存进行管理和调度，主要任务是初始化 CPU 硬件，打开虚拟化模式，然后将虚拟客户端运行在虚拟机模式下，并对虚拟客户端的运行提供一定的支持。

KVM 本身只关注虚拟机的调度和内存管理，是一个轻量级的 Hypervisor，本身无法模拟出一个完整的虚拟机，而且用户也不能直接对 Linux 操作系统内核进行操作，因此需要借助其他软件来进行。QEMU（Quick Emulator）就是 KVM 所需的软件。

QEMU 本身并不是 KVM 的一部分，而是一个开源的虚拟机软件。与 KVM 不同，作为一个宿主型的 Hypervisor，没有 KVM，QEMU 也可以通过模拟来创建和管理虚拟机，只是因为是纯软件实现，所以性能较低。但是，QEMU 的优点是在支持 QEMU 本身编译运行的平台上就可以实现虚拟机的功能，甚至虚拟机的架构可以与主机不同。

KVM 虚拟机的创建和运行是一个用户空间的 QEMU 程序和内核空间的 KVM 模块相互配合的过程。KVM 模块作为整个虚拟化环境的核心，工作在系统空间，负责 CPU 和内存的调度；QEMU 作为模拟器，工作在用户空间，负责虚拟机 I/O 模拟。KVM 的基本架构如图 5-18 所示。

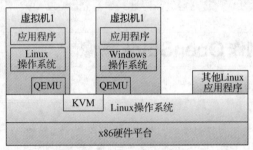

图 5-18　KVM 的基本架构

KVM 作为 Hypervisor，主要包括两个组成部分：一个是 Linux 操作系统内核的 KVM 模块，主要负责虚拟机的创建、虚拟内存的分配、VCPU 寄存器的读写以及 VCPU 的运行；另一个是提供硬件仿真的 QEMU，用于模拟虚拟机的用户空间组件，提供 I/O 设备模型和访问外设的途径。虚拟机的外部设备交互，如果是真实的物理硬件设备，则利用 Linux 操作系统内核来管理；如果是虚拟的外部设备，则借助于 QEMU 来处理。

仅有 KVM 模块和 QEMU 组件还不够，为了 KVM 整个虚拟化环境易于管理，还需要 Libvirtd 服务和基于 Libvirt 开发出来的管理工具。Libvirt 是一个软件集合，是一套为方便管理平台虚拟化技术而设计的开源代码的应用程序接口、守护进程和管理工具。它不仅提供了对虚拟机的管理，也提供了对虚拟网络和存储的管理。Libvirt 是目前使用非常广的虚拟机管理程序接口，一些常用的虚拟机管理工具（如 virsh）和云计算框架平台（如 OpenStack）都是在底层使用 libvirt 的应用程序接口。

3. KVM 虚拟磁盘（镜像）文件格式

在 KVM 中使用镜像（Image）来表示虚拟磁盘，主要有以下 3 种文件格式。

（1）.raw：原始的格式，它直接将文件系统的存储单元分配给虚拟机使用，采取直读直写的策略。该格式实现简单，不支持诸如压缩、快照、加密和 CoW 等特性。

（2）.qcow2：QEMU 引入的镜像文件格式，也是目前 KVM 默认的格式。.qcow2 根据实际需要来决定占用空间的大小，而且支持的主机文件系统格式更多。

（3）.qed：.qcow2 的一种升级型，存储定位查询方式及数据块大小和.qcow2 一样，目的是克服.qcow2 格式的一些缺点，提高性能，不过目前还不够成熟。

如果需要使用虚拟机快照，就需要选择.qcow2 格式；对于大规模数据存储，可以选择.raw 格式。.qcow2 格式只能增加容量，不能减少容量；.raw 格式可以增加或者减少容量。

4. VirtIO 驱动程序与 Cloudbase-Init

OpenStack 基于 Linux 操作系统运行，KVM 默认使用的硬盘格式为 VirtIO，网卡驱动也需要 VirtIO 驱动，因此制作 Windows 操作系统镜像的过程中需要准备相应的 VirtIO 驱动程序。VirtIO 其实就是一个运行于 Hypervisor 之上的 API，虚拟化环境中的 I/O 操作通过 VirtIO 与 Hypervisor 通信，可以具有更好的性能。如果不安装 VirtIO 驱动程序，那么在创建虚拟机实例时会失败，系统启动时无法加载硬盘驱动器。

Cloudbase-Init 是 Windows 操作系统和其他系统的云初始化程序，可以设置主机名、创建用户、设置静态 IP 地址、设置密码等。其作用与 Linux 操作系统中的 cloud-init 一样，也是一个开源的 Python

项目。

Cloudbase-Init 主要包括服务（Service）和插件（Plugin）两个部分。服务主要为插件提供数据来源，包括指定的云服务（OpenStack、EC2 等）、本地配置文件（ISO 文件、物理磁盘）等；插件执行相关操作，如初始化 IP、创建用户等。

任务实现

1. 部署 KVM

为不影响 OpenStack 主机的使用，建议另外准备一台操作系统为 CentOS 7 的计算机（笔者使用的是 VMware 虚拟机）作为 KVM 主机。执行以下命令检查是否支持 CPU 虚拟化。

V5-7　部署 KVM

```
grep -E 'svm|vmx' /proc/cpuinfo
```

如果显示结果不为空，表示 CPU 支持并开启了硬件虚拟化功能。显示内容中含有 vmx，表示使用 Intel 的 CPU 指令集；含有 svm，表示使用 AMD 的 CPU 指令集。

执行以下命令安装 KVM 软件包。

```
yum install qemu-kvm libvirt virt-install virt-manager virt-viewer
```

其中，virt-manager 是图形界面的 KVM 管理工具，virt-viewer 是用于显示虚拟机的图形控制台。控制台使用 VNC 或 SPICE 访问协议。

如果操作系统安装的是 CentOS 7，则可直接在安装过程中选择"Server with GUI"基本环境，附加选项选择"Virtualization Client""Virtualization Hypervisor"和"Virtualization Tools"。

为便于实验，应关闭该 KVM 主机的防火墙和 SELinux 功能。

2. 手动创建 Windows Server 2012 R2 操作系统镜像

下面使用 virt-install 命令和 KVM Hypervisor 创建 Windows Server 2012 R2 操作系统镜像。

V5-8　手动创建 Windows Server 2012 R2 操作系统镜像

（1）按照以下步骤做好安装准备。

① 准备一个目录用于存放镜像及其相关文件。

```
[root@localhost ~]# mkdir /win-img  &&  cd /win-img
```

② 准备 Windows Server 2012 R2 操作系统的 ISO 安装文件。可以从 Microsoft 官网下载，需要注册。这里准备的安装镜像为 cn_windows_server_2012_r2_with_update_x64_dvd_6052725.iso，将其复制到 KVM 主机中。

③ 执行以下命令从 Fedora 官网下载已签名的 VirtIO 驱动的 ISO 文件。

```
[root@localhost win-img]# wget https://fedorapeople.org/groups/virt/virtio-win/direct-downloads/stable-virtio/ virtio-win.iso -O virtio-win.iso
```

④ 执行以下命令创建一个 15 GB 的 .qcow2 镜像文件。

```
[root@localhost win-img]# qemu-img create -f qcow2 ws2012r2.qcow2 15G
Formatting 'ws2012r2.qcow2', fmt=qcow2 size=16106127360 encryption=off cluster_size=65536 lazy_refcounts=off
```

⑤ 执行以下命令查看已经准备好的文件。

```
[root@localhost win-img]# ls -l
total 5818864
-rwxrw-rw-  1 qemu qemu  5545705472 Jan  1  2016 cn_windows_server_2012_r2_with_update_x64_dvd_6052725.iso
-rwxrw-rw- 1 root root   412479488 Sep 18 07:26 virtio-win.iso
-rw-r--r-- 1 qemu qemu      393216 Sep 20 22:55 ws2012r2.qcow2
```

（2）执行 virt-install 命令启动 Windows Server 2012 R2 操作系统的安装。

[root@localhost win-img]# virt-install --connect qemu:///system --name ws2012r2 --ram 2048 --vcpus 2 --network network=default,model=virtio --disk path=ws2012r2.qcow2,format=qcow2,device=disk,bus=virtio --cdrom cn_windows_server_2012_r2_with_update_x64_dvd_6052725.iso --disk path=virtio-win.iso,device=cdrom --vnc --os-type windows --os-variant win2k12 --boot cdrom,menu=on

如果不提供--boot cdrom,menu=on 选项，这里可能会提示"COULD NOT BOOT FROM CDROM(code 004)"，无法进入安装界面。这是因为这里涉及两个 CD-ROM，如果排在第 1 位的 CD-ROM 装载的不是 Windows 操作系统的安装镜像，则无法启动。

（3）打开 virt-viewer 控制台，按 Esc 键选择启动设备，如图 5-19 所示，选择 1 或 4。不同的安装环境，Windows 操作系统的安装镜像位于的 CD-ROM 不同，本例选择 4（第 2 个 CD-ROM）。

如果选择的 CD-ROM 不同，可以在"Send key"菜单中按 Ctrl+Alt+Delete 组合键重启系统，重新选择启动设备。

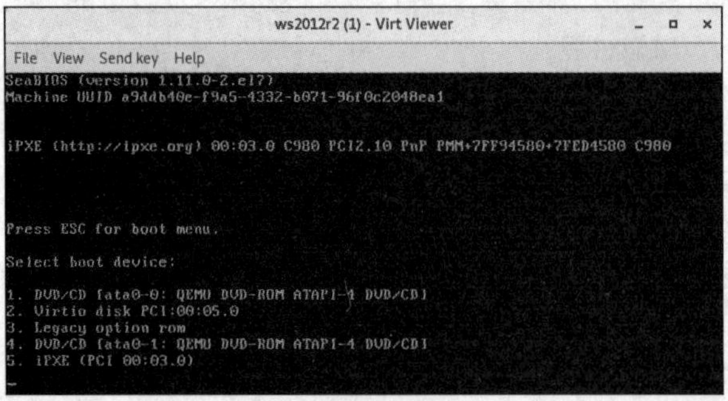

图 5-19 选择启动设备

（4）进入虚拟机的操作系统安装界面，如图 5-20 所示。其安装过程与物理机相同，根据提示进行操作。

图 5-20 为虚拟机安装操作系统

（5）启用 VirtIO 驱动程序。默认情况下，Windows 操作系统的安装程序无法探测到磁盘驱动器，如图 5-21 所示。

（6）通过选择安装目标来装载 VirtIO SCSI 驱动和网络驱动。单击"加载驱动程序"按钮，浏览文件系统，定位到 VirtIO 驱动程序所在的 CD-ROM，如图 5-22 所示。

 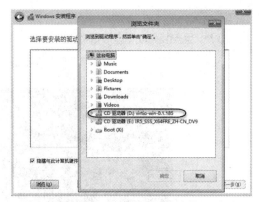

图 5-21　找不到任何驱动器　　　　　　图 5-22　定位到 VirtIO 驱动程序所在的 CD-ROM

（7）进一步定位到该 CD-ROM 下的 viostor\2k12R2\amd64 文件夹，如图 5-23 所示。单击"确定"按钮，返回"选择要安装的驱动程序"界面，显示要安装的驱动程序列表，如图 5-24 所示。单击"下一步"按钮。

图 5-23　定位到驱动程序文件夹　　　　　　图 5-24　要安装的驱动程序列表

（8）单击"加载驱动程序"按钮，浏览文件系统，定位到 VirtIO 驱动程序所在 CD-ROM 的 NetKVM\2k12R2\amd64 文件夹，将 VirtIO 网络驱动程序添加到驱动程序列表中，如图 5-25 所示。单击"下一步"按钮。

图 5-25　要安装的 VirtIO 网络驱动

（9）进入分区界面，新建一个分区进行安装，根据提示完成余下的安装步骤。

（10）一旦安装完成，虚拟机将重新启动，本例出现如图 5-26 所示的界面，启动失败。

图 5-26　系统启动失败

此时按 Esc 键打开启动菜单（见图 5-19），选择启动设备 2。由于安装了 VirtIO 磁盘驱动，可以从硬盘（虚拟机的）启动虚拟机。

（11）系统成功启动后，进入 Windows 操作系统界面，根据提示为 Administrator 账户指定密码，如图 5-27 所示。

图 5-27　为 Administrator 账户指定密码

（12）开通远程登录功能。以 Administrator 账户登录，通过控制面板打开"系统"窗口，单击"远程设置"链接打开"系统属性"对话框，如图 5-28 所示；选中"允许远程连接到此计算机"单选项启动远程桌面，取消勾选"仅允许运行使用网络级别身份验证的远程桌面的计算机连接"复选框以支持 Windows 操作系统早期版本的客户端；单击"确定"按钮。

（13）配置防火墙。由于打算使用远程桌面，需要开放相应的防火墙端口（3389）。由于 Windows 操作系统防火墙中已预定义远程桌面，只需要通过控制面板打开"高级安全 Windows 防火墙"窗口，启用所有的"远程桌面"入站规则即可，如图 5-29 所示。当然也可以直接关闭所有的 Windows 防火墙，不过这样很不安全。

图 5-28　启用远程桌面连接

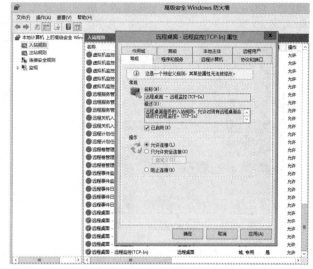

图 5-29　启用所有的"远程桌面"入站规则

（14）启动一个命令行窗口，执行以下命令完成 VirtIO 驱动的安装。

```
CD\
C:\pnputil -i -a D:\viostor\2k12r2\amd64\*.INF
```

（15）要让 Cloudbase-Init 在虚拟机实例启动期间运行脚本，则需进入 PowerShell 界面，执行以下命令设置 PowerShell 的执行策略为不受限制。

```
Set-ExecutionPolicy Unrestricted
```

（16）执行以下命令下载 Cloudbase-Init 并安装。

```
C:\Invoke-WebRequest -UseBasicParsing https://cloudbase.it/downloads/CloudbaseInitSetup_Stable_x64.msi -OutFile cloudbaseinit.msi
C:\.\cloudbaseinit.msi
```

（17）启动相应的安装向导，如图 5-30 所示。单击"Next"按钮。

（18）当出现如图 5-31 所示的界面时，定义启动初始化选项。本例中保持默认设置，表示创建一个名为"Admin"的云管理员用户，允许使用元数据提供云管理员密码。

图 5-30　Cloudbase-Init 安装向导

图 5-31　定义启动初始化选项

（19）单击"Next"按钮，出现完成安装的界面，两个复选框都勾选，如图 5-32 所示。

勾选第 1 个复选框，表示将运行 Sysprep（Windows 操作系统准备工具）创建一个通用的镜像。这对计划重复使用该虚拟机实例很有必要，便于创建重复使用的自定义 Windows 操作系统的 Glance 镜像。勾选第 2 个复选框，表示完成 Sysprep 系统准备之后自动关机。

（20）Sysprep 正在工作，如图 5-33 所示。完成系统准备之后自动关机。

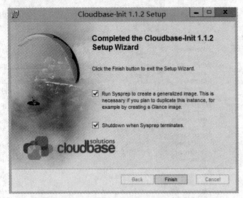
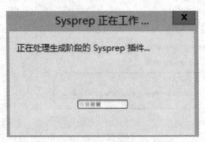

图 5-32　完成 Cloudbase-Init 的安装　　　　图 5-33　Sysprep 正在工作

（21）等待虚拟机关机。关机之后，将已经准备好的 Windows 操作系统镜像文件复制。

3. 测试 Windows Server 2012 R2 操作系统镜像

将 Windows 操作系统镜像文件复制到 OpenStack 主机，执行以下命令创建镜像，并将该镜像文件上传到 Glance 中。

V5-9　测试 Windows Server 2012 R2 操作系统镜像

```
[root@node-a ~]# . keystonerc_demo
[root@node-a ~(keystone_demo)]# openstack image create --disk-format qcow2 --file ws2012r2.qcow2 ws2012r2
```

通过基于该镜像创建并运行虚拟机实例来进行实际测试。由于要通过 Windows 操作系统的远程桌面访问虚拟机实例，在创建之前要在默认安全组中添加一条放行 3389 端口的规则，如图 5-34 所示。

图 5-34　新建安全组规则

再基于该镜像创建一个实例。为简化实验，没有为该实例创建新的卷，如图 5-35 所示。

图 5-35　基于 Windows Server 2012 R2 操作系统镜像创建实例

实例创建成功后为它分配一个浮动 IP 地址，如图 5-36 所示。

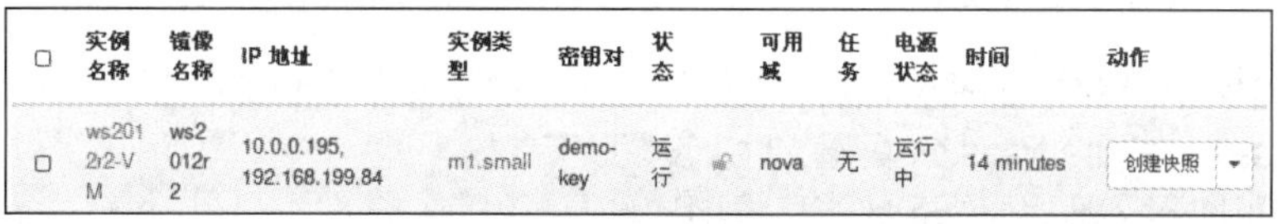

图 5-36　新创建的测试实例

> **提示**　由于该镜像比较大，基于它创建实例会失败，排查 /var/log/nova/nova-compute.log 日志文件，发现"Build of instance xxx aborted: Volume xxx did not finish being created even after we waited 187 seconds or 61 attempts."这样的错误。从错误原因上推测，OpenStack 在不停尝试 61 次后，宣告创建实例失败，实例所依赖的卷没有完成创建。因此，实例创建失败的原因可能是卷创建需要的时间太长，在卷创建成功之前，Nova 计算服务等待超时了。将 /etc/nova/nova.conf 配置文件中 block_device_allocate_retries 选项的值改为 180，重启主机或者 Nova 服务，问题得以解决。另外，由于实验环境中存储空间限制，实例也可能会创建不成功，此时可将不需要的实例、镜像、卷删除，以腾出空间。

接着测试是否能通过远程桌面访问。本例中远程桌面连接设置如图 5-37 所示。成功登录之后即可远程操作 Windows 虚拟机实例，如图 5-38 所示。

4. 测试 Cloudbase-Init 初始化设置

由于 Windows 操作系统镜像中安装并配置了 Cloudbase-Init，基于该镜像创建的虚拟机实例会自动设置计算机名为创建实例时的实例名，可以查看计算机名加以验证，如图 5-38 所示。

按照默认设置，Cloudbase-Init 会创建名为"Admin"的云管理员用户，并生成一个随机密码以加密方式提交给 Nova 元数据服务。这个密码可以通过执行以下命令获取。

```
nova get-password <实例名或 ID> [<ssh 私钥文件路径>]
```

使用 SSH 密钥对启动实例，就像在 Linux 操作系统上进行 SSH 公钥认证一样。在这种情况下，公钥用于在将密码发布到 Nova HTTP 元数据服务之前对密码进行加密。这样，没有密钥对的私钥，任何人都无法解密密钥对。本例中结果如下。

```
[root@node-a ~(keystone_demo)]# nova get-password win-2012r2-VM ~/.ssh/demo-key.pem
5683kHQOD9HpiMuj5TKt
```

图 5-37 设置远程桌面连接

图 5-38 通过远程桌面连接访问 Windows 虚拟机实例

也可以通过仪表板界面取回密码,但默认并不支持此功能。要启用此功能,需编辑/etc/openstack_dashboard/local/local_settings.py 配置文件,设置以下参数。

OPENSTACK_ENABLE_PASSWORD_RETRIEVE = True

执行以下命令重启 Horizon 服务。

```
[root@node-a ~]# systemctl restart httpd.service
```

在仪表板界面中从实例的"动作"下拉菜单中选择"取回密码"命令,如图 5-39 所示。弹出相应的对话框,选择相应的私钥文件,或者直接将私钥内容复制到文本框中,单击"解密密码"按钮,即能获取自动生成的随机密码,如图 5-40 所示。

图 5-39 实例动作菜单

图 5-40 取回实例密码

值得注意的是,云管理员账户 Admin 以该密码登录之后,如果更改了密码,则该随机密码失效。

5. 解决 Windows 虚拟机实例时间不同步问题

上述 Windows 虚拟机实例有时候会出现操作系统时间总是慢 8 个小时的情况,即使手动调整好时间和时区，下次重启后又会差 8 个小时。这是由于 KVM 对使用 Linux 操作系统和 Windows 操作系统的虚拟机实例在系统时间上的处理有所不同，Windows 操作系统需要额外进行一些设置。

最简单的解决方案是为 Windows 操作系统镜像添加一个 os_type 属性，明确指定该镜像是一个 Windows 操作系统镜像，这实际上是通过元数据定义实现的，命令行语法格式如下。

openstack image set <镜像名或 ID> --property os_type="windows"

相应的仪表板界面设置如图 5-41 所示。

图 5-41　更新镜像元数据

通过此镜像部署实例时，KVM 会在其 XML 描述文件中自动设置相应参数，以保证时间的同步。

项目实训

项目实训一　通过命令行界面完成镜像的基本操作

实训目的
掌握镜像的命令行操作方法。

实训内容
（1）加载 demo 用户的环境变量。
（2）显示镜像列表，并查看其中某一镜像的详细信息。
（3）从官网下载最新版本的 Fedora 操作系统云镜像。
（4）将该镜像上传到 OpenStack 云中。

项目实训二　基于预制镜像定制 Ubuntu 操作系统云镜像

实训目的
掌握基于标准镜像定制镜像的方法。

实训内容

（1）从官网下载 Ubuntu 操作系统预制镜像，并将其上传到 OpenStack 云中。
（2）基于该镜像创建一个实例。
（3）登录该实例，对其进行定制，如添加账户，设置中国时区，安装图形界面，将系统语言修改为中文。
（4）关闭该实例，然后创建该实例的一个快照。
（5）测试该实例快照。
（6）将实例快照转换为镜像。

项目总结

　　Glance 是 OpenStack 的一项核心服务，使用户能够上传和获取其他 OpenStack 服务要使用的镜像和元数据定义等数据资产。镜像的管理和制作是 OpenStack 提供 IaaS 基础设施服务的一项基础工作，云管理员应当掌握相应的技术和方法。通过本项目的实施，读者应掌握获取、创建和管理镜像的基本方法，能够定制自己的镜像。下一个项目将介绍 OpenStack 最重要的服务——Nova 计算服务。

项目六
OpenStack虚拟机实例管理

06

学习目标

- 理解 OpenStack 计算服务
- 掌握虚拟机实例的创建和管理操作
- 掌握通过元数据实现虚拟机实例个性化配置的方法
- 掌握虚拟机实例的迁移方法

项目描述

计算服务（Compute Service）是 OpenStack 最核心的服务，负责维护和管理云环境的计算资源。它在 OpenStack 中的项目代号为 Nova。OpenStack 作为 IaaS 的云操作系统，虚拟机实例的生命周期管理就是通过 Nova 来实现的。使用 OpenStack 管理虚拟机实例已经非常成熟，通过 Nova 可以快速自动化地创建虚拟机实例。本项目将介绍计算服务的基础知识、虚拟机实例的创建和管理以及注入元数据进行虚拟机实例个性化配置的方法。在实际应用中，OpenStack 采用的大都是多节点部署，本项目还在单节点一体化云平台的基础上添加一个计算节点，然后基于双计算节点示范虚拟机实例的迁移操作。计算服务是云计算的关键，我们自己也要在此类关键核心技术实现突破，加快数字化发展，建设数字中国。

任务一 理解 OpenStack 计算服务

任务说明

作为 OpenStack 最早的项目之一，Nova 一直是整个 OpenStack 项目中最核心的角色。这是因为 OpenStack 主要用来部署 IaaS，而计算组件必然是其中的核心。OpenStack 使用 Nova 来托管云计算系统。在使用计算服务之前，需要了解相关的基础知识，理解计算服务。本任务的具体要求如下。

- 了解 Nova 项目。
- 了解计算虚拟化技术。
- 理解 Nova 的系统架构。
- 通过操作来验证 OpenStack 的计算服务。

知识引入

1. 什么是 Nova

早期版本的 Nova 非常复杂，涵盖计算、存储和网络 3 大领域。随着云计算技术不断发展，虚拟存储和虚拟网络技术越来越复杂，存储和网络逐渐从 Nova 中分离出来，由 Cinder 项目负责虚拟存储，

Neutron 项目负责虚拟网络，Nova 专注于计算服务。Nova 是 OpenStack 中的计算服务项目，计算虚拟机实例生命周期的所有活动都由 Nova 管理。Nova 提供统一的计算资源服务，除了支持创建虚拟机实例之外，还支持创建物理机（裸金属服务器）和容器，不过对系统容器的支持有限。

Nova 需要下列 OpenStack 服务的支持，才能真正提供可用的计算资源。

（1）Keystone：为所有的 OpenStack 服务提供身份管理和认证。

（2）Glance：提供计算用的镜像库。所有的计算实例都从 Glance 镜像启动。

（3）Neutron：负责配置管理计算实例启动时的虚拟或物理网络连接。

（4）Placement：负责跟踪云中可用的资源库存，以便在创建虚拟机实例时从中选择资源提供者。

Nova 也能与其他服务集成，如 Cinder 块存储服务、加密磁盘和裸金属计算实例。

2. Nova 所用的虚拟化技术

Nova 作为一套在现有操作系统为 Linux 的服务器上运行的守护进程，可提供计算服务，但它自身并没有提供任何虚拟化能力，而是使用不同的虚拟化驱动来与底层所支持的 Hypervisor 交互。在 OpenStack 环境中，Nova 通过 API 服务器来控制 Hypervisor，它具备一个抽象层，可以在部署时选择一种虚拟化技术来创建虚拟机实例，为用户提供云服务。Nova 可用的虚拟化技术列举如下。

（1）KVM。KVM 是非常通用的开放虚拟化技术，也是 OpenStack 用户使用最多的虚拟化技术，它支持 OpenStack 的所有特性。

（2）Xen。Xen 是部署最快速、最安全、开源的虚拟化软件技术，可使多个操作系统相同或不同的虚拟机实例运行在同一物理主机上。Xen 技术主要包括 XenServer（服务器虚拟化平台）、Xen Cloud Platform（XCP，云基础架构）、XenAPI（管理 XenServer 和 XCP 的 API 程序）、XAPI（XenServer 和 XCP 的主守护进程，可与 XenAPI 直接通信）、基于 Libvirt 的 Xen。OpenStack 通过 XenAPI 支持 XenServer 和 XCP 两种虚拟化技术。不过，在 RHEL 等平台上，OpenStack 使用的是基于 Libvirt 的 Xen。

（3）Linux 容器。Linux 容器是一个在单一 Linux 主机上提供多个隔离的 Linux 环境的操作系统级虚拟化技术。不像基于 Hypervisor 的传统虚拟化技术，容器并不需要运行专用的客户端操作系统。目前的容器技术主要有 LXC 和 Docker。LXC 是 Linux Container 的简写，它提供了在单一可控节点上支持多个相互隔离的服务器容器同时执行的机制。Docker 是一个开源的应用容器引擎，让开发者可以打包应用以及依赖包到一个可移植的容器中，然后发布到任何流行的 Linux 平台上；也可以实现虚拟化，容器完全使用"沙箱"机制，相互之间不会有任何接口。LXC/Docker 容器除了一些基本隔离，并未提供足够的虚拟化管理功能，缺乏必要的安全机制。基于容器的方案无法运行与主机内核不同的其他内核，也无法运行一个完全不同的操作系统。目前 OpenStack 社区对容器的驱动支持有限，不如 Hypervisor。

（4）Hyper-V。Hyper-V 是 Microsoft 公司推出的企业级虚拟化解决方案。Hyper-V 的设计借鉴了 Xen，管理程序采用微内核的架构，兼顾了安全性和性能的要求。作为一种免费的虚拟化方案，在 OpenStack 中得到了很多支持。

（5）VMware ESXi。VMware 提供业界领先且可靠的服务器虚拟化平台和软件定义计算产品，其中 ESXi 虚拟化平台用于创建和运行虚拟机和虚拟设备。在 OpenStack 中它也得到支持，但是如果没 vCenter 和企业级许可，一些 API 的使用会受限。

（6）Baremetal 与 Ironic。有些云平台除了提供虚拟化和虚拟机服务外，还提供传统的物理机服务。在 OpenStack 中可以将 Baremetal（裸金属）项目与其他部署有 Hypervisor 的节点通过不同的计算池一起管理。Baremetal 是计算服务的后端驱动，与 Libvirt 驱动、XenAPI 驱动、VMware 驱动一样，只不过它用来管理没有虚拟化的硬件，主要通过 PXE 和 IPMI 进行控制管理。现在 Baremetal 已经由 Ironic 项目代替。Nova 管理的是虚拟机的生命周期，而 Ironic 管理的是物理机的生命周期。Ironic 解决物理机的添加、删除、电源管理、操作系统部署等问题，目标是成为物理机管理的成熟解决方案，让 OpenStack 不仅停留在软件层面解决云计算问题，还可以让供应商针对自己的服务器硬件开发 Ironic 插件。

3. Nova 的系统架构

Nova 包括多个服务器进程，每个进程执行不同的功能。Nova 对外通过 REST API 通信，内部各组件的通信则使用 RPC 消息传递机制。

API 服务器负责处理 REST 请求，通常需要读写数据库，也可以将 RPC 消息发送到其他 Nova 服务，并对 REST 请求作出响应。RPC 消息传递通过 oslo.messaging 库来实现，该库是在消息队列之上的一种抽象。Nova 大多数主要组件可以在多台服务器上运行，由一个管理器来监听 RPC 消息。而 nova-compute 服务是一个例外，只能在它所管理的 Hypervisor 作为单个进程运行。

Nova 也使用一个中心数据库在各组件之间共享数据。但是，为便于升级，数据库通过一个对象层访问，以确保升级的控制平面仍然能够同运行上一个发行版本的 nova-compute 服务进行通信。为此，nova-compute 通过 RPC 将数据库请求交由称为 "nova-conductor" 的中心管理器进行代理。

为便于水平扩展部署，Nova 引入了一个名为 "Cell" 的分布式部署概念。

典型的 Nova 系统架构如图 6-1 所示。

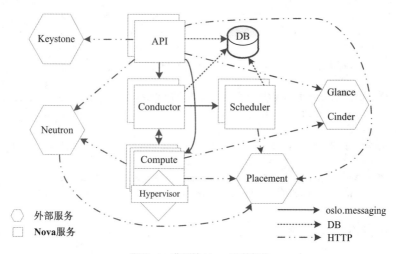

图 6-1 典型的 Nova 系统架构

其中部分组件说明如下。

（1）DB：用于数据存储的 SQL 数据库。

（2）API：此组件用于接收 HTTP 请求和转换命令，并通过 oslo.messaging 队列或 HTTP 与其他组件通信。

（3）Scheduler：用于决定哪台主机承载计算实例的 Nova 调度器。

（4）Compute：管理 Hypervisor 与虚拟机实例之间通信的 Nova 计算组件。

（5）Conductor：中心管理器，用于处理需要协调的请求，作为数据库代理，或者处理对象转换。

（6）Placement：跟踪资源提供者库存和使用的放置服务。

Nova 所有的服务器进程都是可以水平扩展的，OpenStack 因此拥有强大的计算能力。

4. 虚拟机实例化流程

这里以创建虚拟机实例为例说明虚拟机实例化的流程。

（1）用户（可以是 OpenStack 最终用户，也可以是其他程序）执行 Nova 客户端提供的用于创建虚拟机实例的命令。

（2）API 组件监听到来自 Nova 客户端的 HTTP 请求，并将这些请求转换为 AMQP 消息之后加入消息队列,通过消息队列调用 Conductor 组件。

(3) Conductor 组件从消息队列中接收到虚拟机实例化请求消息后,进行一些准备工作(例如汇总 HTTP 请求中所需要实例化的虚拟机参数)。

(4) Conductor 组件通过消息队列通知 Scheduler 组件选择一个合适的计算节点来创建虚拟机实例,此时 Scheduler 组件会读取数据库的内容。

(5) Conductor 组件从 Scheduler 组件处得到合适的计算节点信息后,通过消息队列通知 Compute 组件实现虚拟机实例的创建。

从虚拟机实例化的过程可以看出,Nova 中重要服务之间的通信都是通过消息队列来实现的。这符合松耦合的实现方式。

任务实现

1. 验证 Nova 服务

在 RDO 一体化 OpenStack 云平台上执行以下命令查看当前运行的 Nova 服务。

[root@node-a ~]#　systemctl status *nova*.service

- openstack-nova-scheduler.service – OpenStack Nova Scheduler Server
  Loaded: loaded (/usr/lib/systemd/system/openstack-nova-scheduler.service; enabled; vendor preset: disabled)
  Active: active (running) since Mon 2020-09-28 08:08:20 CST; 3min 33s ago
  …
- openstack-nova-compute.service – OpenStack Nova Compute Server
  Loaded: loaded (/usr/lib/systemd/system/openstack-nova-compute.service; enabled; vendor preset: disabled)
  Active: active (running) since Mon 2020-09-28 08:08:26 CST; 3min 27s ago
  …
- openstack-nova-conductor.service – OpenStack Nova Conductor Server
  Loaded: loaded (/usr/lib/systemd/system/openstack-nova-conductor.service; enabled; vendor preset: disabled)
  Active: active (running) since Mon 2020-09-28 08:08:18 CST; 3min 35s ago
  …
- openstack-nova-novncproxy.service – OpenStack Nova NoVNC Proxy Server
  Loaded: loaded (/usr/lib/systemd/system/openstack-nova-novncproxy.service; enabled; vendor preset: disabled)
  Active: active (running) since Mon 2020-09-28 08:07:15 CST; 4min 38s ago
  …

可以发现共有 4 个 Nova 子服务,openstack-nova-scheduler.service 是计算调度子服务;openstack-nova-compute.service 是计算子服务;openstack-nova-conductor.service 是处理需要调度的请求的子服务;openstack-nova-novncproxy.service 子服务为通过 VNC 连接访问正在运行的虚拟机实例提供一个代理,支持基于浏览器的 noVNC 客户端。

V6-1　试用计算服务的 API

2. 试用计算服务的 API

Nova 的终端用户功能都是由 REST API 提供的,用户可以直接使用 API,也可以通过 SDK 来调用。从 Mitaka 发行版本开始,Nova 支持以下 3 个 API 端点。

(1) / :列出可用的版本。

(2) /v2 :计算 API 的第 1 个版本,可进行扩展。

(3) /v2.1 :除了使用 Microversion(小版本)之外,与 v2 版本相同。

Microversion 是 Nova API v2.1 引入的新机制,表示 API 的小的、有文档记

录的更改版本。用户不得再使用自己的扩展,也不得任意裁剪 Nova API,API 的大小由 Microversion 来进行规范,以保证有一个统一的 API 来实现交互操作。

下面简单测试 Nova API。

执行以下命令列出所有可用的主版本列表。

```
[root@node-a ~]# curl -s -H "X-Auth-Token: $OS_TOKEN"    http://localhost:8774/
{"versions": [{"status": "SUPPORTED", "updated": "2011-01-21T11:33:21Z", "links": [{"href": "http://localhost:8774/v2/", "rel": "self"}], "min_version": "", "version": "", "id": "v2.0"}, {"status": "CURRENT", "updated": "2013-07-23T11:33:21Z", "links": [{"href": "http://localhost:8774/v2.1/", "rel": "self"}], "min_version": "2.1", "version": "2.79", "id": "v2.1"}]}
```

这里给出两个可用的 API 版本 v2.0 和 v2.1,其中"id"是版本标识。v2.0 版本的状态是 SUPPORTED,表示仍被支持;min_version 和 version 的值均为空,表示不支持 Microversion。v2.1 版本的状态是 CURRENT,表示是被支持的当前版本;min_version 表示最旧版本的 Microversion(本例中为 2.1);version 表示最新版本的 Microversion(本例中为 2.79)。

执行以下命令请求一个 demo 项目作用域的令牌。

```
[root@node-a ~]# curl -i   -H "Content-Type: application/json"    -d ' { "auth": {
    "identity": {
      "methods": ["password"],
      "password": {
        "user": {
          "name": "demo",
          "domain": { "id": "default" },
          "password": "ABC123456"
        }
      }
    },
    "scope": {
      "project": {
        "name": "demo",
        "domain": { "id": "default" }
      }
    }
  }
}'   "http://localhost:5000/v3/auth/tokens"
```

返回的结果中提供了令牌 ID,同时给出了可访问的端点列表,关于计算服务的端点信息如下。

```
{"endpoints": [{"region_id": "RegionOne", "url": "http://192.168.199.31:8774/v2.1/4da5e36c1af24c6a9d5e8e55d9684af8", "region": "RegionOne", "interface": "public", "id": "1f672418de514462ac6c8d34e164a509"}, {"region_id": "RegionOne", "url": "http://192.168.199.31:8774/v2.1/4da5e36c1af24c6a9d5e8e55d9684af8", "region": "RegionOne", "interface": "admin", "id": "4cb5056d352d47768c8643e4bb65c4f3"}, {"region_id": "RegionOne", "url": "http://192.168.199.31:8774/v2.1/4da5e36c1af24c6a9d5e8e55d9684af8", "region": "RegionOne", "interface": "internal", "id": "b0b5bc6dff50426489717624b5a0b07f"}], "type": "compute", "id": "5431798976fa4e82bd5ba86a0a8cfcfa", "name": "nova"}}
```

执行命令导出环境变量 OS_TOKEN,将其值设置为上述操作获取的令牌 ID。

执行以下命令尝试通过 Nova API v2.1 获取当前实例列表。

```
[root@node-a ~]# curl -s -H "X-Auth-Token: $OS_TOKEN"    http://localhost:8774/v2.1/servers
{"servers": [{"id": "0044bbab-04e2-461f-bf3c-4523d470e8ba", "links": [{"href": "http://localhost:8774/v2.1/servers/0044bbab-04e2-461f-bf3c-4523d470e8ba", "rel": "self"}, {"href": "http://localhost:
```

8774/servers/0044bbab-04e2-461f-bf3c-4523d470e8ba", "rel": "bookmark"}], "name": "ws2012r2-VM"}, … {"id": "c76418b1-24ca-43b0-8d49-70114d8e41e6", "links": [{"href": "http://localhost:8774/v2.1/servers/c76418b1-24ca-43b0-8d49-70114d8e41e6", "rel": "self"}, {"href": "http://localhost:8774/servers/c76418b1-24ca-43b0-8d49-70114d8e41e6", "rel": "bookmark"}], "name": "Cirros-VM"}]}

结果表明获取实例列表成功。将 URL 路径中的 v2.1 替换为 v2，也会得到同样的结果。

任务二 创建和管理虚拟机实例

任务说明

对于云用户来说，Nova 服务主要是用来提供虚拟机实例的，这就涉及虚拟机实例的创建和管理。创建一个虚拟机实例，必须至少指定实例类型、镜像名称、网络、安全组、密钥和实例名称。要完成实例涉及的各项操作，就有必要理解 Nova 各子服务的运行机制，进一步了解有关的背景知识。本任务的具体要求如下。

- 理解 Nova 各子服务的运行机制。
- 了解镜像和实例的关系。
- 掌握基于图形界面的虚拟机实例创建和管理操作。
- 了解基于命令行界面的虚拟机实例创建和管理基本用法。

知识引入

1. nova-api 服务

Nova 的 API 由 nova-api 服务实现。nova-api 服务接收和响应来自最终用户的计算 API 请求。作为 OpenStack 对外服务的主要接口，nova-api 提供了一个集中的、可以查询所有 API 的端点。作为整个 Nova 组件的门户，所有对 Nova 的请求都首先由 nova-api 处理。API 提供 REST 标准调用服务，便于与第三方系统集成。可以通过运行多个 API 服务实例轻松实现 API 的水平扩展和高可用行性。除了提供 OpenStack 自己的 API，nova-api 还支持 Amazon EC2 API。

最终用户不会直接发送 RESTful API 请求，而是通过 OpenStack 命令行、仪表板和其他需要跟 Nova 交换的组件使用这些 API。只要是跟虚拟机实例生命周期相关的操作请求，nova-api 都可以响应。

nova-api 是外部访问并使用 Nova 提供的各种服务的唯一途径，也是客户端和 Nova 之间的中间层。它将客户端的请求传达给 Nova，待 Nova 处理请求之后再将处理结果返回给客户端。由于这种特殊地位，nova-api 被要求保持高度稳定，目前相关软件已经比较成熟和完备。

2. nova-scheduler 服务

Scheduler 组件由 nova-scheduler 服务实现，旨在解决选择启动虚拟机实例的计算节点的问题。它使用多种规则，考虑内存使用率、CPU 负载率、CPU 构架等多种因素，根据一定的算法，确定虚拟机实例能够运行在哪一台计算服务器上。nova-scheduler 服务会从队列中接收虚拟机实例的请求，通过读取数据库的内容，从可用资源池中选择最合适的计算节点来创建新的虚拟机实例。

在创建虚拟机实例时，用户会提出资源需求，例如 CPU、内存、磁盘各需要多少。OpenStack 将这些需求定义在实例类型（Flavor，又译为实例规格）中，用户只需指定实例类型就可以了。nova-scheduler 服务会按照实例类型去选择合适的计算节点。在 /etc/nova/nova.conf 配置文件中，Nova 通过 scheduler_driver、scheduler_available_filters 和 scheduler_default_filters 这 3 个选项来配置 nova-scheduler。下面主要介绍 nova-scheduler 的调度机制和实现方法。

（1）Nova 调度器类型。

Nova 支持多种调度方式来选择运行虚拟机实例的节点，目前有以下 3 种调度器。
- 随机调度器（Chance Scheduler）：从所有 nova-compute 服务正常运行的节点中随机选择。
- 过滤器调度器（Filter Scheduler）：根据指定的过滤条件以及权重算法选择最佳的计算节点，又被译为筛选器。
- 缓存调度器（Caching Scheduler）：可以看作是随机调度器的一种特殊类型，在随机调度的基础上将主机资源信息缓存在本地内存中，然后通过后台的定时任务定时从数据库中获取最新的主机资源信息。

为便于扩展，Nova 将一个调度器必须要实现的接口提取了出来，称为 nova.scheduler.driver.Scheduler，只要继承 SchedulerDriver 类并实现其中的接口，就可以实现自己的调度器。调度器需要在/etc/nova/nova.conf 配置文件中通过 scheduler_driver 选项指定，默认使用的是过滤器调度器。

scheduler_driver=nova.scheduler.filter_scheduler.FilterScheduler

Nova 可使用第三方调度器，配置 scheduler_driver 选项即可。注意，不同的调度器不能共存。

（2）过滤器调度器的调度过程。

过滤器调度器的调度过程分为两个阶段：第 1 个阶段通过指定的过滤器选择满足条件的计算节点（运行 nova-compute 服务的主机），例如内存使用率低于 50%，可以使用多个过滤器依次进行过滤；第 2 个阶段对过滤之后的主机列表进行权重计算并排序，选择最优（权重值最大）的计算节点来创建虚拟机实例。

这里展示调度过程的一个实例，如图 6-2 所示。刚开始有 6 个可用的计算节点主机，通过多个过滤器层层过滤，将主机 2 和主机 4 排除了；剩下的 4 个主机再通过计算权重与排序，按优先级从高到低依次为主机 5、主机 3、主机 6 和主机 1；主机 5 权重值最高，最终入选。

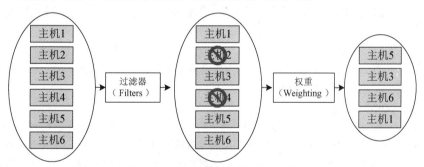

图 6-2 过滤器调度器的调度过程实例

（3）过滤器。

当过滤器调度器需要执行调度操作时，会让过滤器对计算节点进行判断，返回 True（真）或 False（假）。/etc/nova/nova.conf 配置文件中的 scheduler_available_filters 选项用于配置可用的过滤器，默认所有 Nova 内置的过滤器都可以用于执行过滤操作。

scheduler_available_filters = nova.scheduler.filters.all_filters

另外还有一个 scheduler_default_filters 选项用于指定 nova-scheduler 服务要使用的过滤器，其默认值如下。

scheduler_default_filters = RetryFilter, AvailabilityZoneFilter, RamFilter, DiskFilter, ComputeFilter, ComputeCapabilitiesFilter, ImagePropertiesFilter, ServerGroupAntiAffinityFilter, ServerGroupAffinityFilter

过滤器调度器将按照选项值列表中的顺序依次过滤。各过滤器的简介如表 6-1 所示。

表 6-1　Nova 内置的过滤器

过滤器	说明
RetryFilter（再审过滤器）	用于过滤掉之前已经调度过的节点
AvailabilityZoneFilter（可用区域过滤器）	用于将不属于指定可用区域的计算节点过滤掉。为提高容灾性和提供隔离服务，可以将计算节点划分到不同的可用区域中
RamFilter（内存过滤器）	根据可用内存来调度，将不能满足实例类型内存需求的计算节点过滤掉
DiskFilter（磁盘过滤器）	根据可用磁盘空间来调度，将不能满足实例类型磁盘需求的计算节点过滤掉
CoreFilter（核心过滤器）	根据可用 CPU 核心来调度，将不能满足实例类型 vCPU 需求的计算节点过滤掉
ComputeFilter（计算过滤器）	只有 nova-compute 服务正常工作的计算节点才能够被 nova-scheduler 服务调度，这是必选的过滤器
ComputeCapabilitiesFilter（计算能力过滤器）	根据计算节点的能力来过滤
ImagePropertiesFilter（镜像属性过滤器）	根据所选镜像的属性来过滤
ServerGroupAntiAffinityFilter（服务器组反亲和性过滤器）	要求尽量将虚拟机实例分散部署到不同的计算节点上
ServerGroupAffinityFilter（服务器组亲和性过滤器）	要求尽量将虚拟机实例部署到同一个计算节点上

（4）权重计算。

nova-scheduler 服务可以使用多个过滤器依次进行过滤，过滤之后的节点再通过计算权重选出最合适的能够部署虚拟机实例的节点。如果有多个计算节点通过了过滤，那么最终选择哪个节点还需要进一步确定。可以为这些主机计算权重值并进行排序，得到一个最佳的计算节点。这个过程需要调用指定的各种 Weighter 模块，得出主机的权重值。

所有的权重实现模块位于 nova/scheduler/weights 目录下。目前 nova-scheduler 的默认权重实现模块是 RAMweighter，根据计算节点空闲的内存量来计算权重值，空闲内存越多，权重越大。虚拟机实例将被部署到当前空闲内存最多的计算节点上。

3. nova-compute 服务

调度服务 nova-scheduler 只管分配任务，真正执行任务的是 Worker 服务。在 Nova 中，Worker 就是 Compute 组件，由 nova-compute 服务实现。这种职能划分使得 OpenStack 非常容易扩展，一方面，当计算资源不够无法创建虚拟机实例时，可以增加计算节点（增加 Worker）；另一方面，当客户的请求量太大调度不过来时，可以增加调度服务部署。

nova-compute 在计算节点上运行，负责管理节点上的虚拟机实例。通常一台主机运行一个 nova-compute 服务，实例部署在哪台可用的主机上取决于调度算法。OpenStack 对实例的操作，最后都是交给 nova-compute 来完成的。

创建虚拟机实例最终需要与 Hypervisor 打交道。Hypervisor 是计算节点上运行的虚拟化管理程序，也是虚拟机管理最底层的程序。不同的虚拟化技术提供不同的 Hypervisor，常用的 Hypervisor 有 KVM、Xen、VMWare 等。nova-compute 为多种 Hypervisor 定义了一个统一的接口，Hypervisor 只需要实现这些接口，就可以以驱动（Driver）的形式在 OpenStack 系统中实现即插即用，如图 6-3 所示。

nova-compute 与 Hypervisor 一起实现 OpenStack 对虚拟机实例生命周期的管理。它通过 Hypervisor 的 API 来实现创建和销毁虚拟机实例的 Worker 服务。

nova-compute 的功能可以分为以下两类。

（1）定期向 OpenStack 报告计算节点的状态。OpenStack 通过 nova-compute 服务的定期报告获知每个计算节点的信息。每隔一段时间，nova-compute 就会报告当前计算节点的资源使用情况和 nova-compute 服务的状态。nova-compute 是通过 Hypervisor 的驱动来获取这些信息的。例如，计算服务使用的 Hypervisor 是 KVM，则会使用 Libvirt 驱动，由 Libvirt 驱动调用相关的 API 获得资源信息。

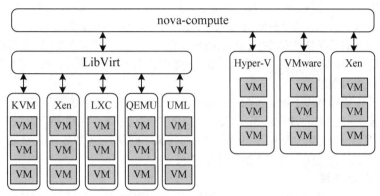

图 6-3　Nova 的驱动架构

（2）实现对虚拟机实例生命周期的管理。OpenStack 对虚拟机实例最主要的操作都是通过 nova-compute 服务实现的，包括实例的创建（Launch）、关闭（Shutdown）、重启（Reboot）、挂起（Suspend）、恢复（Resume）、中止（Terminate）、调整大小（Resize）、迁移（Migration）、创建快照（Snapshot）等。

这里以创建实例为例来说明 nova-compute 的处理过程。当 nova-scheduler 服务选定部署实例的计算节点后，会通过消息中间件 RabbitMQ 向所选的计算节点发出创建实例的命令。计算节点上运行的 nova-compute 服务在收到消息后会执行实例的创建操作，创建过程可以分为以下几个阶段。

（1）为实例准备资源。nova-compute 服务首先会根据指定的实例类型依次为要创建的实例分配内存、磁盘空间和 vCPU。

（2）创建实例的镜像文件。OpenStack 在创建实例时需要选择一个镜像，这个镜像由 Glance 管理。nova-compute 首先将指定的镜像从 Glance 下载到计算节点，然后以其作为支持文件（Backing File）创建实例的镜像文件。

（3）创建实例的 XML 定义文件。

（4）创建虚拟网络并启动虚拟机实例。

4. nova-conductor 服务

Conductor 组件由 nova-conductor 服务实现，旨在为数据库的访问提供一层安全保障。nova-scheduler 服务只能读取数据库的内容，nova-api 服务通过策略限制数据库的访问，两者都可以直接访问数据库，而更加规范的方法是通过 nova-conductor 服务对数据库进行操作。nova-conductor 作为 nova-compute 服务与数据库之间交互的中介，避免了直接访问由 nova-compute 服务创建的云数据库。nova-conductor 可以水平扩展，但是，不要将它部署在运行 nova-compute 服务的节点上。nova-conductor 将 nova-compute 与数据库分离之后提高了 Nova 的可伸缩性。nova-compute 与 nova-conductor 之间通过消息中间件进行交互，这种松散的架构允许配置多个 nova-conductor 副本。在一个大规模的 OpenStack 部署环境里，云管理员可以通过增加 nova-conductor 的数量来满足日益增长的计算节点对数据库的访问。

另外，nova-conductor 方便升级。在保持 nova-conductor-api 兼容的前提下，升级数据库模式（Schema）的同时无须升级 nova-compute。

5. Nova 计算服务与 Placement 放置服务

早期版本的 OpenStack 对资源的管理全部由计算节点承担，在统计资源使用情况时，只是简单地将所有计算节点的资源情况累加起来。但是系统中还存在外部资源，这些资源由外部系统提供，如 Ceph、NFS 提供存储服务。资源提供者可以是一个计算节点、共享存储池或 IP 地址池。面对多种多样的资源提供者，云管理员需要一个统一的、简单的管理接口来统计系统中的资源使用情况，这个接口就是 Placement API。

OpenStack 从 Newton 版本开始引入 Placement API，由 Nova 项目的 nova-placement-api 服务来实现，旨在跟踪记录资源提供者（Resources Provider）的库存和资源使用情况。OpenStack 从 Stein 版本开始将其作为一个独立的项目，提供的是放置服务，用于满足计算服务和其他任何服务的资源选择和使用的管理需求。

Nova 的两个子服务 nova-compute 和 nova-scheduler 与放置服务进行交互。nova-compute 中的 Nova 资源跟踪器负责创建对应于运行资源跟踪器的计算主机资源提供者记录，设置描述可供工作负载使用的定量资源库存（如 VCPU），设置描述资源质量方面的特征（如 STORAGE_DISK_SSD）。nova-scheduler 负责为工作负载选择合适的目标主机。

6. 镜像和实例的关系

实例是在云中的计算节点上运行的虚拟机个体。虚拟机镜像包括一个持有可启动操作系统的虚拟磁盘，为虚拟机文件系统提供模板。用户可以从同一镜像创建任意数量的实例。每个创建的实例在基础镜像的副本上运行。对实例所做的任何改变都不会影响基础镜像。计算服务控制实例、镜像的存储和管理。

在创建实例时必须选择实例类型，实例类型表示一组虚拟资源，用于定义虚拟 CPU 数量、可用的内存和非持久化磁盘大小。用户必须从云上定义的一套可用的实例类型中进行选择。云管理员可以编辑已有的实例类型或添加新的实例类型。

可以为正在运行的实例添加或删除附加的资源（如持久性存储或公共 IP 地址）。例如，在 OpenStack 云中虚拟机系统使用 Cinder 卷服务提供持久性块存储，而不是用所选实例类型提供临时性存储。

图 6-4 所示展示了在创建一个虚拟机实例之前的系统状态。镜像存储拥有许多由镜像服务支持的预定义镜像。在云中，一个计算节点包括可用的 vCPU、内存和本地磁盘资源。此外，Cinder 卷服务存储预定义的卷。

图 6-4　未运行虚拟机实例的基础镜像状态

要创建一个虚拟机实例，需要选择一个镜像、实例类型以及其他可选属性。这里给出一个实例，如图 6-5 所示。所选的实例类型提供一个根卷（Root Volume，本例中卷标为 vda）和附加的非持久性存储（本例中卷标为 vdb）。本例中 cinder-volume 服务存储映射到该实例的第 3 个虚拟磁盘（卷标为 vdc）。

Glance 镜像服务将基础镜像从镜像存储复制到本地磁盘。本地磁盘是实例访问的第 1 个磁盘，也就是标注为 vda 的根卷。越小的实例启动越快，因为只有很少数据需要通过网络复制。

创建实例也会创建一个新的非持久性空磁盘，标注为 vdb。删除该实例时该磁盘也会被删除。

计算节点使用 iSCSI 协议连接到附加的 Cinder 卷存储。卷存储被映射到第 3 个磁盘（本例中卷标为 vdc）。在计算节点置备 vCPU 和内存资源后，该实例从根卷 vda 启动。实例运行并改变该磁盘（图 6-5 中卷存储上的第 1 个）上的数据。如果卷存储位于独立的网络，在存储节点配置文件中所定义的 my_block_storage_ip 选项将镜像流量指向计算节点。

项目六
OpenStack 虚拟机实例管理

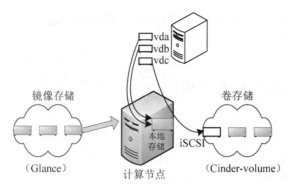

图 6-5 基于一个镜像创建的实例

> **提示** 具体的部署可能使用不同的后端存储，或者不同的网络协议。用于卷 vda 和 vdb 的非持久性存储可能由网络存储支持而不是本地磁盘。

删除实例时，除了持久性卷，其余资源的状态又还原了。非持久性存储无论是否加密过，都将被删除。内存和 vCPU 也会被释放。在整个过程中，只有镜像本身维持不变，如图 6-6 所示。

图 6-6 删除实例后镜像和卷的状态

7. 命令行的实例创建用法

对于云管理员来说，使用命令行工具创建实例的效率更高。建议使用 openstack 命令代替传统的 nova 命令。在使用命令行之前，需要导出用户的环境变量。在创建实例之前，可以执行以下命令查看所需的前提条件。

```
openstack flavor list              #列出可用的实例类型
openstack image list               #列出可用的镜像
openstack network list             #列出可用的网络
openstack security group list      #列出可用的安全组
openstack keypair list             #列出可用的密钥对
```

然后执行创建实例命令。实例创建命令 openstack server create 的详细语法格式如下（由于虚拟机实例就是虚拟服务器，命令语法中使用 server 来表示）。

```
openstack server create
    (--image <镜像> | --volume <卷>)
    --flavor <实例类型>
    [--security-group <安全组>]
    [--key-name <密钥对>]
    [--property <服务器属性>]
    [--file <目的文件名=源文件名>]
    [--user-data <实例注入文件信息>]
    [--availability-zone <域名>]
    [--block-device-mapping <块设备映射>]
```

141

```
[--nic <net-id=网络 ID,v4-fixed-ip=IP 地址,v6-fixed-ip=IPv6 地址,port-id=端口 UUID,auto,none>]
[--network <网络>]
[--port <端口>]
[--hint <键=值>]
[--config-drive <配置驱动器卷>|True]
[--min <创建实例最小数量>]
[--max <创建实例最大数量>]
[--wait]
<实例名>
```

8. 命令行的实例管理用法

云管理员或测试人员一般会基于命令行来管理虚拟机实例,下面介绍常用的操作命令的语法格式。

(1)获取列表。

```
openstack server list
```

(2)查看实例详情。

```
openstack server show [--diagnostics] <实例名或 ID>
```

(3)启动实例。

```
openstack server start <实例名或 ID> [<实例名或 ID> ...]
```

(4)暂停实例及恢复。

```
openstack server pause <实例名或 ID> [<实例名或 ID> ...]
```

该命令在内存中保存暂停实例的状态,已暂停的实例仍然可以运行。可以使用 openstack server unpause 命令恢复。

(5)挂起实例及恢复。

```
openstack server suspend <实例名或 ID> [<实例名或 ID> ...]
```

挂起的实例需要使用 openstack server resume 命令恢复。

(6)废弃实例及恢复。

```
openstack server shelve <实例名或 ID> [<实例名或 ID> ...]
```

废弃的实例会被关闭,实例本身及其相关的数据被保存,但内存中的数据会丢失。可以使用 openstack server unshelve 命令恢复被废弃的实例。

(7)关闭实例。

```
openstack server stop    <实例名或 ID> [<实例名或 ID> ...]
```

(8)重启实例。

实例重启分为软重启和硬重启。软重启是操作系统正常关闭并重启,使用--soft 选项;硬重启是模拟断电然后加电启动,使用--hard 选项。

```
openstack server reboot [--hard | --soft] [--wait] <实例名或 ID>
```

(9)调整实例大小。

调整实例大小是指将实例调整为一个新的实例类型。

```
openstack server resize    [--flavor <flavor> | --confirm | --revert]    [--wait]    <实例名或 ID>
```

这种操作是通过创建一个新的实例,并将原实例磁盘的内容复制到新的实例中来实现的。对于用户来说,分两个处理阶段,第一阶段是执行调整实例大小;第二阶段确认成功并释放原实例,或者使用--revert 选项进行事件回滚,释放新的实例并重启原实例。

(10)删除实例。

```
openstack server delete <实例名或 ID> [<实例名或 ID> ...]
```

(11)修改实例。

```
openstack server set    [--name <新名称>]    [--root-password]    [--property <键=值>]
    [--state <状态>]    <实例名或 ID>
```

- --root-password 选项用于交互式修改 root 账户的密码。
- --property 选项用于添加或修改属性（自定义元数据）。
- --state 选项用于改变状态，只能取值 active（活动）或 error（出错）。

默认情况下，如果不明确指定项目，用户只能管理被分配的项目的实例。即使是云管理员，默认也只能管理 admin 项目的实例。如果要管理其他项目的实例，可以使用--project 选项指定项目，前提是具备相应的权限。使用--all-projects 选项可以操作所有的项目，默认只有 admin 用户具有此权限。要操作其他项目的实例，必须指定实例 ID，而不能是实例名。

任务实现

1. 生成密钥对

密钥对是虚拟机实例启动时被注入的 SSH 凭据，以支持用户凭借证书以 SSH 方式登录到实例。严格来说，被注入的密钥对实际上能够用于访问所创建的实例的 OpenSSH 密钥对中的公钥。用户访问实例时，只需出具与该公钥对应的私钥，不用任何密码即可通过 SSH 登录。在 OpenStack 中创建的密钥对包括公钥和私钥，公钥存放在 OpenStack 数据库中，而私钥提供给用户。在 OpenStack 中，注意密钥对总是属于特定的云用户的。

V6-2 创建和管理虚拟机实例

在项目二中曾示范过基于图形界面的 SSH 密钥对创建，这里示范通过命令行界面创建和管理密钥对的方法。

使用 openstack 命令创建 SSH 密钥对的语法格式如下。

openstack keypair create [--public-key <文件> | --private-key <文件>] 密钥对名称

通常使用--private-key 选项指定私钥文件（.pem），这样会将公钥存放在 OpenStack 数据库中，私钥以文件形式提供给用户。如果不指定任何选项，则生成密钥对时会直接显示私钥信息。

如果使用--public-key 选项指定公钥文件（.pub），则仅创建公钥，而不会创建私钥。这种情形下创建的虚拟机实例在注入密钥对之后，通过 SSH 访问实例需提供公钥文件。

例如，加载 demo 用户环境脚本，然后执行以下命令创建一个名为"demo-pub"的公钥。

```
[root@node-a ~(keystone_demo)]# openstack keypair create --public-key ~/.ssh/id_rsa.pub demo-pub
+-------------+-------------------------------------------------+
| Field       | Value                                           |
+-------------+-------------------------------------------------+
| fingerprint | c6:0f:cc:9d:48:76:e2:1a:c8:99:49:5f:1b:ac:3a:40 |
| name        | demo-pub                                        |
| user_id     | b5e07b6c99e045ec96f0fd79bd4348f8                |
```

其中 fingerprint 字段表示的是密钥指纹。

执行以下命令查看当前的密钥对列表，列表中显示每个密钥对的名称和对应的指纹。

```
[root@node-a ~(keystone_demo)]# openstack keypair list
+----------+-------------------------------------------------+
| Name     | Fingerprint                                     |
+----------+-------------------------------------------------+
| demo-key | 8e:7e:07:70:89:f7:ca:9e:d3:42:22:17:a6:fa:f1:5e |
| demo-pub | c6:0f:cc:9d:48:76:e2:1a:c8:99:49:5f:1b:ac:3a:40 |
```

使用 openstack keypair show 命令可以查看指定密钥对的详细信息。

```
[root@node-a ~(keystone_demo)]# openstack keypair show demo-key
```

```
+-------------+----------------------------------------------+
| Field       | Value                                        |
+-------------+----------------------------------------------+
| created_at  | 2020-08-27T03:32:21.000000                   |
| deleted     | False                                        |
| deleted_at  | None                                         |
| fingerprint | 8e:7e:07:70:89:f7:ca:9e:d3:42:22:17:a6:fa:f1:5e |
| id          | 1                                            |
| name        | demo-key                                     |
| updated_at  | None                                         |
| user_id     | b5e07b6c99e045ec96f0fd79bd4348f8             |
+-------------+----------------------------------------------+
```

该命令加上--public-key选项则仅显示指定密钥对的公钥。

```
[root@node-a ~(keystone_demo)]# openstack keypair show --public-key demo-key
ssh-rsa AAAAB3NzaC...jddcXdfQwA7WyY4udu0ytkMu7 Generated-by-Nova
```

使用openstack keypair delete命令可删除指定密钥对。

2. 添加安全组规则

安全组属于特定的云项目。默认情况下，default安全组适用于其所属项目的所有实例并且包括拒绝访问实例的防火墙规则。项目二中示范了基于图形界面的相关操作，这里示范基于命令行的操作。

例如，加载admin用户环境脚本，查看default安全组的规则列表，结果如图6-7所示。

```
[root@node-a ~(keystone_demo)]# openstack security group rule list default
+--------------------------------------+-------------+-----------+-----------+------------+--------------------------------------+
| ID                                   | IP Protocol | Ethertype | IP Range  | Port Range | Remote Security Group                |
+--------------------------------------+-------------+-----------+-----------+------------+--------------------------------------+
| 0388bc45-2d46-4812-b52f-95bf69503cbf | None        | IPv6      | ::/0      |            | e938d374-f925-407d-ac81-4e8edbbd1344 |
| 10a4f76a-6e8c-4fac-b6d8-cc0e72ee18ad | None        | IPv4      | 0.0.0.0/0 |            | e938d374-f925-407d-ac81-4e8edbbd1344 |
| 4df07133-3d0d-4af9-9ed1-407fb7a942b8 | None        | IPv6      | ::/0      |            | None                                 |
| 584579d5-2641-4d64-bc3b-4e93e6da815b | tcp         | IPv4      | 0.0.0.0/0 | 22:22      | None                                 |
| 659cd929-1a20-443a-b198-d2b7a5f823ad | icmp        | IPv4      | 0.0.0.0/0 |            | None                                 |
| a0e982be-aa22-4ee4-b348-357166174f3b | tcp         | IPv4      | 0.0.0.0/0 | 3389:3389  | None                                 |
| ba744e59-e537-4f0a-b07c-df05d6f3213b | None        | IPv4      | 0.0.0.0/0 |            | None                                 |
+--------------------------------------+-------------+-----------+-----------+------------+--------------------------------------+
```

图6-7 默认安全组的规则列表

针对应用Linux操作系统的虚拟机实例，推荐至少允许ICMP（ping）和安全shell（SSH）规则，分别执行以下命令创建这两个规则。

```
openstack security group rule create --proto icmp default
openstack security group rule create --proto tcp --dst-port 22 default
```

3. 管理实例类型

默认只有云管理员才有权限定制和管理实例类型。配置权限可以通过重新定义访问控制委托给其他用户，具体方法是在nova-api服务器上的/etc/nova/policy.json配置文件中定义compute_extension:flavormanage。

（1）通过Web界面管理实例类型。

以云管理员身份登录OpenStack，展开"管理员">"计算">"实例类型"节点，列出当前的实例类型。系统预置了5个默认的实例类型，如图6-8所示。

可以根据需要创建新的实例类型。单击"创建实例类型"按钮，弹出图6-9所示的面板，首先设置实例类型的参数。

- 名称：一个描述性的名称。
- ID：默认设置为"auto"，会自动生成一个UUID。这里改为一个数字。
- VCPU数量：实例要使用的虚拟CPU数量。
- 内存：实例要使用的内存大小，单位是MB。
- 根磁盘：复制基础镜像的临时磁盘。当从一个持久卷启动时则用不到该磁盘。大小为0是特殊情况，这里使用本地基础镜像大小作为临时根卷的大小。

- 临时磁盘：虚拟机实例生命周期中所使用的本地存储空间，默认值为 0。一旦虚拟机实例被终止，临时磁盘上所有数据都会丢失。任何快照都不包括临时磁盘。
- Swap 磁盘：可选项，为实例分配交换空间。默认值也为 0。
- RX/TX 因子：可选项，定义实例上任何网络端口的接收与传输比值，默认为 1.0。

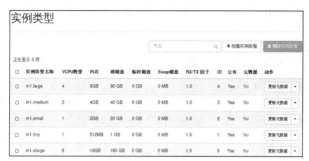

图 6-8　实例类型列表

图 6-9　设置实例类型信息

创建实例类型时可以定义其使用权。单击"实例类型使用权"按钮可进入相应界面，如图 6-10 所示，指定该实例类型可由哪些项目使用。如果不定义，则任何项目都可以使用。

图 6-10　设置实例类型使用权

设置好上述选项后，单击"创建实例类型"按钮即可完成创建。

要在仪表板界面中修改现有的实例类型，必须先删除该实例类型，再创建一个同名的。自定义的实例类型可以修改使用权。

（2）通过命令行管理实例类型。

云管理员可以使用 openstack flavor 命令来定制和管理实例类型。下面列举基本用法。

显示实例类型列表的命令如下。

```
openstack flavor list
```

查看实例类型详情的语法格式如下。

```
openstack flavor show 实例类型 ID
```

创建实例类型最简单的方法是指定名称、ID、内存（单位 MB）、根磁盘大小（范围 GB）和 VCPU 数。

```
openstack flavor create 实例类型名称 --id 实例类型 ID --ram 内存 --disk 根磁盘 --vcpus VCPU 数
```

使用命令行创建实例类型还可以使用 --public 选项决定实例类型是所有用户都可访问，还是仅所创建的项目自用，其值默认是 True。下面给出一个例子。

```
openstack flavor create --public m1.extra_tiny --id auto --ram 256 --disk 0 --vcpus 1 --rxtx-factor 1
```

对于现有本地实例类型，可以使用 openstack flavor set 命令来修改其参数设置。

删除实例类型的命令语法格式如下。

```
openstack flavor delete 实例类型 ID
```

4. 创建实例

项目二和项目五都涉及基于图形界面的实例创建，这里示范一下基于命令行界面的实例创建。执行以下命令，基于 cirros 镜像创建一个实例类型为"m1.test"、密钥对为"demo-key"、名为"cirros-VM2"的虚拟机实例。

```
[root@node-a ~(keystone_demo)]# openstack server create --image cirros --flavor m1.test --key-name demo-key cirros-VM2
```

除了直接基于镜像创建实例外，还可以基于卷来创建实例。这个卷必须是基于一个云镜像建立的可启动的卷（相当于启动盘）。例如，首先执行以下命令创建一个基于 cirros 镜像的大小为 1 GB 的卷。

```
[root@node-a ~(keystone_demo)]# openstack volume create --image cirros --size 1 --availability-zone nova mybootvol
```

然后执行以下命令基于该卷创建实例，其中 --volume 选项用于指定为实例创建启动盘的卷（块设备）。

```
[root@node-a ~(keystone_demo)]# openstack server create --flavor m1.tiny --volume mybootvol --key-name demo-key cirros-VM3
```

这个实例本身将保存在该启动卷上，如图 6-11 所示，重启不会丢失实例运行时添加或修改的数据。

图 6-11　实例所连接到的可启动卷

5. 创建实例排错

创建实例的过程中可能会遇到错误，导致创建失败。如果无法创建虚拟机实例，那么需要查看所有相关的日志，可以直接使用以下命令来显示相关错误信息。

```
grep 'ERROR' /var/log/nova/*
grep 'ERROR' /var/log/neutron/*
grep 'ERROR' /var/log/glance/*
grep 'ERROR' /var/log/cinder/*
grep 'ERROR' /var/log/keystone/*
```

注意，在控制节点和计算节点上都需要进行日志查找操作，而且最好在执行创建实例操作之前将日志清空。这里介绍两个典型的实例创建错误处理方法。

（1）错误信息"No valid host was found. There are not enough hosts available."。

在小型实验环境中，刚开始在一个计算节点上创建几个虚拟机实例都没问题，但是再创建更多的实例就会失败，报出上述错误。这主要是资源不足造成的，可能的原因如下。

- 计算节点的内存不足，CPU 资源不够，硬盘空间资源不足。这种情形如果将实例类型的规格调低，可能就能创建成功。
- 网络配置不正确，造成创建实例时获取 IP 失败。可能是网络不通或防火墙引起的。
- openstack-nova-compute 服务状态问题。尝试重启控制节点的 nova 相关服务和计算节点的 openstack-nova-compute 服务，检查控制节点和计算节点的 nova.conf 配置是否正确。

笔者实验中遇到此类错误的原因是磁盘空间不足。加载 admin 用户环境脚本，执行以下命令查看指定计算节点的资源使用情况。

```
[root@node-a ~(keystone_admin)]# openstack hypervisor show node-a
```

如果发现 disk_available_least（最少可用磁盘空间）值偏低，不足以创建实例类型所要求的根磁盘，则需要解决磁盘空间不足的问题。

（2）错误信息"Volume xxx did not finish being created even after we waited x seconds or 61 attempts. And its status is downloading."。

这表明 OpenStack 在尝试若干秒或 61 次后，实例所依赖的卷没有创建完成。实例创建失败的原因是创建卷需要的时间比较久，在卷创建成功之前，Nova 组件等待超时了。在/etc/nova/nova.conf 配置文件中有一个控制卷设备重试的选项 block_device_allocate_retries，可以通过修改此选项的值来延长等待时间。其默认值为 60，对应了实例创建失败消息里的"61 attempts"。可以将该值改为 180，重启主机或者 Nova 各个子服务，使配置更改生效，从而让 Nova 组件不会因等待卷创建而超时。

6. 管理虚拟机实例

云管理员可以管理不同云项目中的虚拟机实例，普通用户只能查看和操作自己所在项目的虚拟机实例。

在基于 Web 的仪表板中管理虚拟机实例，只需在实例列表中打开某实例的"动作"下拉菜单，选择相应的命令完成操作即可。

云管理员或测试人员一般会基于命令行管理虚拟机实例，具体参照本任务知识引入中的操作命令用法介绍。

7. 访问虚拟机实例

虚拟机实例创建成功后，云用户可以通过多种方式对其进行访问。例如通过 SSH 访问使用 Linux 操作系统的虚拟机实例，通过远程桌面连接访问使用 Windows 操作系统的虚拟机实例。

通常先将证书私钥文件（.pem）存放到用户主目录下的.ssh 子目录（该子目录默认隐藏）中，本例将前面添加密钥对时下载的 SSH 私钥文件复制到该子目录中。

```
[root@node-a ~]# cp Downloads/demo-key.pem ~/.ssh
```

然后修改该密钥文件的访问权限，本例中执行以下命令使该文件只能由所有者访问。

```
[root@node-a ~]# chmod 700 ~/.ssh/demo-key.pem
[root@node-a ~]# ssh -i ~/.ssh/demo-key.pem cirros@192.168.199.60
```

OpenStack 也提供了两种远程访问虚拟机实例桌面的方式：VNC 和 SPICE HTML5。这两种方式可通过仪表板在浏览器端直接打开虚拟机实例的远程控制台进行访问，并可通过浏览器与虚拟机实例交互。

除了可以登录仪表板访问虚拟机实例的控制台之外，还可以获取正在运行的虚拟机实例的 VNC 会话 URL 并从 Web 浏览器直接访问它。执行以下命令。

```
[root@node-a ~(keystone_demo)]# openstack console url show cirros-VM3
```

获取的 URL 值如下。

```
http://192.168.199.31:6080/vnc_auto.html?path=%3Ftoken%3D8f8df57a-6969-4e7b-8764-6ef4e7
21d559
```

在浏览器中通过该 URL 来访问虚拟机实例的控制台，如图 6-12 所示。注意，这个 URL 是随机生成的，每次生成的都不同。

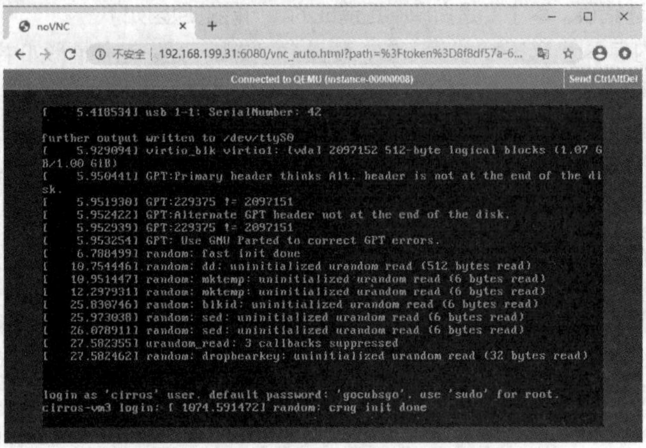

图 6-12　在浏览器中访问虚拟机实例控制台

任务三　注入元数据实现虚拟机实例个性化配置

任务说明

在 IaaS 云计算平台中，虚拟机实例启动时的自定义配置是必不可少的，OpenStack 通过元数据机制来实现这一功能。虚拟机实例的元数据是一组与一台虚拟机实例相关联的键值对。Nova 支持为虚拟机实例注入元数据，目的是为创建的虚拟机实例提供配置信息和设置参数，对虚拟机实例进行个性化定制。虚拟机实例可通过 Nova 元数据服务（Metadata Service）或者配置驱动器（Config Drive）这两种途径获取元数据，而如何使用这些元数据配置虚拟机实例则由 cloud-init 工具负责。本任务的具体要求如下。

- 了解元数据注入。
- 理解元数据服务机制。
- 理解配置驱动器机制。
- 掌握用户数据注入虚拟机实例的方法。
- 验证元数据服务机制和配置驱动器机制。

知识引入

1. 元数据注入

OpenStack 的虚拟机实例是基于镜像部署的，镜像中包含了操作系统、最常用的软件（如 SSH）以及最通用的配置（如网卡设置）。实际应用中，在创建虚拟机实例时通常要对其进行一些额外的自定义配置，如安装软件包、添加 SSH 密钥、配置主机名、设置磁盘大小、执行脚本等。如果可以将这些自定义配置都加到镜像中，则每次部署虚拟机实例，都要制作定制化的镜像，费时费力不说，庞杂的镜像也不便管理，而且违背了镜像本来是为模板提供通用配置的初衷。当然，也可以在实例创建之后手工完成这些个性化配置，只是这不符合云服务自动化部署的基本要求。可行的方案是通过向虚拟机实例注入元数据信息，让虚拟机实例在启动时获得自己的元数据，虚拟机实例中的 cloud-init（Windows 操作系统使用的是 Cloudbase-Init）工具会根据元数据完成个性化配置工作。这样就不需要修改基础镜像，且能在保证镜像稳定性的同时实现虚拟机实例的自动化个性配置，从而避免单独为每个虚拟机实例进行手动初始化配置。

OpenStack 将 cloud-init 定制虚拟机实例配置时获取的元数据信息分成两大类：元数据和用户数据。这两类数据只是代表了不同的信息类型，实质上都是提供配置信息的数据源，使用了相同的信息注入机制。元数据是结构化数据，以键值对形式注入虚拟机实例，包括实例自身的一些常用属性，如主机名、网络配置信息（IP 地址和安全组）、SSH 密钥等。用户数据是非结构化数据，通过文件或脚本的方式进行注入，支持多种文件格式，如 gzip 压缩文件、Shell 脚本、cloud-init 配置文件等，主要包括一些命令、脚本等，例如设置 root 密码的命令。

OpenStack 将元数据和用户数据配置信息的注入机制分为两种：一种是元数据服务机制，要求虚拟机实例必须首先能够通过 DHCP 正确获取 IP 地址；另一种是配置驱动器机制。cloud-init 工具与这两种机制一起实现了虚拟机实例的个性化定制。下面以 SSH 密钥注入为例，简单说明其实现过程。

（1）OpenStack 创建一个 SSH 密钥对，将其中的公钥存放在 OpenStack 数据库中，而将私钥提供给用户（可下载）。

（2）创建虚拟机实例时选择该 SSH 密钥对，完成实例创建之后，cloud-init 将其中的公钥写入实例，一般会保存到实例的 .ssh/authorized_keys 目录中。

（3）用户可以用该 SSH 密钥对的私钥直接登录实例。

2. 元数据服务机制

如果虚拟机实例能够自动正确配置网络，则可以通过元数据服务机制获取元数据信息。向虚拟机实例注入 SSH 公钥是最常见的元数据服务机制应用。

OpenStack 提供 API 让虚拟机实例可以通过 REST API 来获取元数据，这一过程主要是由 nova-api-metadata 组件实现的，同时还需要 neutron-metadata-agent 和 neutron-ns-metadata-proxy 这两个组件的配合。元数据服务的架构如图 6-13 所示。

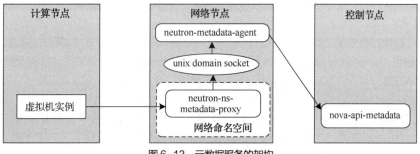

图 6-13 元数据服务的架构

这个架构的运行机制比较复杂。nova-api-metadata 在控制节点上运行，启动 RESTful 服务，负责处理虚拟机实例发送的 REST API 请求。作为元数据的提供者，nova-api-metadata 是 nova-api 的一个子服务，实例正是通过 nova-api-metadata 的 REST API 来获取元数据信息的。控制节点上运行的 nova-api-metadata 使用的是管理网络，由于网络不通，计算节点上的实例无法直接访问元数据服务，转而借助 neutron-metadata-agent 将请求转发到 nova-api-metadata。neutron-metadata-agent 在网络节点上运行，负责将接收到的元数据请求转发给 nova-api-metadata。而 neutron-metadata-agent 使用的也是管理网络，这样计算节点上的实例也不能与它通信，不过网络节点上的 DHCP 代理和 L3 代理另外两个组件与实例可以位于同一虚拟网络中，可借助在网络节点上运行的 neutron-ns-metadata-proxy 在虚拟机实例和 nova-api-metadata 之间建立通信。

虚拟机实例通过元数据服务获取元数据的大致流程如下。

（1）虚拟机实例通过项目网络将元数据请求发送到 neutron-ns-metadata-proxy，此时会在请求中添加路由器 ID 和网络 ID。

（2）neutron-ns-metadata-proxy 通过 unix domain socket 将请求发送给 neutron-metadata-agent。此时根据请求中的路由器 ID、网络 ID 和 IP 获取端口信息，从而获得实例 ID 和项目 ID 的信息并将其加入请求中。

（3）neutron-metadata-agent 通过内部管理网络将请求转发给 nova-api-metadata。此时利用实例 ID 和项目 ID 获取虚拟机实例的元数据。

（4）获取的元数据被原路返回给发出请求的虚拟机实例。

3. 配置驱动器机制

如果虚拟机实例无法通过 DHCP 获取网络信息，使用配置驱动器就非常必要。配置驱动器主要用于配置虚拟机实例的网络信息，包括 IP、子网掩码、网关等。例如，可以先通过配置驱动器给虚拟机实例传递 IP 配置，这样在配置该实例的网络设置之前，就可以先加载和访问该实例了。

采用配置驱动器机制，OpenStack 将元数据信息写入虚拟机实例一个特殊的配置设备中，也就是在配置驱动器中存储元数据，然后在实例启动时，自动挂载该设备，从其中的文件读取元数据信息，从而实现配置信息的注入。

任何可以挂载 ISO 9660 或者 VFAT 文件系统的客户端操作系统都可以使用配置驱动器，可以说配置驱动器是一个特殊的文件系统。

配置驱动器的具体实现会根据 Hypervisor 和具体配置有所不同，不同的底层 Hypervisor 所支持的挂载设备类型也不尽相同。以常用的 Libvirt 为例进行说明，OpenStack 将元数据写入 Libvirt 的虚拟磁盘文件中，并指示 Libvirt 将其虚拟为 CD-ROM 设备。虚拟机实例在启动时，客户端操作系统中的 cloud-init 会去挂载并读取该设备，然后根据所读取的内容对实例进行配置，其中的 user_data 文件就是在创建虚拟机实例时指定需要执行的脚本文件。

使用配置驱动器对计算主机和镜像都有一定的要求。计算主机的 Hypervisor 可以是 libvirt、XenServer、Hyper-V 或 VMware，以及裸金属服务，镜像尽可能采用最新版本的 cloud-init 工具包制作。

如果一个镜像没有安装 cloud-init 工具包，那么必须定制镜像运行脚本来实现在虚拟机实例启动期间挂载配置磁盘、读取数据、解析数据并且根据数据内容执行相应动作，否则无法实现元数据注入。例如，如果无法在客户端操作系统内安装 cloud-init 工具包，可以使用自定义脚本获取一个公钥并将其添加到用户账户中。

要启用配置驱动器，可以在执行 openstack server create 命令创建虚拟机实例时使用 --config-drive true 选项。也可以在/etc/nova/nova.conf 配置文件中设置以下选项，来设置计算服务在创建虚拟机实例时默认启用配置驱动器机制。

```
force_config_drive=true
```

如果客户端操作系统支持通过标签来访问磁盘，那么可以挂载配置驱动器作为/dev/disk/by-label/[配置驱动器卷标]设备。在下面的例子中，配置驱动器有 config-2 卷标。

```
mkdir -p /mnt/config
mount /dev/disk/by-label/config-2 /mnt/config
```

4. 进一步了解 cloud-init

为实现定制功能，cloud-init 工具包必须以适当的受控方式集成到虚拟机实例的系统启动中。它在虚拟机实例启动时的运行过程可分为以下 5 个阶段。

（1）生成器（Generator）：在 systemd 支持的启动过程中运行一个生成器来决定 cloud-init.target 目标是否被嵌入启动（boot）目标中。默认将启用该生成器。

（2）本地（Local）：本阶段完成两项任务，一是定位本地数据源，二是网络配置。在此阶段虚拟机实例还不知道该如何配置网卡，如果启用配置驱动器，则会从配置驱动器中获取网卡配置信息，然后写入实例的网卡配置文件中。无论网卡对应的子网是否启用 DHCP，所有网卡都能被正确配置。如果未启用配置驱动器，则将扫描出来的第一个网卡配置成 DHCP 模式，这是传统的客户端操作系统的常用网络配置机制。在这种情形下，其他网卡无法获取配置。这是非常关键的阶段，只有当网卡正确配置后，才能通过元数据服务获取到元数据。

（3）网络（Network）：本阶段对磁盘进行分区和格式化，配置文件系统挂载。此时要求所配置的网络都处于连接状态，因为用户可能在网络资源中提供用户数据来定义本地装载，所以会处理所发现的任何用户数据。

（4）配置（Config）：本阶段仅运行配置模块。那些对启动过程的其他阶段没有实质影响的模块在此运行，所以会处理所发现的任何用户数据。

（5）完成（Final）：此为最后阶段，登录系统之后运行的脚本（如软件包安装）应当在此阶段运行。

任务实现

1. 向虚拟机实例注入用户数据

基于安装有 cloud-init 软件包的镜像创建虚拟机实例时，默认注入实例的元数据是由镜像中的 cloud-init 配置来决定的。用户不能直接修改镜像，也就不能修改其中的 cloud-init 配置（除非是用户自己创建的镜像）。但是，可以通过用户数据将需要的脚本、参数配置提交给元数据服务，然后利用镜像中的 cloud-init 工具向实例注入这些用户数据，以进一步定制实例初始化配置。

V6-3 注入元数据实现虚拟机实例个性化配置

用户数据是创建虚拟机实例时用户可以定义的一组数据，相当于一种特殊的元数据。在实例中可以通过元数据服务或配置驱动器来访问用户数据。用户数据通常用来在实例启动时给实例传递 shell 脚本。这里给出一个为实例设置用户密码的例子。

官方的 Linux 操作系统云镜像默认只向虚拟机实例注入 SSH 密钥，创建虚拟机实例之后只能通过 SSH 密钥登录。这里在脚本中使用 cloud-config 指令，利用 cloud-init 的 cc_set_passwords.py 模块为用户设置密码并启用密码登录方式。需要传入的脚本如下，每行脚本的作用见其后的说明。

```
#cloud-config            #cloud-init 会读取它开头的数据，这一行一定要写上
chpasswd:
    list: |
        root:abc123      #设置 root 密码
        fedora:abc123    #设置默认用户 fedora 的密码
    expire: false        #密码不过期
ssh_pwauth: true         #启用 SSH 密码登录（默认只能通过 SSH 密钥登录）
```

注意以上行尾注释只是便于说明，实际的注释必须从行首开始。这里通过图形界面再创建一个 Fedora 虚拟机实例时，直接将上述代码（注意要将中文注释内容删除）复制到"配置"选项卡的"定制化脚本"文本框中，并勾选"配置驱动"复选框（目的是启用配置驱动器），如图 6-14 所示。

这里启用配置驱动器是为了后面对配置驱动器进行验证，实际上对注入用户数据来说不是必需的，因为可通过元数据服务来实现注入。

也可以将上述脚本保存为文件，在创建实例时在"配置"选项卡中单击"Browse"按钮，选择对应脚本文件作为要注入虚拟机实例的用户数据文件加载。如果改用 openstack server create 命令来实现相同功能，则可使用 --user-data 选项传入该脚本文件，使用 --config-drive 选项来启用配置驱动器（将其值设为 True）。

新创建的 fedora-newVM 虚拟机实例如图 6-15 所示，这里为其分配了浮动 IP 地址以便同外网通信。

图 6-14 设置实例的定制化脚本

图 6-15 新创建的 fedora-newVM 虚拟机实例

接下来通过 SSH 登录该实例进行测试。

[root@node-a ~]# ssh fedora@192.168.199.72
…
fedora@192.168.199.72's password:　　　　#输入用户数据中设置的 fedora 密码
[fedora@fedora-newvm ~]$　　　　#成功登录

在该实例上执行以下命令查看有关密码设置的 cloud-init 运行日志以进一步验证。

[fedora@fedora-newvm ~]$ cat /var/log/cloud-init.log | grep password
2020-11-02 02:03:40,823 - stages.py[DEBUG]: Running module set-passwords (<module 'cloudinit.config.cc_set_passwords' from '/usr/lib/python3.8/site-packages/cloudinit/config/cc_set_passwords.py'>) with frequency once-per-instance
2020-11-02 02:03:40,827 - handlers.py[DEBUG]: start: modules-config/config-set-passwords: running config-set-passwords with frequency once-per-instance
2020-11-02 02:03:40,830 - util.py[DEBUG]: Writing to /var/lib/cloud/instances/0e2a29c9-e294-4539-abf4-891a3f0f9dda/sem/config_set_passwords - wb: [644] 24 bytes
2020-11-02 02:03:40,840 - util.py[DEBUG]: Restoring selinux mode for /var/lib/cloud/instances/0e2a29c9-e294-4539-abf4-891a3f0f9dda/sem/config_set_passwords (recursive=False)
2020-11-02 02:03:40,853 - util.py[DEBUG]: Restoring selinux mode for /var/lib/cloud/instances/0e2a29c9-e294-4539-abf4-891a3f0f9dda/sem/config_set_passwords (recursive=False)
2020-11-02 02:03:40,860 - helpers.py[DEBUG]: Running config-set-passwords using lock (<FileLock using file '/var/lib/cloud/instances/0e2a29c9-e294-4539-abf4-891a3f0f9dda/sem/config_set_passwords'>)
2020-11-02 02:03:40,862 - cc_set_passwords.py[DEBUG]: Handling input for chpasswd as multiline string.
2020-11-02 02:03:40,867 - cc_set_passwords.py[DEBUG]: Changing password for ['root', 'fedora']:
2020-11-02 02:03:44,794 - cc_set_passwords.py[DEBUG]: Restarted the ssh daemon.
2020-11-02 02:03:44,799 - handlers.py[DEBUG]: finish: modules-config/config-set-passwords: SUCCESS: config-set-passwords ran successfully

从结果可以发现，创建的虚拟机实例首次启动时，在运行 cloud-init 的过程中会调用 cc_set_

passwords.py 模块更改 root 和 fedora 账户的密码。

2. 设置虚拟机实例的元数据（属性）

创建虚拟机实例时可以设置元数据，对于已创建的虚拟机实例，可以更改其元数据。不同于 cloud-init 初始化注入的元数据，这种元数据向虚拟机实例提供键值对形式的属性信息。创建实例时可以在"元数据"选项卡中设置实例的元数据。创建实例之后，可以更改实例的元数据。

下面以在图形界面更改实例的元数据为例进行讲解。打开实例列表，从要操作的实例（不要求处于运行状态）的"动作"下拉菜单中选择"更新实例元数据"命令，在打开的界面中添加一个定制（自定义）的元数据，如图 6-16 所示，单击"保存"按钮。查看该实例的概况信息，会发现新增的元数据，如图 6-17 所示。

图 6-16　更新实例的元数据

图 6-17　查看实例的概况

如果改用 openstack server create 或 openstack server set 命令来设置，则可以通过 --property 选项设置虚拟机实例的属性，以"键=值"形式定义，可以设置多个属性。

3. 验证元数据服务机制

计算节点为虚拟机实例提供元数据服务来获取元数据。元数据最早是由 Amazon 公司提出的，当时规定元数据服务的地址为 169.254.169.254:80，为了兼容 EC2，OpenStack 沿用这一规定，因此实例可通过 http://169.254.169.254 访问元数据服务。元数据服务支持两套 API——OpenStack 元数据 API 和 EC2 兼容的 API，两种 API 都以日期为版本。元数据分发的是 JSON 格式。其中，OpenStack 元数据格式可读性高，EC2 元数据格式可读性差一些。

这里以在 fedora-newVM 虚拟机实例（该实例注入有用户数据，并通过更新元数据的操作添加属性）上使用 OpenStack 元数据 API 为例进行验证。

通过 SSH 登录 fedora-newVM 实例，执行以下命令获取元数据 API 所支持的版本列表。

```
[fedora@fedora-newvm ~]$ curl http://169.254.169.254/openstack
2012-08-10
2013-04-04
...
2018-08-27
latest
```

执行以下命令进一步获取其中最新版本（latest）的元数据文件目录。

```
[fedora@fedora-newvm ~]$ curl http://169.254.169.254/openstack/latest
meta_data.json
user_data
.password
vendor_data.json
network_data.json
vendor_data2.json
```

元数据和用户数据都可以由虚拟机实例访问。

查看具体的元数据文件要指定文件路径，执行以下命令查看 meta_data.json 文件的内容并以 JSON 格式显示（使用 python -m json.tool 来实现）。

```
[fedora@fedora-newvm ~]$ curl http://169.254.169.254/openstack/latest/meta_data.json | python -m json.tool
    % Total    % Received % Xferd  Average Speed   Time    Time     Time  Current
                                   Dload  Upload   Total   Spent    Left  Speed
100  1842  100  1842    0     0    610      0  0:00:03  0:00:03 --:--:--   614
{
    "random_seed": "0wgHSeJSp4BQy ... FEpEOQ1vngLZi64u8x4Uaw=",
    "uuid": "542499e3-e6d4-429c-a134-0625e65e3e46",
    "availability_zone": "nova",
    "keys": [
        {
            "data": "ssh-rsa AAAAB3NzaC1yc ... ytkMu7 Generated-by-Nova",
            "type": "ssh",
            "name": "demo-key"
        }
    ],
    "hostname": "fedora-newvm.novalocal",
    "launch_index": 0,
    "devices": [],
    "meta": {
        "isTest": "true"
    },
    "public_keys": {
        "demo-key": "ssh-rsa AAAAB3NzaC ... 7WyY4udu0ytkMu7 Generated-by-Nova"
    },
    "project_id": "2a39abedd09644bb92487a78ee442e3f",
    "name": "fedora-newVM"
}
```

以上元数据有些是实例创建过程中由 cloud-init 设置的，如 SSH 密钥（keys）、公钥（public_keys）、主机名（hostname）等。

如果通过 --property 选项为 openstack server create 命令提供元数据，或者在图形界面通过"元数据"选项卡定义元数据，那么这些元数据将出现在 meta_data.json 文件的"meta"键所定义的 JSON 格式的集合中。这类元数据与 cloud-init 无关。

只有当 --user-data 选项和用户数据文件被传入 openstack server create 命令，或者在图形界面通过配置驱动器注入用户数据时，才会出现像 user_data 这样的用户数据文件，不过 user_data 不是 JSON 格式。执行以下命令进行验证。

```
[fedora@fedora-newvm ~]$ curl http://169.254.169.254/openstack/latest/user_data
#cloud-config
chpasswd:
   list: |
        root:abc123
        fedora:abc123
   expire: false
ssh_pwauth: true
```

4. 验证配置驱动器机制

配置驱动器是元数据服务的一种补充，任何可以挂载 ISO 9660 或者 VFAT 文件系统的现代客户端操作系统，都可以使用配置驱动器。

这里仍然以 Fedora-newVM 虚拟机实例（该实例启用配置驱动器）为例进行验证。

通过 SSH 登录该实例，执行以下命令，先将配置驱动器（标签为 config-2 的设备）挂载到/mnt/config 目录。

```
[fedora@fedora-newvm ~]$ su root                                        #切换到 root 身份操作
Password:
[root@fedora-newvm fedora]# mkdir –p /mnt/config                        #创建挂载目录
[root@fedora-newvm fedora]# mount /dev/disk/by-label/config-2 /mnt/config    #挂载配置驱动器
mount: /mnt/config: WARNING: device write-protected, mounted read-only.
[root@fedora-newvm fedora]# exit                                        #退出 root 身份操作
exit
```

执行 mount 命令查看当前挂载的文件系统，可以发现其中包括以下信息。

`/dev/sr0 on /mnt/config type iso9660 (ro,relatime,nojoliet,check=s,map=n,blocksize=2048)`

这项信息说明配置驱动器以 ISO 9660 文件系统类型挂载。

执行以下命令查看该挂载目录下的内容，可以发现其中有两个目录。

```
[root@fedora-newvm fedora]# ls /mnt/config
ec2    openstack
```

这两个目录分别存放的是 EC2 格式和 OpenStack 格式的元数据。执行以下命令查看 openstack 目录下的内容，可以发现其存放的是元数据的版本列表。

```
[root@fedora-newvm fedora]# ls /mnt/config/openstack
2012-08-10   2013-10-17   2016-06-30   2017-02-22   latest
2013-04-04   2015-10-15   2016-10-06   2018-08-27
```

执行以下命令查看最新版本（latest）的元数据文件目录。

```
[root@fedora-newvm fedora]# ls /mnt/config/openstack/latest
meta_data.json   network_data.json   user_data   vendor_data2.json   vendor_data.json
```

执行以下命令查看其中 meta_data.json 文件的内容。

```
[root@fedora-newvm fedora]# cat /mnt/config/openstack/latest/meta_data.json
{"admin_pass": "ND6Zr65Cm6WD", "random_seed": "tcSWpigbvmE1t5Emv…Dv+BD7qR/uCXjuiRjKFO4FEUYpB8=", "uuid": "542499e3-e6d4-429c-a134-0625e65e3e46", "availability_zone": "nova", "keys": [{"data": "ssh-rsa AAAAB3NzaC1yc2…dfQwA7WyY4udu0ytkMu7 Generated-by-Nova", "type": "ssh", "name": "demo-key"}], "hostname": "fedora-newvm.novalocal", "launch_index": 0, "devices": [], "public_keys": {"demo-key": "ssh-rsa AAAAB3NzaC1yc2…A7WyY4udu0ytkMu7 Generated-by-Nova"}, "project_id": "2a39abedd09644bb92487a78ee442e3f", "name": "fedora-newVM"}
```

其中没有显示属性数据。

再执行命令查看用户数据文件 user-data 的内容，结果与验证元数据服务的相同。

至此可以发现，配置驱动器的元数据基本与元数据服务的相同。

任务四 增加一个计算节点

任务说明

为使读者熟悉多节点 OpenStack 云平台，这里在单节点的 RDO 一体化 OpenStack 云平台的基础上进行扩展，使用 Packstack 安装器再增加一个计算节点，构建一个双节点的实验环境。本任务的具体要求如下。

- 了解计算服务的物理部署。
- 增加一个计算节点并进行验证。

知识引入

1. Nova 的物理部署

OpenStack 是一个无中心结构的分布式系统，其物理部署非常灵活，可以部署到多个节点上以获得更好的性能和高可用性；当然也可以将所有服务都安装在一台物理机上，作为一个"All-in-One"测试环境。Nova 只是 OpenStack 的一个子系统，由多个组件和服务组成，可将这些组件和服务部署在计算节点和控制节点这两类节点上。计算节点上安装 Hypervisor 以运行虚拟机实例，只需要运行 nova-compute 服务。其他 Nova 组件和服务则一起部署在控制节点上，如 nova-api、nova-scheduler、nova-conductor 等，以及 RabbitMQ 和 SQL 数据库。客户端使用计算实例并不是直接访问计算节点，而是通过控制节点提供的 API 来访问的。如果一个控制节点同时也作为一个计算节点，则需要在上面运行 nova-compute。

通过增加控制节点和计算节点，可以实现简单、方便的系统扩容。Nova 是可以水平扩展的，可以将多个 nova-api、nova-conductor 服务部署在不同节点上以提高服务能力，也可以运行多个 nova-scheduler 服务来提高可靠性。

2. Nova 的部署模式

经典的 Nova 部署模式是一个控制节点对应多个计算节点，如图 6-18 所示。

负载均衡部署模式则是通过部署多个控制节点来实现的，如图 6-19 所示。当多个节点运行 nova-api 服务时，要在前端做负载均衡。当多个节点运行 nova-scheduler 或 nova-conductor 服务时，可由消息队列服务实现负载均衡。

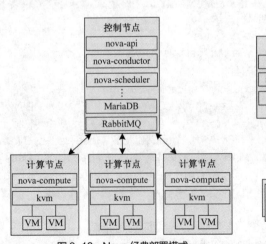

图 6-18 Nova 经典部署模式

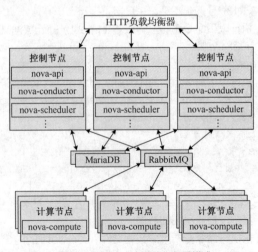

图 6-19 Nova 负载均衡部署模式

任务实现

1. 准备双节点 OpenStack 云平台安装环境

在项目一中通过 RDO 的 Packstack 安装器在一个节点 node-a（192.168.199.31/24）上完成了单节点"All-in-One"方式的安装，这是一体化节点，同时兼作控制节点、计算节点、网络节点和存储节点。这里需要添加一个计算节点 node-b（192.168.199.32/24）。如果要隔离 Neutron 项目网络流量，两个节点主机至少需要安装两个网卡，其中一个专门用于管理，另一个用于连接外部物理网络。为简化操作，这里的两个节点仍然使用单网卡。

V6-4 增加一个计算节点

参照项目一任务二的实现部分为第 2 个节点准备环境。硬件配置可以低一些，笔者实验中为它配备了 8 GB 内存。注意，安装好操作系统 CentOS 7 后，更改其主机名为"node-b"，将新的主机名追加到/etc/hosts 配置文件中，并将第 1 个节点的主机名的解析添加进来，本例配置如下。

```
192.168.199.31    node-a node-a.localdomain
192.168.199.32    node-b node-b.localdomain
```

与此同时，将第 2 个节点主机名的解析也添加到第 1 个节点主机的/etc/hosts 配置文件中。

还要注意设置时间同步。第 2 个节点也与第 1 个节点一样配置 Chrony，以保证两个节点主机的时间同步。

如果要在第 2 个节点执行安装任务，还需与第 1 个节点一样准备所需的软件库，并安装 Packstack 安装器。这里继续在第 1 个节点执行安装任务，因此不用进行这些操作。

2. 编辑应答文件

将第 1 个节点使用 Packstack 安装器安装之后生成应答文件"packstack-answer-$date-$time.txt"，其中$date 和$time 分别表示生成的日期和时间，默认放在 root 账户的主目录中。本例中将其更名为"packstack-answers-addnode.txt"。编辑该文件，根据需要修改以下设置。

（1）调整网卡名称。

设置第 2 个网卡的名称，这不是必需的，但是有助于通过一个独立的网卡来隔离隧道流量。第 2 个网卡可能有不同的名称，可以执行以下命令查看当前已有的设备名称。

```
ip l | grep '^\S' | cut -d: -f2
```

如果所部署的 OpenStack 是 Stein 或更新版本，那么 CONFIG_NEUTRON_L2_AGENT 的默认值为 ovn，则将 CONFIG_NEUTRON_OVN_TUNNEL_IF 的值设置为第 2 张网卡所用的名称。否则，CONFIG_NEUTRON_L2_AGENT 的默认值为 ovs，应将 CONFIG_NEUTRON_OVS_TUNNEL_IF 的值设置为第 2 张网卡的名称。

本例保持默认设置，没有调整网卡名称。

（2）修改计算节点 IP 配置。

应答文件中已将该值设置为第一个节点的 IP 地址，这里要将两个节点都作为计算节点，所以应将第 2 个节点的 IP 地址添加进来，并以逗号分隔。执行以下命令。

```
CONFIG_COMPUTE_HOSTS=192.168.199.31,192.168.199.32
```

（3）在现有服务器上跳过安装。

如果不打算对已配置的节点应用修改，就将以下参数添加到应答文件中。

```
EXCLUDE_SERVERS=<节点 IP>,<节点 IP>,...,<节点 IP>
```

本例中第 1 个节点仍然作为一个计算节点，就不能排除该节点服务器，因为计算节点之间的热迁移需要为每一个计算节点添加 SSH 密钥。因此，这里保持默认设置（该值为空）。

（4）根据第 1 个节点的实际配置修改相关设置。

因为没有跳过第 1 个节点，所以安装过程中根据应答文件会在第 1 个节点重新部署并更新。本例中在第 1 个节点部署完成之后，后续的实验过程中已经修改了默认的浮动 IP 子网网络地址。RDO 一体化 OpenStack 云平台默认将 demo 项目的浮动地址范围 CONFIG_PROVISION_DEMO_FLOATRANGE 的值设置为 172.24.4.0/24，之后根据实验环境修改了提供者的网络地址，相应的 demo 项目网络的浮动 IP 地址范围也会跟着改变，否则在使用应答文件安装过程中会报出"Property cidr does not support being updated"这样的错误信息，导致安装不成功。为此，在应答文件中修改相应的设置如下。

```
CONFIG_PROVISION_DEMO_FLOATRANGE=192.168.199.0/24
```

（5）修改用户密码。

第 1 个节点以"All-in-One"方式安装之后会自动生成 admin 和 demo 用户的密码，在应答文件中分别赋值给 CONFIG_KEYSTONE_ADMIN_PW 和 CONFIG_KEYSTONE_DEMO_PW。之后根据实验环境修改了自动产生的密码，应答文件中的对应内容也需要进行相应的修改，否则就只能使用原来自动生成的密码。

至此，本例中应答文件只修改了以下 4 处。

```
CONFIG_COMPUTE_HOSTS=192.168.199.31,192.168.199.32
CONFIG_PROVISION_DEMO_FLOATRANGE=192.168.199.0/24
CONFIG_KEYSTONE_ADMIN_PW=ABC123456
CONFIG_KEYSTONE_DEMO_PW=ABC123456
```

3. 使用修改过的应答文件运行 Packstack 安装器

确认两个节点已经启动并正常运行，在任一节点上使用修改过的应答文件运行 Packstack 安装器安装 OpenStack 多节点系统。建议继续在第 1 个节点上安装，本例中安装过程如下。

```
[root@node-a ~]# packstack --answer-file=packstack-answers-addnode.txt
…
Installing:
Clean Up                                          [ DONE ]
Discovering ip protocol version                   [ DONE ]
root@192.168.199.32's password:                   #提供第 2 个节点 root 账户密码
Setting up ssh keys                               [ DONE ]
Preparing servers                                 [ DONE ]
…
Copying Puppet modules and manifests              [ DONE ]
Applying 192.168.199.31_controller.pp
192.168.199.31_controller.pp:                     [ DONE ]
Applying 192.168.199.31_network.pp
192.168.199.31_network.pp:                        [ DONE ]
Applying 192.168.199.31_compute.pp
Applying 192.168.199.32_compute.pp                #应用第 2 个计算节点
192.168.199.31_compute.pp:                        [ DONE ]
192.168.199.32_compute.pp:                        [ DONE ]
Applying Puppet manifests                         [ DONE ]
Finalizing                                        [ DONE ]
 **** Installation completed successfully ******
…
```

Packstack 安装器在第 1 个节点（192.168.199.31）上会应用控制节点（Applying 192.168.199.31_controller.pp）、网络节点（Applying 192.168.199.31_network.pp）和计算节点（Applying 192.168.199.31_compute.pp），而在第 2 个节点（192.168.199.32）上仅应用计算节点（Applying

192.168.199.32_compute.pp）。

这种安装方式会保留第 1 个节点已有的云部署和配置，如网络设置、创建的实例和卷。

4. 验证双节点部署

完成上述安装过程后，新的计算节点开始运行。不过 OpenStack 都是通过控制节点来管理和使用的。第 1 个节点兼作控制节点，所以仍然需要访问它（本例中访问 http://192.168.199.31/dashboard），以云管理员 admin 用户身份登录到 OpenStack。

在左侧导航窗格中展开"管理员">"计算">"虚拟机管理器"节点，显示当前的虚拟机管理器列表，如图 6-20 所示。从图中可以发现虚拟机管理器列表中增加了 node-b 主机。切换到"计算主机"选项卡，可以发现计算主机有两个，分别是 node-a 和 node-b，如图 6-21 所示。

图 6-20　虚拟机管理器列表

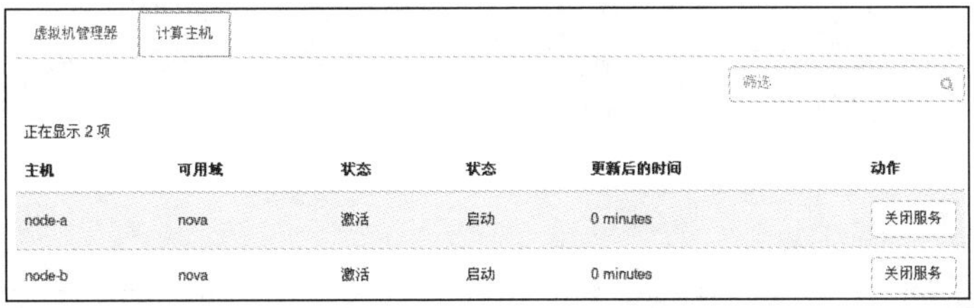

图 6-21　计算主机列表

在左侧导航窗格中展开"管理员">"系统">"系统信息"节点，切换到"计算服务"选项卡，可以发现 node-b 主机上运行着 nova-compute 服务，如图 6-22 所示。切换到"网络代理"选项卡，可以发现 node-b 主机上运行着 ovn-controller 和 networking-ovn-metadata-agent 服务，如图 6-23 所示。计算节点上必须安装网络代理组件，来为虚拟机实例完成虚拟网络配置。

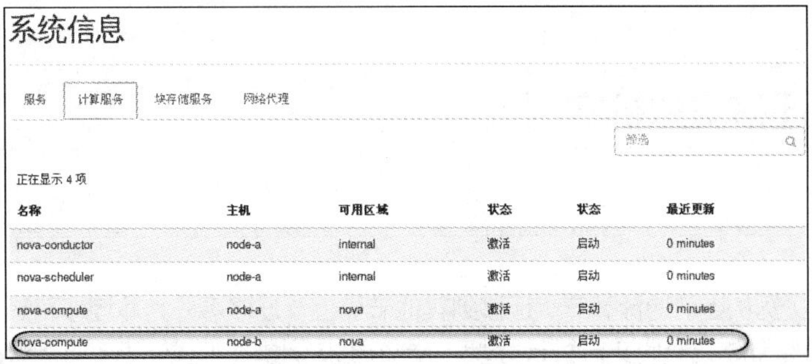

图 6-22　计算服务列表

图 6-23　网络代理列表

本例第 1 个节点上原来有多个实例，现在以 demo 身份基于 Cirros 操作系统镜像新建一个虚拟机实例进行测试，结果如图 6-24 所示。

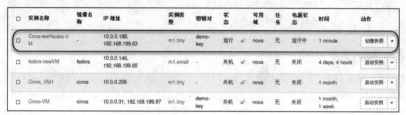

图 6-24　新创建测试用的虚拟机实例

使用默认的普通云用户无法查询虚拟机实例所在的计算节点，改用 admin 用户身份登录 OpenStack 查看。可以发现，新创建的虚拟机实例在第 2 个计算节点上运行，如图 6-25 所示，这是由计算服务根据调度策略自动安排的。

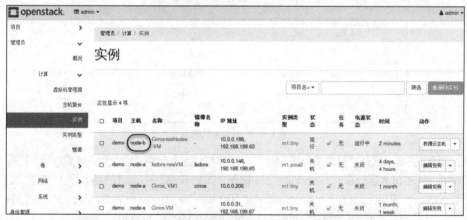

图 6-25　新创建的虚拟机实例在 node-b 主机上运行

任务五　迁移虚拟机实例

任务说明

实例迁移是将实例从当前的计算节点迁移到其他节点上。迁移可分为冷迁移和热迁移两种类型。冷迁移是相对热迁移而言的，区别在于冷迁移过程中虚拟机实例是关机或处于不可用状态，而热迁移则需要保证虚拟机实例时刻运行。只有具有两个或两个以上的计算节点，才能进行实例迁移。本任务讲解实例迁移的基本知识，考虑到热迁移配置比较复杂，所以只在双节点 OpenStack 云平台上示范实例冷迁移和基于卷的实例热迁移的配置与操作。本任务具体要求如下。

- 了解实例冷迁移。
- 了解实例热迁移。
- 掌握实例迁移的基本操作方法。

知识引入

1. 什么是实例冷迁移

冷迁移是一种非在线的迁移方式，主要用于重新分配节点的计算资源，或者主机节点停机维护等场合。在迁移过程中，由调度器基于设置选择迁移的目的计算节点，实例会被关闭，然后在另一个节点上启动，相当于实例执行了一次特殊的重启操作。

实例冷迁移的功能与调整实例大小类似，主要不同点在于冷迁移不改变实例的实例类型，而调整实例大小会调整实例的计算能力和资源，需要调度器根据设置来选择目的主机。

冷迁移不要求源和目的主机必须共享存储，但要求两者必须满足在计算节点间配置 nova 用户的无密码 SSH 访问，以便在节点之间能够执行移动磁盘数据的操作。

默认只有云管理员角色能够执行实例迁移操作。如果要让非云管理员用户也能执行实例迁移，则需要修改/ect/nova/policy.json 配置文件的内容。

2. 什么是实例热迁移

热迁移是一种在线的迁移方式，又称实时迁移，在迁移过程中实例不会关闭，始终保持运行状态，因此可以保证持续的磁盘访问，维持网络连接，对外提供正常的服务，这对不允许停机的业务系统来说尤其有用。实际上迁移过程中会有非常短暂的中断，但只是几毫秒的时间，几乎不影响用户的体验。根据实例存储处理的方式可以将实时迁移分为以下 3 种类型。

（1）基于共享存储的实时迁移。实例拥有在源和目的主机之间可共享的临时性磁盘。实例位于共享存储上，迁移时不用移动临时性磁盘。直接基于镜像创建实例时，不提供启动卷，实例本身将存储于临时性磁盘上。

（2）块实时迁移或简单块迁移。实例拥有在源和目的主机之间不共享的临时性磁盘。块迁移与 CD-ROM 和配置驱动器（config_drive）这样的只读设备不兼容。

（3）基于卷的实时迁移。实例使用卷设备（持久性存储）而不是临时性存储，由卷保存实例本身，并作为启动卷。卷设备由 Cinder 服务提供，实例迁移时不用移动卷设备。

块实时迁移要求将磁盘从源复制到目的主机，这一操作比较耗时，而且会增加网络负载，基于共享存储和卷的实时迁移则不需要复制磁盘。

3. 热迁移命令行用法

热迁移命令为 openstack server migrate，其完整语法格式如下。

```
openstack server migrate
    [--live <目的主机>]
    [--shared-migration | --block-migration]
    [--disk-overcommit | --no-disk-overcommit]
    [--wait]
    <实例名或 ID>
```

（1）--live 选项用于指定目的主机。

（2）--shared-migration 选项执行基于共享存储的实时迁移，包括基于共享存储和基于卷的实时迁移，这是默认设置。

（3）--block-migration 选项表示执行块实时迁移。

（4）--disk-overcommit 选项表示允许磁盘超量。

对于自动选择目的主机的情况，目前还要使用传统的 nova 命令。

nova live-migration [--block-migrate] [--disk_over_commit] <实例 ID>

任务实现

1. 在计算节点之间配置 SSH 无密码访问

如果在 Hypervisor 之间调整或迁移实例，可能会遇到 SSH 错误（Permission denied）。因此必须确保每个节点均配置有 SSH 密钥认证，让计算服务能通过 SSH 将磁盘数据转移到其他节点。

V6-5　在计算节点之间配置 SSH 无密码访问

没有必要让所有的计算节点都使用统一的密钥对，但是为简化配置，下面的实例中采用两个计算节点共享同一密钥对的方案。这里以 root 用户身份进行操作。

（1）在两个节点上准备 SSH 密钥对及其配置文件。前面通过 RDO 的 Packstack 安装器增加一个计算节点的时候已经在两个节点上准备了这些文件。例如，执行以下命令在 node-a 节点上列出相关文件。

```
[root@node-a ~]# ls -l /var/lib/nova/.ssh
total 12
-rw-------  1 nova nova  580 Oct  2 16:31 authorized_keys
-rw-------  1 nova nova  109 Jun 15 18:25 config
-rw-------  1 nova nova 1674 Oct  2 16:31 id_rsa
```

执行以下命令，使 SSH 可以进行非交互式登录。此配置让 SSH 连接新主机时不用进行公钥确认，而是自动接受新的公钥以便顺利执行自动化任务。

```
[root@node-a ~]# echo -e 'StrictHostKeyChecking no' > /var/lib/nova/.ssh/config
```

接着将 /var/lib/nova/.ssh/config 文件复制到 node-b 节点对应的目录中。

```
[root@node-a ~]# scp -r /var/lib/nova/.ssh/config node-b:/var/lib/nova/.ssh
config                                          100%   25    28.2KB/s   00:
```

（2）如果不需要禁用 SELinux，则应在两个节点上分别执行 setenforce 0 命令将 SELinux 设置为许可（permissive）模式。

（3）在两个节点上分别执行以下命令，使 nova 用户可以登录。

```
usermod -s /bin/bash nova
```

（4）在两个节点上检查确认 nova 用户可以不用密码登录到对方节点。下面是在 node-a 节点上通过 SSH 无密码访问 node-b 节点的测试过程。

```
[root@node-a ~]# su - nova
Last login: Sat Oct  3 17:40:45 CST 2020 on pts/0
-bash-4.2$ ssh node-b
-bash-4.2$ exit
logout
Connection to node-b closed.
-bash-4.2$ exit
logout
```

（5）执行以下命令以 root 用户身份在两个节点上重新启动 libvirt 和计算服务。

```
systemctl restart libvirtd.service openstack-nova-compute.service
```

至此，完成了计算节点之间 SSH 无密码访问的配置。

2. 执行实例的冷迁移操作

（1）使用图形界面执行迁移操作。

V6-6　执行实例的冷迁移操作

实例冷迁移最直观的方式是使用图形界面执行迁移操作。以云管理员 admin 用户身份登录

OpenStack，在左侧导航窗格中展开"管理员">"计算">"实例"节点，显示实例列表；定位到要执行迁移的实例（可以是关闭状态，也可以是运行状态），从"动作"下拉菜单中选择"迁移实例"命令，如图 6-26 所示；弹出图 6-27 所示的确认对话框，单击"迁移实例"按钮确认迁移。

图 6-26　从"动作"下拉菜单中选择"迁移实例"命令

图 6-27　确认迁移实例

接着会弹出"成功：已调度迁移（待确认）实例"的提示信息，之后实例列表中该实例的"状态"会显示为"确认或放弃调整大小/迁移"，需要用户确认或者放弃当前的迁移操作。这实际上给了用户一个反悔的机会，可以根据需要从"动作"下拉菜单中选择相应的命令，如图 6-28 所示。

图 6-28　确认或放弃调整大小/迁移

确认迁移之后，稍等片刻，刷新页面，出现图 6-29 所示的结果，实例已迁移到主机 node-b 节点上，说明迁移成功。

图 6-29　实例迁移成功

如果迁移之前实例处于运行状态，则成功迁移之后的实例将从新的主机上启动，但是会保留原来的配置，包括实例 ID、实例名称、IP 地址、所有元数据定义以及其他属性。

（2）通过命令行执行迁移操作。

也可以通过命令行来执行冷迁移操作，下面介绍如何通过命令行操作将前面迁移到 node-b 节点的实例迁回 node-a 节点。首先加载 admin 用户环境变量，列出虚拟机实例，获取要迁移的实例的 ID，如图 6-30 所示。

```
[root@node-a ~]# . keystonerc_admin
[root@node-a ~(keystone_admin)]# openstack server list --project demo --host node-b
+--------------------------------------+-------------------+---------+---------------------------------------+-------+---------+
| ID                                   | Name              | Status  | Networks                              | Image | Flavor  |
+--------------------------------------+-------------------+---------+---------------------------------------+-------+---------+
| d2184f14-18b4-451e-a7e4-e5acca7e0e4f | Cirros-testNodes-VM | SHUTOFF | private=10.0.0.188, 192.168.199.63 |       | m1.tiny |
| c76418b1-24ca-43b0-8d49-70114d8e41e6 | Cirros-VM         | SHUTOFF | private=10.0.0.31, 192.168.199.87     |       | m1.tiny |
```

图 6-30　查看实例列表

这里查看的是 node-b 节点上的实例，本例中要迁移的实例 ID 是 c76418b1-24ca-43b0-8d49-70114d8e41e6。执行以下命令迁移虚拟机实例。

[root@node-a ~(keystone_admin)]# openstack server migrate c76418b1-24ca-43b0-8d49-70114d8e41e6

查看该实例的当前状态，如图6-31所示。

结果表明当前虚拟机实例的状态是被调整大小（“OS-EXT-STS:vm_state”值为“resized”），目前正在等待确认调整（“status”值为“VERIFY_RESIZE”）。执行以下命令确认调整。

```
[root@node-a ~(keystone_admin)]# openstack server resize confirm c76418b1-24ca-43b0-8d49-70114d8e41e6
```

```
[root@node-a ~(keystone_admin)]# openstack server show c76418b1-24ca-43b0-8d49-70114d8e41e6
+-------------------------------------+------------------------------------------------------------------+
| Field                               | Value                                                            |
+-------------------------------------+------------------------------------------------------------------+
| OS-DCF:diskConfig                   | AUTO                                                             |
| OS-EXT-AZ:availability_zone         | nova                                                             |
| OS-EXT-SRV-ATTR:host                | node-a                                                           |
| OS-EXT-SRV-ATTR:hypervisor_hostname | node-a                                                           |
| OS-EXT-SRV-ATTR:instance_name       | instance-00000001                                                |
| OS-EXT-STS:power_state              | Shutdown                                                         |
| OS-EXT-STS:task_state               | None                                                             |
| OS-EXT-STS:vm_state                 | resized                                                          |
| OS-SRV-USG:launched_at              | 2020-10-04T09:54:15.000000                                       |
| OS-SRV-USG:terminated_at            | None                                                             |
| accessIPv4                          |                                                                  |
| accessIPv6                          |                                                                  |
| addresses                           | private=10.0.0.31, 192.168.199.87                                |
| config_drive                        |                                                                  |
| created                             | 2020-08-27T03:42:01Z                                             |
| flavor                              | m1.tiny (1)                                                      |
| hostId                              | 30b63ef9ca2365ab755b5bada6c947141db90ebe0bf31100303d48cc         |
| id                                  | c76418b1-24ca-43b0-8d49-70114d8e41e6                             |
| image                               |                                                                  |
| key_name                            | demo-key                                                         |
| name                                | Cirros-VM                                                        |
| progress                            | 0                                                                |
| project_id                          | 2a39abedd09644bb92487a78ee442e3f                                 |
| properties                          |                                                                  |
| security_groups                     | name='default'                                                   |
| status                              | VERIFY_RESIZE                                                    |
| updated                             | 2020-10-04T09:54:15Z                                             |
| user_id                             | b5e07b6c99e045ec96f0fd79bd4348f8                                 |
| volumes_attached                    | id='89d36106-6ddf-4ce7-94cf-7765e0d9de55'                        |
+-------------------------------------+------------------------------------------------------------------+
```

图6-31 查看实例当前状态

注意，此处如果使用openstack server migrate confirm命令进行确认会报错。

最后查看node-a节点上的实例列表，可以发现迁移成功，如图6-32所示。

```
[root@node-a ~(keystone_admin)]# openstack server list --project demo --host node-a
+--------------------------------------+--------------+---------+-------------------------------------+--------+----------+
| ID                                   | Name         | Status  | Networks                            | Image  | Flavor   |
+--------------------------------------+--------------+---------+-------------------------------------+--------+----------+
| 5bd4ecfe-2917-4294-95d2-9c5eed985c69 | fedora-newVM | SHUTOFF | private=10.0.0.146, 192.168.199.65 | fedora | m1.small |
| bc328ca9-1fbf-4427-ad57-dd356adf8098 | Cirros_VM1   | SHUTOFF | private=10.0.0.206                  | cirros | m1.tiny  |
| c76418b1-24ca-43b0-8d49-70114d8e41e6 | Cirros-VM    | SHUTOFF | private=10.0.0.31, 192.168.199.87   |        | m1.tiny  |
+--------------------------------------+--------------+---------+-------------------------------------+--------+----------+
```

图6-32 查看实例列表

3. 实现热迁移的通用配置

V6-7 实现热迁移的通用配置

OpenStack目前支持使用KVM和VMWare两种Hypervisor的主机进行热迁移。进行热迁移之前需要进行配置，这里仅介绍最常用的KVM主机的热迁移配置。要支持各类热迁移，应对计算节点进行以下配置。

（1）在每个计算节点上的/etc/nova/nova.conf配置文件中设置server_listen和instances_path这两个参数。

将server_listen参数的值设置为0.0.0.0，不让SPICE（或VNC）服务器监听它所在计算节点的IP地址，因为实例迁移时地址会改变。

将两个计算节点配置文件中的instances_path（实例路径）参数设置为相同的值，默认为/var/lib/nova/instances。

以root用户身份在各个节点上重新启动libvirt和计算服务。

```
systemctl restart libvirtd.service openstack-nova-compute.service
```

（2）确认在每个计算节点上具有相同的名称解析配置，以便它们能通过主机名互相访问。如果启用SELinux，则执行以下命令来保证/etc/hosts有正确的SELinux上下文，实际上将该文件的安全上下文恢复成默认的安全上下文。

```
restorecon /etc/hosts
```

（3）启用免密码 SSH 功能，让 root 用户能不使用密码从一台计算主机登录到另一台计算主机。这是因为 libvirtd 服务以 root 用户身份运行，使用 SSH 协议将实例复制到目标主机，而不用知道所有计算主机的密码。

前面在计算节点之间配置 SSH 无密码访问时是针对 nova 用户的，这里要为 root 用户配置。将所有计算节点上的 root 用户的 SSH 公钥加入 authorized_keys 文件，然后将 authorized_keys 文件部署到所有的计算节点上，让每个节点上都内置 root 的 SSH 文件。

本例中只有两个节点，操作比较简单。

① 执行以下命令在第 1 个节点上将 root 用户的 SSH 公钥加入 authorized_keys 文件。

[root@node-a ~]# cat /root/.ssh/id_rsa.pub >> /root/.ssh/authorized_keys

本例第 1 个节点上有现成的私钥/root/.ssh/id_rsa 和公钥/root/.ssh/id_rsa.pub，可以直接使用。当然也可以使用 ssh-keygen 生成密钥对。

② 执行以下命令在第 1 个节点上将 authorized_keys 文件复制到第 2 个节点上。

[root@node-a ~]# scp -r /root/.ssh/authorized_keys node-b:/root/.ssh/

③ 本例第 2 个节点上没有现成的密钥对，先执行 ssh-keygen 命令生成密钥对，再执行以下命令将 root 用户的 SSH 公钥追加到 authorized_keys 文件中。

[root@node-b ~]# cat /root/.ssh/id_rsa.pub >> /root/.ssh/authorized_keys

这样 authorized_keys 文件就包含了两个节点上的 root 用户的公钥。

④ 执行以下命令在第 2 个节点上将 authorized_keys 文件复制回第一个节点上。

[root@node-b ~]# scp -r /root/.ssh/authorized_keys node-a: /root/.ssh/

这样两个计算节点都能使用各自的密钥对。以下是在 node-b 节点上 root 用户通过 SSH 无密码访问 node-a 节点的测试过程。

[root@node-b ~]# ssh node-a
Last login: Sun Oct 4 20:32:43 2020
[root@node-a ~]# exit
logout
Connection to node-a closed.

（4）如果启用防火墙，则应允许计算节点之间的 libvirt 通信。默认 libvirt 使用 TCP 端口范围 49152~49261 来复制内存和磁盘内容，计算节点必须允许这个范围内的连接。

块迁移、基于卷的实时迁移，只需通用配置即可，只是要注意块迁移会增加网络和存储子系统的负载。而共享存储还需进一步配置。

4. 执行实例的热迁移操作

这里介绍基于卷的虚拟机实例迁移操作。确认要迁移的虚拟机实例已经运行，并且位于可启动的卷上，在仪表板中查看其概况，如图 6-33 所示。

V6-8 执行实例的热迁移操作

以 admin 用户身份登录 OpenStack，在左侧的导航窗格中展开"管理员">"计算">"实例"节点，显示实例列表。在实例列表中定位要执行迁移的虚拟机实例，从"动作"下拉菜单中选择"实例热迁移"命令，如图 6-34

图 6-33 查看虚拟机实例概况（位于可启动的卷）

所示。弹出图 6-35 所示的"热迁移"对话框，可以在"新主机"下拉列表中选择目的主机，默认自动安排主机。

图 6-34　从动作菜单中选择"实例热迁移"命令　　　　图 6-35　实例热迁移设置

可根据需要设置其他选项，例如，勾选"允许磁盘超量"复选框，则可以在目的主机超出实际磁盘空间；如果要迁移块设备，则勾选"块设备迁移"复选框。

这里保持默认设置，单击"提交"按钮。接着会弹出"信息：实例正在准备热迁移到新的主机。"的提示信息，之后实例进行热迁移。

成功迁移之后的实例将在新的主机上运行，如图 6-36 所示。迁移后的实例会保留原来的配置，包括实例 ID、实例名称、IP 地址、所有元数据定义以及其他属性。

图 6-36　成功迁移之后的实例

为进行实验对比，下面热迁移一台未连接卷的虚拟机实例，本例为 Cirros_VM1，其基本信息如图 6-37 所示。结果报出"错误：实例热迁移到主机 AUTO_SCHEDULE 失败"的提示信息。这是因为该虚拟机实例是基于共享存储，需要额外配置。

图 6-37　查看虚拟机实例概况（未连接卷）

项目实训

项目实训一　使用命令行创建 Fedora 虚拟机实例并注入用户密码

实训目的
(1) 掌握命令行界面的虚拟机实例基本操作。
(2) 掌握用户数据注入方法。

实训内容
(1) 加载 demo 用户的环境脚本。
(2) 查看实例创建的前提条件，包括可用的实例类型、镜像、网络、安全组、密钥对。
(3) 参照任务三向实例注入用户数据的操作准备一个用户数据文件，并在其中加入注入 root 和 fedora 用户密码的 cloud-config 指令。
(4) 执行 openstack server create 命令，基于 Fedora 官方操作系统镜像创建一个虚拟机实例，使用 --user-data 选项传入该脚本文件，使用 --config-drive 选项来启用配置驱动器（将其值设为 True）。
(5) 完成实例创建之后，通过 SSH 登录该实例进行测试。

项目实训二　增加一个计算节点并进行实例冷迁移

实训目的
熟悉实例冷迁移的操作方法。

实训内容
(1) 准备一台操作系统为 CentOS 7 的主机作为计算节点。
(2) 使用 Packstack 安装器增加一个计算节点。
(3) 以 admin 用户身份登录 OpenStack，定位到要执行迁移的实例。
(4) 执行迁移实例命令。
(5) 观察实例迁移过程。

项目总结

通过本项目的实施，读者应当了解 Nova 计算服务的系统架构和工作机制，熟悉基于 Web 图形界面和命令行界面的实例创建和管理基本操作，以及通过注入元数据来定制实例配置的方法。本项目还在 RDO 一体化 OpenStack 云平台的基础上增加了一个计算节点，建立了双节点的实验环境，让读者直观地体验 OpenStack 多节点的部署和使用，并在此基础上学习不同计算节点之间的实例迁移操作。后续的项目七和项目八的操作基于此双节点环境进行。项目九中将手动部署双节点 OpenStack 云平台。下一个项目将介绍 OpenStack 的另一个重量级服务——代号为 Neutron 的网络服务。

项目七
OpenStack 网络管理

学习目标
- 了解 OpenStack 网络服务基础知识
- 理解 OpenStack 网络资源模型
- 理解 OpenStack 网络服务的实现机制
- 掌握 OpenStack 网络服务与 OVN 的集成

项目描述

网络是 OpenStack 的重要资源之一，没有网络，虚拟机实例将被隔绝。项目代号为 Neutron 的 OpenStack 网络服务最主要的功能就是与 OpenStack 计算服务交互，为虚拟机实例提供网络连接。Neutron 为整个 OpenStack 环境提供软件定义网络支持，主要功能包括二层（交换）、三层（路由）、防火墙、VPN 以及负载均衡等。Neutron 在由其他 OpenStack 服务管理的网络接口设备（如虚拟网卡）之间提供网络连接服务。要注意这里所讲的网络是虚拟机实例所用的虚拟网络，不同于节点主机部署的物理网络。网络虚拟化是虚拟化技术中非常复杂的部分之一，而 OpenStack 的网络更为复杂，涉及的概念多，学习难度大，要求读者具备一定的计算机网络基础。这部分内容的学习和实践有助于培养执着专注、精益求精、一丝不苟、追求卓越的工匠精神。项目二已经示范了虚拟网络的图形界面操作，本项目侧重对相关概念和架构的梳理、对网络资源模型和网络服务实现机制的讲解，并对 OpenStack 网络服务与 OVN 的集成进行了介绍。本项目涉及的实验操作是在项目六建立的 RDO 双节点 OpenStack 实验平台上进行的。

任务一 了解 OpenStack 网络服务

任务说明

OpenStack 网络服务负责创建和管理虚拟网络基础架构，包括网络、交换机、子网和路由器，这些设备也可由 OpenStack 计算服务管理。网络服务还提供像防火墙和 VPN 这样的高级服务，提供 API 让用户在云中建立和定义网络连接。本任务的具体要求如下。
- 了解 Neutron 项目。
- 理解 Neutron 架构。
- 了解 Neutron 网络基本结构。
- 验证 Neutron 网络服务和网络结构。

知识引入

1. Neutron 项目

OpenStack 的网络服务最初由 Nova 项目中一个单独的模块 nova-network 来提供。这种网络服务与计算服务的耦合方案并不符合 OpenStack 的特性，而且支持的网络服务有限，无法适应大规模、高密度和多项目的云计算。为提供更为丰富的网络拓扑，支持更多的网络类型，提高可扩展性，

OpenStack 推出了专门的 Neutron 项目来提供更完善的网络服务。Neutron 是 OpenStack 的核心组件之一，为 OpenStack 虚拟机实例、裸机和容器提供网络服务，当然 Neutron 也可以作为一个独立的软件定义网络（Software Defined Network，SDN）中间件。

Neutron 网络服务可以与以下 OpenStack 组件集成。

（1）Keystone 身份服务：用于 API 请求的认证和授权。

（2）Nova 计算服务：用于将虚拟机实例上的每张虚拟网卡插入特定的网络。计算服务是 OpenStack 网络服务最主要的用户，网络服务为虚拟机实例提供网络连接。

（3）Horizon 仪表板：云管理员或项目用户通过基于 Web 的图形界面来创建和管理网络服务。

2. Neutron 架构

与 OpenStack 的其他服务和组件的设计思路一样，Neutron 也采用分布式架构，由多个组件（子服务）共同对外提供网络服务。其架构如图 7-1 所示。

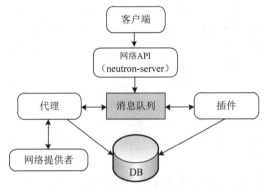

图 7-1 Neutron 架构

Neutron 架构非常灵活，层次较多，一方面是为了支持各种现有或者将来会出现的先进网络技术；另一方面是为了支持分布式部署，以获得足够的扩展性。

Neutron 仅有一个主要服务进程 neutron-server。它运行于控制节点上，对外提供 OpenStack 网络 API 作为 Neutron 的访问入口，在收到请求后将请求路由到合适的 OpenStack 网络插件（Plugin）进行处理，最终由计算节点和网络节点上的各种代理（Agent）来完成请求。OpenStack 网络插件和代理用于插拔端口、创建网络或子网、分配 IP 地址。这些插件和代理根据特定云中使用的供应商和技术而有所不同。Neutron 为 Cisco 虚拟和物理交换机、NEC OpenFlow 产品、Open vSwitch、Linux Bridge 和 VMware NSX 产品提供插件和代理。

网络提供者（Network Provider）是指提供 OpenStack 网络服务的虚拟或物理网络设备，例如 Linux Bridge、Open vSwitch 或者其他支持 Neutron 的物理交换机。

与其他服务一样，Neutron 的各组件之间需要相互协调和通信，neutron-server、插件和代理之间通过消息队列进行通信和相互调用。

数据库（DB）用于存放 OpenStack 的网络状态信息，包括网络、子网、端口、路由器等。

客户端是指使用 Neutron 服务的应用程序，可以是命令行工具（脚本）、Horizon（OpenStack 图形操作界面）和 Nova 计算服务等。

下面以创建一个 VLAN 100 虚拟网络的流程为例，说明这些组件如何协同工作。

（1）neutron-server 收到创建网络的请求后，通过消息队列通知已注册的 Linux Bridge 插件。这里假设网络提供者是 Linux Bridge。

（2）该插件将要创建的网络的信息（如名称、VLAN ID 等）保存到数据库中，并通过消息队列通知运行在各节点上的代理。

（3）代理收到消息后会在节点的物理网卡上创建 VLAN 设备（如 eth1.100），并创建一个网桥（如 brqxxx）来桥接 VLAN 设备。

3. Neutron 网络基本结构

OpenStack 所在的整个物理网络都会由 Neutron "池化"为网络资源池，Neutron 对这些网络资源进行处理，为项目提供独立的虚拟网络环境。Neutron 创建各种资源对象并进行连接和整合，从而形成项目（租户）的私有网络。一个简化的、典型的 Neutron 网络基本结构如图 7-2 所示，其中包括一个外部网络（External Network）、一个内部网络和一个路由器（Router）。

图 7-2 Neutron 网络基本结构

外部网络负责连接 OpenStack 项目之外的网络环境（如 Internet），又称公共网络（Public Network）。与其他网络不同，它不仅是一个虚拟网络，更是表示 OpenStack 网络能被外部物理网络接入并访问的视图。外部网络可能是企业的 Intranet，也可能是 Internet，这类网络并不由 Neutron 直接管理，只能由 Neutron 提供一个逻辑映射。

内部网络完全由软件定义，又称私有网络（Private Network）。它也就是虚拟机实例所在的网络，能够直接连接到虚拟机实例。项目用户可以创建为自己所有的内部网络（子网），这种网络又称项目网络。默认情况下，项目之间的内部网络是相互隔离的，不能共享。内部网络由 Neutron 直接配置和管理。

路由器用于将内部网络与外部网络连接起来，要使虚拟机实例能够访问外部网络，就必须创建一个路由器。

Neutron 需要实现的主要是内部网络和路由器。内部网络是一个二层（L2）网络的抽象，模拟物理网络的二层局域网，对项目来说，它是私有的。路由器则是一个三层（L3）网络的抽象，模拟物理路由器，为用户提供路由、NAT 等服务。

任务实现

1. 验证网络服务

V7-1 验证 Neutron 网络服务和网络结构

RDO 双节点 OpenStack 实验平台的第 1 个节点 node-a 集控制节点和网络节点于一身，执行以下命令在该节点上查看其中的 Neutron 网络服务，可以发现该主机上运行 neutron-server 服务。

```
[root@node-a ~]# systemctl status neutron-server.service
● neutron-server.service - OpenStack Neutron Server
   Loaded: loaded (/usr/lib/systemd/system/neutron-server.service; enabled; vendor preset: disabled)
   Active: active (running) since Mon 2020-10-26 14:03:36 CST; 35min ago
...
```

2. 验证网络结构

以 demo 用户身份登录 OpenStack，在左侧导航窗格中展开"项目">"网络">"网络拓扑"节点，切换到"拓扑"选项卡，显示当前的网络拓扑图（单击"正常"按钮以正常尺寸显示），如图 7-3 所示。其中"public"网络是外部网络，"private"网络是内部网络，路由器（这里名称为"router-demo"）将内部网络与外部网络连接起来，使得内部网络中的虚拟机实例能够访问外部网络。

切换到"图表"选项卡，如图 7-4 所示，可以以图表的形式更方便地观察 OpenStack 网络的基本结构，内、外网络和路由器的显示很直观。

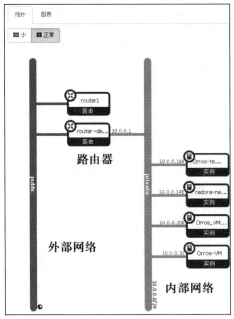

图 7-3 网络拓扑

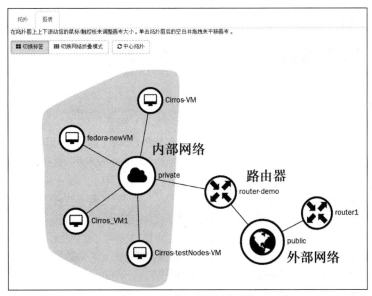

图 7-4 网络拓扑的图表形式

3. 试用网络服务的 API

网络服务目前提供的 RESTful API 版本是 Networking API v2.0。下面通过 curl 命令行工具试用此 API。

（1）执行命令请求一个 admin 项目作用域的令牌。返回的结果中提供了令牌 ID，给出了可访问的端点列表，关于 Neutron 服务的端点信息如下。

{"endpoints": [{"region_id": "RegionOne", "url": "http://192.168.199.31:9696", "region": "RegionOne", "interface": "admin", "id": "73a487cc5adb43ebb636e177381bbdb6"}, {"region_id": "RegionOne", "url": "http://192.168.199.31:9696", "region": "RegionOne", "interface": "public", "id": "e2763c6eef594b90b9490aef27bfa65e"}, {"region_id": "RegionOne", "url": "http://192.168.199.31:9696", "region": "RegionOne", "interface": "internal", "id": "f7004ef8ffc04ff391353c6e98d1c9fb"}], "type": "network", "id": "69e5590a8c7c424ba98feff37ff6b485", "name": "neutron"}

（2）导出环境变量 OS_TOKEN，并将其值设置为上述操作获取的令牌 ID。

（3）执行以下命令通过 Networking API v2.0 获取当前网络列表。

[root@node-a ~]# curl -s -H "X-Auth-Token: $OS_TOKEN" http://192.168.199.31:9696/v2.0/networks

{"networks":[{"provider:physical_network":null,"ipv6_address_scope":null,"revision_number":2,"port_security_enabled":true,"mtu":1442,"id":"106ab465-a630-43ed-a5c0-e9c463cb7047","router:external":false,"availability_zone_hints":[],"availability_zones":[],"provider:segmentation_id":10,"ipv4_address_scope":null,"shared":false,"project_id":"2a39abedd09644bb92487a78ee442e3f","status":"ACTIVE","subnets":["a7337d21-44b1-4aad-99fe-64efc19d7ff9"],"description":"","tags":[],"updated_at":"2020-08-19T07:31:46Z","qos_policy_id":null,"name":"private","admin_state_up":true,"tenant_id":"2a39abedd09644bb92487a78ee442e3f","created_at":"2020-08-19T07:31:43Z","provider:network_type":"geneve"},{"provider:physical_network":"extnet","ipv6_address_scope":null,"revision_number":5,"port_security_enabled":true,"mtu":1500,"id":"490a2193-458c-416f-b4ae-0e36bc297d42","router:external":true,"availability_zone_hints":[],"availability_zones":[],"provider:segmentation_id":null,"ipv4_address_scope":null,"shared":false,"project_id":"4da5e36c1af24c6a9d5e8e55d9684af8","status":"ACTIVE","subnets":["af693328-d4c5-4b65-8f45-5161e347e2e2"],"description":"","tags":[],"updated_at":"2020-10-03T12:11:44Z","is_default":false,"qos_policy_id":null,"name":"public","admin_state_up":true,"tenant_id":"4da5e36c1af24c6a9d5e8e55d9684af8","created_at":"2020-08-19T07:31:35Z","provider:network_type":"flat"}]}

结果表明获取网络列表成功。

任务二　理解 OpenStack 网络资源模型

任务说明

虚拟机实例必须配置网络连接，OpenStack 计算服务是 OpenStack 网络服务的主要使用者。创建和配置网络是 OpenStack 的一项基础工作，理解 Neutron 的网络资源模型有助于这项工作的展开。Neutron 使用网络（Network）、子网（Subnet）、端口（Port）和路由器（Router）等术语来描述所管理的网络资源。这些网络资源都是虚拟的，由软件定义，是对网络及其要素的抽象。云管理员和普通用户在配置管理网络的工作中要打交道的也是这些网络资源。与其他 OpenStack 服务一样，网络服务也可以使用图形界面或命令行工具进行配置管理操作。项目二中对 OpenStack 网络的基于图形界面的管理操作进行了详细示范，这里在解析 Neutron 网络资源的基础上，补充讲解网络操作基于命令行的基本用法，项目九会对初始网络创建和配置的命令行操作过程进行详细示范。本任务的具体要求如下。

- 理解 Neutron 网络资源模型。
- 了解提供者网络和自服务网络。
- 了解基于命令行界面的网络管理基本操作。
- 分析提供者网络和自服务网络示例。

知识引入

1. Neutron 的网络

Neutron 的网络在整个 OpenStack 网络中位于最高层次，可以说是"根"操作对象，是二层网络的抽象。网络是一个隔离的二层网段，相当于物理网络中的 VLAN（虚拟局域网）。从介质的角度看，它拥有多个端口；从网络的角度看，它又可划分广播域；从功能的角度看，它支持隔离和转发。Neutron 的网络在 OpenStack 中又被称为虚拟网络。

可以对 Neutron 的网络进行多种分类。按照网络从属关系，Neutron 网络可以分为两种类型：提供者网络（Provider Network，也被译为供应商网络）和自服务网络（Self-service Network）。自服务网络又称项目网络（Project Network）或租户网络（Tenant Network）。在网络创建过程中，项目之间可以共享这两种虚拟网络，可以分别基于这两种虚拟网络来创建虚拟机实例。

按照实现技术，Neutron 网络可以分为非隧道网络和隧道网络两大类。随着云计算、大数据、移动互联网等新技术的普及，网络虚拟化趋向于在传统单层网络基础上叠加一层逻辑网络。这样一来，网络分成两个层次，传统单层网络称为 Underlay（承载网络），叠加其上的逻辑网络称为 Overlay（覆盖网络）。Overlay 网络的节点通过虚拟的或逻辑的连接进行通信，每一个虚拟的或逻辑的连接对应于 Underlay 网络的一条路径（Path），由多个前后衔接的连接组成。Overlay 网络无须对基础网络进行大规模修改，也不用关心底层实现，是实现云网融合的关键。

Neutron 的网络支持多种技术来实现网络隔离和覆盖，不同的网络实现技术代表了不同的网络类型，目前其所支持的网络类型有 6 种，如表 7-1 所示。其中 Local、Flat、VLAN 属于非隧道网络，VXLAN、GRE、GENEVE 属于隧道网络。VXLAN、GRE 和 GENEVE 都是基于隧道技术的 Overlay 网络。

表 7-1 Neutron 所支持的网络类型

网络类型	说明
Local	Local 网络与其他网络和节点隔离。该网络中的实例只能与位于同一物理节点上同一网络的实例通信，其实际意义不大，主要用于测试环境。一个 Local 网络只能位于一个物理节点，无法跨节点进行部署
Flat	Flat 是一种简单扁平的网络拓扑，所有实例连接在同一网络中，且相互间能进行通信，可以跨多个物理节点部署。这种网络不使用 VLAN 技术，无法进行网络隔离，每个物理网络最多只能实现一个虚拟网络
VLAN	VLAN 就是支持 802.1q 协议的虚拟局域网，使用 VLAN 标签标记数据包，可以实现网络隔离。同一 VLAN 网络中的实例可以通信，不同 VLAN 网络中的实例只能通过路由器来进行通信。VLAN 网络可以跨节点部署，是应用非常广泛的网络拓扑类型之一
VXLAN	VXLAN 全称为 Virtual Extensible LAN。VXLAN 可以看作是 VLAN 的一种扩展，相比 VLAN 有更高的可扩展性和灵活性，是目前支持大规模、多租户网络环境的解决方案。VLAN 封包头部长是 12 位，导致 VLAN 的数量限制是 4096 个，不能满足网络空间日益增长的需求；而 VXLAN 的封包头部有 24 位，用作 VXLAN 标识符（VNID）来区分 VXLAN 网段，最多可以支持 16 777 216 个网段。VXLAN 的数据包是封装到 UDP 中并通过三层传输和转发的，可以完整地利用三层（路由），能克服 VLAN 和物理网络基础设施的限制，更好地利用已有的网络路径
GRE	GRE 全称为 Generic Routing Encapsulation，可译为通用路由封装，是用一种网络层协议去封装另一种网络层协议的隧道技术。GRE 的隧道由两端的源 IP 地址和目的 IP 地址来定义，它允许用户使用 IP 封装 IP 等协议，并支持全部的路由协议。在 OpenStack 环境中使用 GRE 意味着 IP over IP，与使用 VXLAN 的主要区别在于封装时使用的是 IP 包而非 UDP
GENEVE	GENEVE 全称为 Generic Network Virtualization Encapsulation，可译为通用网络虚拟封装。其目标是仅定义封装数据格式，尽可能实现数据格式的弹性和扩展性。GENEVE 封装的包通过标准的网络设备传输。通过单播或多播寻址，包从一个隧道端点传输到另一个或多个隧道端点。GENEVE 帧格式由一个简化的封装在 IPv4 或 IPv6 的 UDP 数据报里的隧道头部组成。GENEVE 的推出主要是解决封装时添加的元数据信息问题，以适应各种虚拟化场景

2. 提供者网络

Neutron 的虚拟网络本身是被隔离的，相当于一座孤岛，如果要与外部进行通信，则需要依赖于公共基础设施。Neutron 本身对这些基础设施没有控制权，所以使用它们的前提是要创建一个网络资源对象来存储这些基础设施的信息，这个网络资源对象就是提供者网络。提供者网络的作用就是让 Neutron

内部的虚拟网络可以连接物理网络。提供者网络实质是物理网络在 Neutron 上的逻辑映射，而 Neutron 本身是无法管控这个物理网络的。

（1）提供者网络的特点。

提供者网络为虚拟机实例提供二层连接，可选地支持 DHCP 和元数据服务。这类网络连接或映射到数据中心的现有二层物理网络，通常使用 VLAN（802.1q）标签来进行识别和隔离。但是，提供者网络只能负责实例的二层连接，缺乏对路由和浮动 IP 地址这样的功能支持。

总的来说，负责三层网络操作的 OpenStack 网络组件对性能和可靠性的影响最大。为提高性能和可靠性，提供者网络将三层网络操作交由物理网络设施来负责。带路由的提供者网络（Routed Provider Network）为实例提供三层连接。这类网络将映射到数据中心现有的三层网络。更为特别的是，网络映射到多个二层网段，每个网段基本就是一个提供者网络，有一个连接它的路由器网关，在它们和外部网络之间路由流量。注意，OpenStack 网络服务本身并不为这种网络提供路由。

提供者网络以灵活性为代价换取简单性、高性能和可靠性。

> **提示** 那些已经熟悉依赖物理网络基础设施的二层、三层或其他服务虚拟网络架构的运维人员能够无缝部署提供者网络。运维人员可以在这个最小的架构上构建更多的云网络。

（2）提供者网络的应用场景。

提供者网络主要有两种典型的应用场景。

一种是作为独立的虚拟网络为云提供网络服务，连通 Neutron 网络与物理网络，使得不同 Neutron 网络之间的实例可以互相通信。提供者网络还有一个特殊的应用场合，即 OpenStack 部署位于一个混合环境，传统虚拟化和裸金属主机使用一个较大的物理网络设施，其中的应用可能要求直接在二层访问（通常使用 VLAN）OpenStack 部署之外的应用。

另一种是支持自服务网络的外部通信，让 Neutron 网络中的虚拟机实例能与公网通信，这需要在创建提供者网络时将其设置为外部网络，即能够访问公网的网络，并启用 Neutron 的浮动 IP 功能。

（3）创建提供者网络的要点。

① 提供者网络默认只能由云管理员创建或更改，这是因为会涉及物理网络基础设施的配置。要允许普通用户也具备这种权限，需在 Neutron 服务的 policy.json 文件中设置以下参数。

```
"create_network:provider:physical_network": "rule:admin_or_network_owner",
"update_network:provider:physical_network ": "rule:admin_or_network_owner",
```

② 提供者网络只需对应实际的物理网络（基础设施）。

③ 需要指定以下专门的提供者网络信息。

- 网络类型（Network Type）：这是必备的，表示实际物理网络的拓扑类型。
- 物理网络（Physical Network）：如果选择非隧道网络类型（Flat 或 VLAN，不包括 Local），则必须指定物理网络，具体是指定 Neutron 接入实际的提供者网络中所用的网络接口。
- 段 ID（Segmentation ID）：用于指定子网 ID，除 Local 和 Flat 之外的网络类型需指定此字段。不同网络类型的段 ID 表示范围不同，例如 VLAN 的段 ID 范围为 1~4096。

3. 自服务网络

用户可以为项目中的连接创建项目网络，也就是自服务网络。默认情况下自服务网络被完全隔离，并且不会和其他项目共享，这类网络完全是虚拟的，需要通过虚拟路由器和提供者网络同外部网络通信，如图 7-5 所示。

（1）自服务网络的特点。

绝大多数情况下，自服务网络使用像 VXLAN 或 GRE 这样的 Overlay 协议，因为这些协议要比使用 VLAN 标记的二层网络分段支持更多的网络，而且 VLAN 通常还要求物理网络设施的额外配置。

IPv4 自服务网络一般使用 RFC1918 定义的合法私有地址访问，通过虚拟路由器上的源 NAT 与提供者网络进行交互通信。浮动 IP 地址则通过虚拟路由器上的目的 NAT 让来自提供者网络的用户能访问虚拟机实例。IPv6 自服务网络总是使用公共 IP 地址范围，通过带有静态路由的虚拟路由器与提供者网络进行交互。

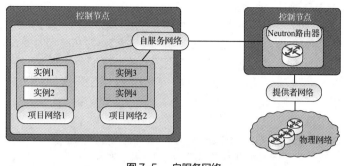

图 7-5 自服务网络

网络服务使用 L3 代理实现路由器功能，L3 代理至少要部署在一个网络节点上。与在网络二层将实例连接到物理网络设施的提供者网络不同，自服务网络必须有 L3 代理。不过，一个 L3 代理或网络节点的过载或故障就会影响一大批自服务网络和使用它们的实例。基于这一点，实际部署需要提供高可用功能来增加冗余，提高自服务网络的性能。

自服务网络通常也对虚拟机实例提供 DHCP 服务和元数据服务。

从网络资源的角度看，自服务网络和提供者网络的主要区别在于可控性，前者是 Neutron 完全可控的；而后者是 Neutron 无法管理的，它只是物理网络信息的一个映射记录，并无管理性质。

（2）自服务网络的应用场景。

大多数情况下，尤其是针对大规模应用，OpenStack 部署都会选择自服务网络。设计逻辑网络拓扑的时候，可以不用考虑运行所在的物理网络拓扑。OpenStack 云用户无须了解数据中心的底层网络结构，就能创建自己所需的自服务网络。自服务网络的主要目的是让非特权的普通项目自行管理网络，无须云管理员介入。

（3）创建自服务网络的要点。

自服务网络专属于特定的项目，项目需要的只是一个二层网络，这个二层网络与物理网络无关，也不用关心采用哪一种网络拓扑。

不过，自服务网络的底层实现细节需要云管理员来决定。云管理员可以通过 Neutron 的配置文件来声明定义项目网络细节，例如，RDO 一体化 OpenStack 云平台的 /etc/neutron/plugins/ml2/ml2_conf.ini 配置文件中的相关设置如下。

```
[ml2]
type_drivers=geneve,flat
tenant_network_types=geneve
mechanism_drivers=ovn
path_mtu=0
extension_drivers=port_security,qos
[ml2_type_geneve]
max_header_size=38
vni_ranges=10:100
```

[ml2] 节中的 tenant_network_types 选项决定自服务网络及项目网络所用的网络拓扑。[ml2_type_geneve] 节中的 max_header_size 选项定义封装头大小的最大值，vni_ranges 定义项目网络（自服务网络）可分配的 Geneve VNI ID 值的范围。

4. Neutron 的子网

Neutron 的子网从属于网络，是 Neutron 对三层子网的抽象，表示的是一个 IP 地址段及其相关配置状态。Neutron 的子网与物理网络中的子网类似，每个子网都需要定义 CIDR 格式的 IP 地址范围，虚拟机实例的 IP 地址则从子网中分配。

子网作为一个具体网段的 IP 地址池，同时为接入该子网的虚拟机实例提供 IP 核心网络服务（IP CoreNetwork Services），还负责保证三层网络之间的路由。IP 核心网络服务包括 DNS、DHCP 和 IPAM（IP 地址管理），又称 DDI 服务，是所有 IP 网络与应用得以顺利运行的基础。IPAM 是一种 IP 地址的管理技术，用于发现、监视、审核和管理企业网络上使用的 IP 地址空间，还可以监管运行的 DNS 和 DHCP 服务器。

> **提示** 在 OpenStack 中启动虚拟机实例时选择的是一个网络而非子网，但是由网络所属的子网为网络中的虚拟机实例提供 IP 核心服务。

Neutron 的网络和子网是一对多的关系。同一个网络下的多个子网可以有不同的 IP 网段且 IP 地址范围不能重叠，但不同网络的子网的 CIDR 和 IP 地址则是可以重叠的，即使是具有相同 IP 地址的两个虚拟机实例也不会产生冲突。这实际上是由于 Neutron 的路由器是通过 Linux 网络名称空间实现的，每个路由器都有自己独立的路由表。

Nova 计算服务不支持从指定的子网来启动虚拟机实例，当从一个具有多个子网的网络启动一个实例时，Neutron 会按照子网的顺序选定第 1 个可用的子网供实例使用，直到该子网的 IP 地址被分配殆尽为止。在实际应用中，如果不是特别需要，则都是一个网络创建一个子网，这样会使实例连接网络更为直观。

Neutron 还引入了子网池（Subnet Pools）资源模型，子网池定义了一个大的 IP 网段，而子网从中分配了一个小的网段。

必须在指定的网络中创建子网，提供者网络和自服务网络中都可以创建自己的子网。默认情况下，在提供者网络中创建子网需要云管理员权限。创建子网可指定 IP 地址范围、设置 DNS 和 DHCP 服务器以及网关。

5. Neutron 的端口

网络是二层网络的抽象，子网是三层子网的抽象，端口就是网络接口（网卡）的抽象。Neutron 的端口类似于虚拟交换机上的网络端口，定义了 MAC 地址和 IP 地址。当虚拟机实例的虚拟网卡绑定到端口时，端口会将 MAC 地址和 IP 地址分配给该虚拟网卡。Neutron 的路由器也要绑定端口，以连接到虚拟网络。端口是连接 Nova 虚拟机实例与 Neutron 子网的桥梁，也是子网接入 L3 路由器的桥梁。

端口与子网一样从属于网络，端口与子网之间地位平等，是多对多的关系。端口的 IP 地址来源于子网，即一个端口可以具有多个 IP 地址，不过通常端口有且只有一个 MAC 地址。

6. Neutron 的路由器

Neutron 路由器用于模拟物理路由器，为用户提供路由、NAT 等服务。在 OpenStack 网络中，不同子网之间的通信需要路由器，自服务网络与外部网络之间的通信更需要路由器。

需要注意的是，Neutron 路由器并非完整的虚拟路由器软件，只是 Neutron 对 Linux 服务器路由功能的抽象。该路由器对 Linux 服务器的路由功能进行了封装，并由 L3 代理服务进程负责处理。通常 L3 代理只运行在网络节点上，所有的跨网段访问流量、公网访问流量都会流经网络节点，这就让网络节点成了 Neutron 三层网络的性能瓶颈。为解决此问题，Neutron 引入了分布式路由器（Distributed Virtual Router，DVR）来让每个计算节点都具有三层网络功能。

云用户不必关心 Neutron 路由器的实现细节，只需要关注其端口、网关和路由表。

Neutron 路由器具有两种端口，一种是连接提供者网络的外部网关，另一种是连接自服务网络的内部接口。内部接口实际连接的是子网，一个子网一个接口，该接口的地址同时是该子网的网关地址。虚拟机实例的 IP 栈如果发现数据包的目的 IP 地址不在本网段，则会将其发到路由器上对应其子网的接口，然后路由器会根据配置的路由规则和目的 IP 地址将包转发到目的端口。

一般路由器的路由表项分为静态路由和动态路由，而 Neutron 中所有的路由表项均为静态路由。这里的静态路由其实就是常规的主机路由或网络路由，是用户自定义的路由表项，但需注意下一跳（Next Hop）字段值必须是该路由器能够访问的子网 IP 地址。

7. 网络管理的命令行基本用法

命令行工具功能更强大，更适合云管理员或测试人员使用，建议尽可能使用 openstack 这个通用命令来代替 neutron 专用命令行。云管理员可以对任何项目进行操作，普通用户只能对自己的项目进行操作。在管理网络之前，先要导出相应账户的环境变量，一般通过加载环境脚本来实现。

注意添加网络的顺序是创建网络→创建子网→创建端口，而删除网络的顺序正好相反，即删除端口→删除子网→删除网络。路由器操作也与此类似，先创建路由器，再设置网关和子网接口。

（1）网络创建和管理命令。

① 创建网络的 openstack 命令的语法格式如下。

```
openstack network create
    [--project <项目名或 ID> [--project-domain <项目所属的域的名称或 ID >]]
    [--enable | --disable]
    [--share | --no-share]
    [--description <说明信息>]
    [--mtu <mtu>]
    [--availability-zone-hint <可用域>]
    [--enable-port-security | --disable-port-security]
    [--external [--default | --no-default] | --internal]
    [--provider-network-type <提供者网络类型>]
    [--provider-physical-network <提供者物理网络>]
    [--provider-segment <提供者网段>]
    [--qos-policy <用于此网络的 QoS 策略名称或 ID>]
    [--transparent-vlan | --no-transparent-vlan]
    [--tag <tag> | --no-tag]
    <网络名称>
```

- --enable 选项表示启用此网络，说明该网络可管理；--disable 选项的意义则正好相反。
- --share 选项表示该网络可在项目之间共享，--no-share 选项的含义正好与之相反。
- --availability-zone-hint 选项用于设置网络可用域，重复该选项可创建多个可用域。
- --external 选项表示将该网络设置为外部网络。其中，--default 子选项指定此网络用作默认的外部网络；--no-default 选项表示不将此网络用作默认的外部网络，创建的网络默认是内部网络，采用 --internal 选项。
- --provider-network-type 选项用于设置实现此虚拟网络所采用的物理机制，即网络拓扑，可支持的选项值有 flat、geneve、gre、local、vlan 或 vxlan。
- --provider-physical-network 选项用于设置此虚拟网络基于哪个物理网络来实现。这个选项仅对提供者网络有意义。
- --provider-segment 选项用于设置 VLAN 网络的 VLAN ID，或者 GENEVE/GRE/VXLAN 网络的隧道 ID。

② 修改网络设置的命令语法格式如下。

```
openstack network set   [选项列表] <网络名称或 ID>
```

其中的选项大部分与 openstack network create 命令中的相同，增加了 --name 选项用于重命名。

③ 显示网络列表的命令语法格式如下。

```
openstack network list [选项列表]
```

④ 显示网络详细信息的命令语法格式如下。

openstack network show <网络名称或 ID>

⑤ 删除网络的命令语法格式如下。

openstack network delete   [网络列表]

（2）子网创建和管理命令。

① 创建子网的命令语法格式如下。

openstack subnet create
    [--project <项目名或 ID> [--project-domain <项目所属的域的名称或 ID >]]
    [--subnet-pool ＜子网池＞ | --use-default-subnet-pool [--prefix-length ＜前缀长度＞] | --use-prefix-delegation]
    [--subnet-range <子网范围>]
    [--allocation-pool start=<起始 IP 地址>,end=<结束 IP 地址>]
    [--dhcp | --no-dhcp]
    [--dns-nameserver <DNS 服务器>]
    [--gateway <网关>]
    [--host-route destination=<主机路由目的子网>,gateway=<网关 IP>]
    [--network-segment <与此子网关联的网段名称或 ID>]
    --network <子网所属的虚拟网络名称或 ID>
    <子网名称>

默认启用 DHCP，使用--dhcp 选项。

② 子网管理命令与网络管理命令类似，只需把子命令 network 换成 subnet，将操作对象改为子网。

（3）路由器创建和管理命令。

① 创建路由器的命令语法格式如下。

openstack router create
    [--project <项目名或 ID> [--project-domain <项目所属的域的名称或 ID >]]
    [--enable | --disable]
    [--availability-zone-hint <可用域>]
    <路由器名称>

② 路由器管理命令与网络管理命令类似，只需把子命令 network 换成 router，将操作对象改为路由器。

任务实现

1. 验证网络资源模型

这里在 RDO 双节点 OpenStack 实验平台上对网络资源模型进行验证。

（1）以 admin 用户身份登录 OpenStack，在左侧导航窗格中展开"管理员">"网络">"网络"节点，显示云中当前所有的网络列表，如图 7-6 所示，其中名为"public"的是提供者网络，名为"private"的是自服务网络，分别属于 admin 和 demo 项目。

V7-2 验证网络资源模型

图 7-6 提供者网络与自服务网络

（2）进一步考察提供者网络。单击"public"网络名称查看其详细信息，"概况"选项卡中为该提供者网络的基本信息，如图 7-7 所示。这里"public"网络为外部网络，其中"供应商网络"部分给出了提供者网络的必备信息，包括"网络类型"（这里为"flat"）、"物理网络"（这里名为"extnet"）和"段 ID"（Flat 网络无此值）。

图 7-7　提供者网络基本信息

（3）切换到"子网"选项卡，单击其中的子网名称，显示子网的详细信息，如图 7-8 所示，该子网定义了 CIDR 格式的 IP 地址范围、IP 地址分配池、网关、DHCP、DNS 等。

图 7-8　提供者网络的子网详细信息

（4）切换到"端口"选项卡，查看提供者网络的端口列表，如图 7-9 所示，可以发现"Public"网络有很多端口，每个端口都已有一个 IP 地址和 MAC 地址，连接设备包括虚拟机实例的浮动 IP 地址（network:floatingip）、路由器网关（network:router_gateway）和 DHCP 服务器（network:dhcp）。

图 7-9　提供者网络的端口列表

（5）以 demo 用户身份登录 OpenStack，在左侧导航窗格中展开"项目">"网络">"网络"节点，显示云中该项目当前所有的网络列表，如图 7-10 所示。由于权限受限，名为"public"的提供者网络的信息有限。

图 7-10　demo 项目的网络列表

（6）进一步考察自服务网络。单击"private"网络名称查看其详细信息，"概况"选项卡中为该网络的基本信息，如图 7-11 所示。该网络不是外部网络，选项卡中也没有显示"供应商网络"信息。

图 7-11　自服务网络的基本信息

（7）切换到"子网"选项卡，单击其中的子网名称，显示子网的详细信息，如图 7-12 所示，该子网定义了 CIDR 格式的 IP 地址范围、IP 地址分配池、网关、DHCP 等。

图 7-12　自服务网络的子网详细信息

（8）切换到"端口"选项卡，查看自服务网络的端口列表，如图 7-13 所示。可以看到每个端口都已有一个 IP 地址和 MAC 地址，连接设备包括虚拟机实例（compute:nova）、路由器接口（network:router_interface）和 DHCP 服务器（network:dhcp），与提供者网络的端口有所不同。

（9）最后考察路由器。以 admin 用户身份登录 OpenStack，展开"管理员">"网络">"路由"节点，显示云中 demo 项目当前所有的路由器列表，单击其中的"router-demo"名称，并切换到"接口"选项卡，如图 7-14 所示，可以看到该路由器有两个接口，分别是内部接口和外部网关。

图 7-13 自服务网络的端口列表

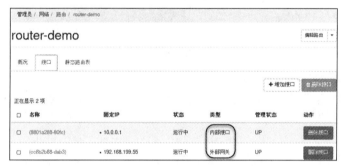

图 7-14 路由器接口

2. 提供者网络实例分析

图 7-15 所示为一个典型的提供者网络实例，这是最简单的 OpenStack 服务部署方式，通过网络二层（网桥或交换机）将提供者网络连接到物理网络设施，这基本上是将虚拟网络桥接到物理网络设施，三层（路由）服务也依赖于物理网络。另外，该网络可以包括一个 DHCP 服务，用于为实例分配 IP 地址。

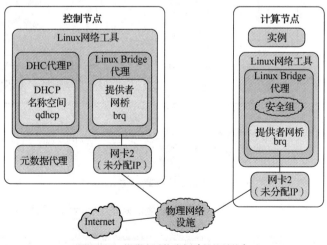

图 7-15 提供者网络实例（总体结构）

本实例中的网络连接如图 7-16 所示。其中的 IP 地址只是用于示范，实际部署时应根据实际情况进行设置和调整。

提供者网络默认由云管理员创建，它实际上就是与物理网络（或外部网络）有直接映射关系的虚拟网络。要使用物理网络直接连接虚拟机实例，必须在 OpenStack 中将物理网络定义为提供者网络。这种网络可以在多个项目（租户）之间共享。虽然可以创建 VXLAN 或 GRE 类型的提供者网络，但是只有 Flat 或 VLAN 类型的网络拓扑，才对提供者网络具有实际意义。提供者网络和物理网络的某个网段可直接映射，因此需要预先在物理网络中做好相应的配置。物理网络的每个网段最多只能实现一个提供者网络。

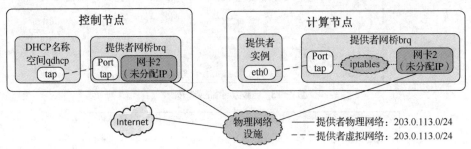

图 7-16　提供者网络实例（连接）

3. 自服务网络实例分析

图 7-17 所示为一个典型的自服务网络实例，这是一种常用的 OpenStack 服务部署方式。通过 NAT 将自服务网络连接到物理网络设施。它包括三层（路由）服务、DHCP 服务，还能提供 LBaaS 和 FWaaS 这样的高级服务。

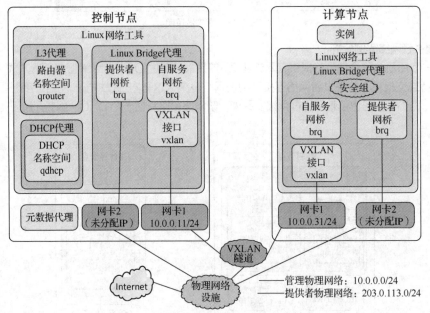

图 7-17　自服务网络实例（总体结构）

此实例中的网络连接如图 7-18 所示。其中的 IP 地址只是用于示范，实际部署时应根据实际情况进行设置和调整。

OpenStack 用户不需要了解数据中心的底层网络结构，就能创建所需的自服务网络。

自服务网络由普通用户创建，是与物理网络无关的纯虚拟网络。默认情况下，不同项目（租户）的自服务网络，也就是项目（租户）网络是完全隔离的，不可以共享。创建自服务网络可以选择 Local、Flat、VLAN、VXLAN 或 GRE 等类型，但是 Flat 和 VLAN 类型的自服务网络本质上对应一个实际的物理网段，因此真正有意义的是 VXLAN 或 GRE 类型，因为这种 Overlay 网络本身不依赖于具体的物理网络，只需要物理网络提供 IP 和组播支持即可。

另外，自服务网络中的虚拟机实例如果要访问外部网络（物理网络），就必须创建相应的提供者网络来提供外部连接。这种虚拟网络中包括自服务网络（作为内部网络）和提供者网络（作为外部网络），也可以使用这两种网络为虚拟机实例提供网络连接。

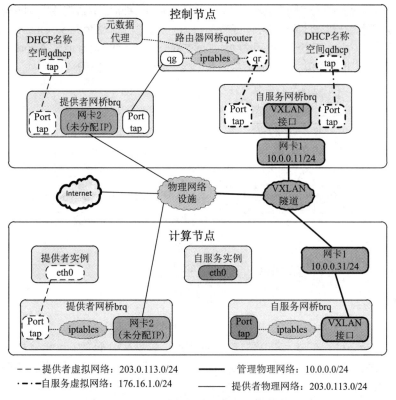

图 7-18 自服务网络实例（连接）

任务三 理解 OpenStack 网络服务的实现机制

任务说明

网络资源模型是面向云用户的，上一任务是从上层来解析网络服务的，本任务从底层来解析网络服务的实现机制。考虑到 RDO 一体化 OpenStack 云平台集成 OVN，并非单纯的 Neutron，这里没有示范 Neutron 配置，这方面的内容会在项目九中讲解。本任务的具体要求如下。

- 了解 Neutron 层次结构。
- 理解 neutron-server 架构。
- 理解插件与代理架构。
- 理解 ML2 插件架构。

- 了解主要的代理，重点理解 OVS 代理。
- 了解网络服务的物理部署方法。

知识引入

1. Neutron 服务与组件的层次结构

Neutron 服务与组件的层次结构如图 7-19 所示。

其中，服务器是指提供 API 端点和数据库访问点的 neutron-server 服务，通常在控制器节点上运行。

插件和代理用来支持不同的网络技术，让 Neutron 成为一种相当开放的架构。L2 代理（Layer2 Agent）是二层代理，一般在计算节点和网络节点上运行，通过 Linux Bridge、Open vSwitch 等为网络提供分段和隔离的功能，相当于物理网络中的二层交换机。L3 代理（Layer3 Agent）是三层代理，运行在网络节点上，提供路由功能和一些高级服务功能，如 FWaaS 或 VPNaaS。

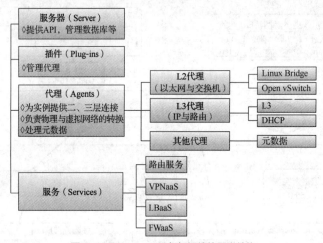

图 7-19 Neutron 服务与组件的层次结构

高级服务主要有 3 种，VPNaaS（虚拟专用网即服务）是引入 VPN 的 Neutron 扩展，LBaaS（负载平衡即服务）是用于基于 HAProxy 软件实现的负载平衡，FWaaS（防火墙即服务）将防火墙应用到 OpenStack 项目、路由器和路由器端口。

实际上这些服务器、服务和代理都是以服务（守护进程）的形式运行的。

2. neutron-server

neutron-server 提供一组 API 来定义网络连接和 IP 地址，供 Nova 等客户端调用。它本身也基于层次模型设计，其层次结构如图 7-20 所示。

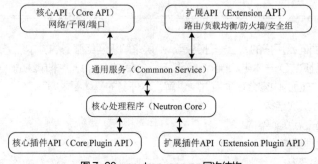

图 7-20 neutron-server 层次结构

neutron-server 包括 4 个层次，自上而下依次说明如下。
- RESTful API：直接对客户端提供 API 服务，属于最前端的 API，包括核心 API（Core API）和扩展 API（Extension API）两种类型。核心 API 是提供管理网络、子网和端口核心资源的 RESTful API；扩展 API 则是提供管理路由器、负载均衡、防火墙、安全组等扩展资源的 RESTful API。
- 通用服务：负责对 API 请求进行检验、认证并授权。
- Neutron 核心处理程序：调用相应的插件 API 来处理 API 请求。
- 插件 API：定义插件的抽象功能集合，提供调用插件的 API，包括核心插件 API 和扩展插件 API 两种类型。Neutron 核心处理程序通过核心插件 API 调用相应的核心插件，通过扩展插件 API 调用相应的服务插件（Service Plugin）。

3. 插件与代理架构

Neutron 遵循 OpenStack 的设计原则，采用开放性架构，通过插件和代理机制来实现各种网络功能。插件与代理的架构如图 7-21 所示。

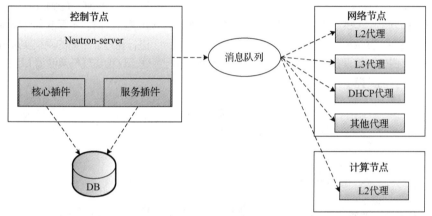

图 7-21　插件与代理的架构

插件是 Neutron 的 API 的一种后端实现，目的是增强可扩展性。插件按照功能可以分为核心插件和服务插件两种类型：前者提供基础二层虚拟网络支持，实现网络、子网和端口等核心资源的抽象；后者是指核心插件之外的其他插件，提供路由器、防火墙、安全组、负载均衡等服务支持。注意核心插件和服务插件已经集成到 neutron-server 中，不需要运行独立的插件服务。

插件由 neutron-server 的核心插件 API 和扩展插件 API 调用，用于确定具体网络功能，即要配置什么样的网络。插件处理 neutron-server 发来的 API 请求，在数据库中维护 Neutron 网络的状态信息（更新 Neutron 数据库），通知相应的代理实现具体的网络功能。每一个插件支持一组 API 资源并完成特定的操作，这些操作最终由插件通过 RPC 机制调用相应的代理来完成。

代理处理插件转来的请求，负责在网络上真正实现各种功能。代理使用物理网络设备或虚拟化技术完成实际的操作任务，如用于路由器具体操作的 L3 代理。

4. ML2 插件

Neutron 可以通过开发不同的插件和代理来支持不同的网络技术，这是一种相当开放的架构。不过随着所支持的网络提供者种类的增加，开发人员发现了两个突出的问题：一个问题是多种网络提供者无法共存。核心插件负责管理和维护 Neutron 二层网络的状态信息，一个 Neutron 网络只能由一个插件管理，而核心插件与相应的代理是一一对应的。如果选择 Linux Bridge 插件，则只能选择 Linux Bridge 代理，且必须在 OpenStack 的所有节点上使用 Linux Bridge 作为虚拟交换机。另一个问题是开发新的插件的工作量太大，所有传统的核心插件之间存在大量重复代码（如数据库访问代码）。

为解决这两个问题，Neutron 采用了一个 ML2（Moduler Layer 2）插件，旨在取代所有的核心插件。其允许在 OpenStack 网络中同时使用多种二层网络技术，不同的节点可以使用不同的网络实现机制。ML2 插件推出前后的二层网络实现对比如图 7-22 所示。

图 7-22　ML2 插件推出前后的二层网络实现对比

ML2 能够与现有的代理无缝集成，以前使用的代理无须变更，只需将传统的核心插件替换为 ML2 即可。ML2 使得 OpenStack 对新的网络技术的支持变得更为简单，开发人员无须从头开发核心插件，只需要开发相应的机制驱动（Mechanism Driver）即可，大大减少了要编写和维护的代码。

ML2 插件的架构如图 7-23 所示。ML2 插件对二层网络进行抽象，解耦了 Neutron 所支持的网络类型与访问这些网络类型的虚拟网络实现机制，并通过驱动的形式进行扩展。不同的网络类型对应不同的类型驱动（Type Driver），由类型管理器（Type Manager）进行管理。不同的网络实现机制对应不同的机制驱动，由机制管理器（Mechanism Manager）进行管理。这种实现框架使得 ML2 具有弹性，易于扩展，能够灵活支持多种网络类型和实现机制。

图 7-23　ML2 插件的架构

（1）类型驱动。Neutron 支持的每一种网络类型都有一个对应的 ML2 类型驱动，类型驱动负责维护网络类型的状态、执行验证、创建网络等工作。目前，Neutron 已经实现的网络类型包括 Flat、Local、VLAN、VXLAN 和 GRE。

（2）机制驱动。Neutron 支持的每一种网络机制都有一个对应的 ML2 机制驱动。机制驱动负责获取由类型驱动维护的网络状态，并确保在相应网络设备（物理或虚拟的）上正确实现这些状态。例如，类型驱动为 VLAN，机制驱动为 Linux Bridge。如果创建网络 VLAN 100，那么 VLAN 类型驱动会确保将 VLAN 100 的信息保存到 Neutron 数据库中，包括网络的 VLAN ID 等。而 Linux Bridge 机制驱动会确保各节点上的 Linux Bridge 代理在物理网卡上创建 ID 为 100 的 VLAN 设备和网桥设备，并将两者进行桥接。

（3）扩展资源。ML2 作为一个核心插件，在实现网络、子网和端口核心资源的同时，也实现了包括端口绑定（Port Bindings）、安全组（Security Group）等部分扩展资源。

总之，ML2 插件已经成为 Neutron 的首选插件。

5. L2 代理

L2 代理负责 OpenStack 资源的二层网络连接，通常运行在每个网络节点和每个计算节点上。ML2 解决了在使用传统核心插件时所有节点只能使用同一种网络提供者的问题，但是这并非意味着不同的机制驱动可以使用不同的网络提供者提供代理服务。不同的机制驱动需要对应不同的 L2 代理，具体如表 7-2 所示。

表 7-2　机制驱动对应的 L2 代理

机制驱动	L2 代理
Open vSwitch	Open vSwitch 代理
Linux bridge	Linux bridge 代理
SRIOV	SRIOV Nic Switch 代理
MacVTap	MacVTap 代理
L2 population	Open vSwitch 代理或 Linux bridge 代理

6. Open vSwitch 代理

Open vSwitch 代理是常用的 L2 代理。了解 Open vSwitch 代理，首先需了解 Open vSwitch。

（1）什么是 Open vSwitch。

Open vSwitch 简称 OVS，是与硬件交换机具备相同特性、可在不同虚拟化平台之间移植、具有产品级质量的虚拟交换机，适合在生产环境中部署。采用 OVS 技术的虚拟交换机可以轻松实现对虚拟网络的管理、网络状态和流量的监控。OVS 支持 Open Flow，可以接受 Open Flow 控制器的管理。OVS 可以更好地与软件定义网络融合。OVS 模仿物理交换机设备的工作流程，实现了很多物理交换机才支持的网络功能。

OVS 在云环境中的虚拟化平台上实现分布式虚拟交换机，其架构如图 7-24 所示，可以将不同物理主机上的 OVS 交换机连接起来，形成更大规模的虚拟网络。

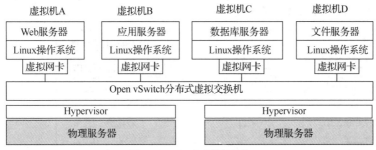

图 7-24　OVS 交换机架构

OVS 具有集中管控功能，而且性能更加优化，支持更多的功能，目前在 OpenStack 领域已成为主流。它支持 Local、Flat、VLAN、VXLAN、GRE 和 GENEVE 等所有的 Neutron 所支持的网络类型。在内核部分合并进入 Linux 主干之后，OVS 几乎成了开源虚拟交换机的事实标准。

（2）Open vSwitch 的设备类型。

- Tap 设备：用于网桥连接虚拟机网卡。
- Linux 网桥：桥接网络接口（包括虚拟接口）。
- VETH 对（VETH Pair）：直接相连的一对虚拟网络接口。发送到 VETH 对一端的数据包由另一端接收。在 OpenStack 中，它用来连接两个虚拟网桥。
- OVS 网桥：OVS 的核心设备，包括一个 OVS 集成网桥（Integration Bridge）和一个 OVS 物理连接网桥（外部网桥）。所有在计算节点上运行的虚拟机实例均要连接到集成网桥，Neutron 通过配置集成网桥上的端口来实现虚拟机网络隔离。物理连接网桥直接连接到物理网卡。这两个 OVS 网桥通过一个 VETH 对来进行连接。OVS 的每个网桥都可以看作是一个真正的交换机，可以支持 VLAN。

（3）Open vSwitch 的数据包流程。

如果选择 OVS 代理，在计算节点上，数据包从虚拟机实例发送到物理网卡需要依次经过以下设备。

- Tap 接口（Tap Interface）：命名为"tapxxxx"。
- Linux 网桥（Linux Bridge）：与 Linux Bridge 不同，命名为"qbrxxxx"。其中编号 xxxx 与 tapxxxx 中的 xxxx 相同。
- VETH 对：两端分别命名为"qvbxxxx"和"qvoxxxx"，其中编号 xxxx 与 tapxxxx 中的 xxxx 也保持一致。
- OVS 集成网桥：命名为"br-int"。
- OVS PATCH 端口：两端分别命名为"int-br-ethx"和"phy-br-ethx"（x 为物理网卡名称中的编号）。这是特有的端口类型，只能在 Open vSwitch 中使用。
- OVS 物理连接网桥：分为两种类型，在 Flat 和 VLAN 网络中使用 OVS 提供者网桥（Provider Bridge），命名为"br-ethx"（x 为物理网卡名称中的编号）；在 VXLAN、GRE 或 GENEVE 覆盖网络中使用 OVS 隧道网桥（Tunnel Bridge），命名为"br-tun"。在 Local 网络中，不需要任何 OVS 物理连接网桥。
- 物理网络接口：用于连接到物理网络。

下面以 VLAN 网络为例来展示 OVS 网络的逻辑结构，如图 7-25 所示。与 Linux Bridge 代理不同，OVS 代理并不通过 eth1.101、eth1.102 等 VLAN 接口来隔离不同的 VLAN。所有的虚拟机实例都连接到同一个网桥 br-int，OVS 通过配置 br-int 和 br-ethx 上的流规则（Flow rule）来进行 VLAN 转换，进而实现 VALN 之间的隔离。示例中内部的 VLAN 标签分别为 1 和 2，而物理网络的 VLAN 标签则为 101 和 102。当 br-eth1 网桥上的 phy-br-eth1 端口收到一个 VLAN 1 标记的数据包时，会将其中的 VLAN 1 转换为 VLAN 101；当 br-int 网桥上的 int-br-eth1 端口收到一个 VLAN 101 标记的数据包时，会将其中的 VLAN 101 转换为 VLAN 1。

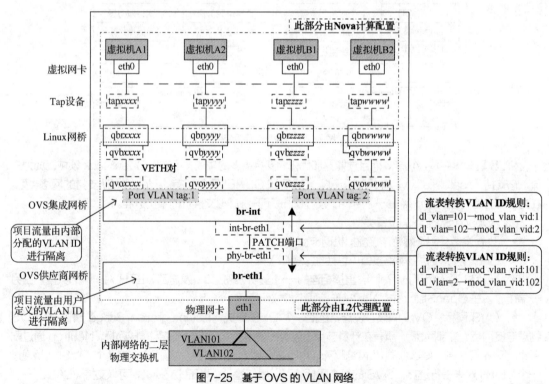

图 7-25　基于 OVS 的 VLAN 网络

7. L3 代理

在 Neutron 中，L3 代理具有举足轻重的地位，它不仅提供虚拟路由器，而且通过 iptables 提供地址转换（SNAT/DNAT）、浮动 IP 地址（Floating IP）和安全组（Security Group）功能。L3 代理利用 Linux IP 栈、路由和 iptables 来实现内部网络中不同网络的虚拟机实例之间的通信，以及虚拟机实例和外部网络之间的网络流量的路由和转发。L3 代理可以部署在控制节点或者网络节点上。需要注意的是，L3 代理需要与 L2 代理并行运行。

（1）路由（Routing）。

L3 代理提供的虚拟路由器通过虚拟接口连接到子网，一个子网一个接口，该接口的地址是该子网的网关地址。虚拟机实例的 IP 栈如果发现数据包的目的 IP 地址不在本网段，则会将其发到路由器上对应其子网的虚拟接口。然后，虚拟机路由器根据配置的路由规则和目的 IP 地址将包转发到目的端口发出。

L3 代理会为每个路由器创建一个网络名称空间，通过 VETH 对与 TAP 相连，然后将网关 IP 配置在位于名称空间的 VETH 接口上，这样就能够提供路由。网络节点如果不支持 Linux 名称空间，则只能运行一个虚拟路由器。

（2）通过网络名称空间支持网络重叠。

在云环境下，用户可以按照自己的规划创建网络，不同项目的网络 IP 地址可能会重叠。为实现此功能，L3 代理使用 Linux 网络名称空间来提供隔离的转发上下文功能，隔离不同项目（租户）的网络。每个 L3 代理运行在一个名称空间中，每个名称空间由 qrouter-<router-UUID>命名。

（3）源地址转换（SNAT）。

L3 代理通过在 iptables 表中增加 POSTROUTING 链来实现源地址转换，即在内网计算机访问外网时，将发起访问的内网 IP 地址（源 IP 地址）转换为外网网关的 IP 地址。这种功能让虚拟机实例能够直接访问外网。不过外网计算机还不能直接访问虚拟机实例，因为实例没有外网 IP 地址，使用目的地址转换能解决这一问题。

项目网络连接到 Neutron 路由器，通常将路由器作为默认网关。当路由器接收到实例的数据包并将其转发到外网时，路由器会将数据包的源地址修改成自己的外网地址，这样确保数据包能被转发到外网，并能够从外网返回。路由器修改返回的数据包，并转发给之前发起访问的实例。

（4）目的地址转换（DNAT）与浮动 IP 地址。

Neutron 需要设置浮动 IP 地址来支持从外网访问项目网络中的实例。每个浮动 IP 唯一对应一个路由器，浮动 IP 对应实例关联的端口，该端口所在的子网对应一个路由器。创建浮动 IP 时，在 Neutron 分配浮动 IP 地址后，通过 RPC 通知该浮动 IP 对应的路由器去设置该浮动地址 IP 对应的 iptables 规则。从外网访问虚拟机实例时，目的 IP 地址为实例的浮动 IP 地址，因此必须由 iptables 将其转化为固定 IP 地址，然后再将它路由到实例。L3 代理通过在 iptables 表中增加 PREOUTING 链来实现目的地址转换。

浮动 IP 地址提供静态 NAT 功能，建立外网 IP 地址与实例所在项目网络 IP 地址的一对一映射。浮动 IP 地址配置在路由器提供网关的外网接口上，而不是实例中。路由器会根据通信的方向修改数据包的源或者目的地址，这是通过在路由器上应用 iptables 的 NAT 规则实现的。

一旦设置了浮动 IP 地址，源地址转换就不再使用外网网关的 IP 地址了，而是直接使用对应的浮动 IP 地址。虽然相关的 NAT 规则依然存在，但是 neutron-l3-agent-float-snat 比 neutron-l3-agent-snat 更早执行。

提示　在一个 OpenStack 网络部署中，不同虚拟网络的虚拟机实例之间的流量习惯上被称为东西流量，虚拟网络的实例和经由 DNAT 与外部网络的数据交换习惯上被称为南北流量。

（5）安全组（Security Group）。

一个安全组定义了进入的网络流量中哪些能被转发给虚拟机实例。安全组包含一组防火墙策略，称为安全组规则。可以定义若干个安全组，每个安全组可以有若干条规则，可以给每个实例绑定若干个安全组。

安全组的实现原理是通过 iptables 对实例所在计算节点的网络流量进行过滤。安全组规则作用在实例的端口上，具体在连接实例的计算节点上的 Linux 网桥上实施。

8. DHCP 代理

DHCP 代理负责 DHCP 和路由器通知（Router Advertisement Daemon，RADVD）服务。该代理在网络节点上运行，并要求在同一节点上同时运行 L2 代理。

OpenStack 的虚拟机实例在启动过程中能够从 Neutron 提供的 DHCP 服务自动获得 IP 地址，这需要以下 DHCP 组件来实现。

（1）DHCP 代理：为项目网络提供 DHCP 功能，提供元数据请求服务。

（2）DHCP 驱动：用于管理 DHCP 服务器，默认为 dnsmasq。这是一个提供 DHCP 和 DNS 服务的开源软件，提供 DNS 缓存和 DHCP 服务功能。

（3）DHCP 代理调度器：负责 DHCP 代理与网络的调度。

其中 DHCP 代理是核心组件，主要完成以下任务。

（1）定期报告 DHCP 代理的网络状态，通过 RPC 报告给 neutron-server，然后通过 Core Plugin 报告给数据库并进行网络状态更新。

（2）启动 dnsmasq 进程，检测 qdhcp-*xxxx* 名称空间（namespace）中的 ns-*xxxx* 端口接收到的 DHCP DISCOVER 请求。在启动 dnsmasq 进程的过程中，决定是否需要创建名称空间中的 ns-*xxxx* 端口，是否需要配置名称空间中的 iptables，是否需要刷新 dnsmasq 进程所需的配置文件。

创建网络并在子网上启用 DHCP 时，网络节点上的 DHCP 代理会启动一个 dnsmasq 进程为网络提供 DHCP 服务。dnsmasq 与网络是一一对应关系，一个 dnsmasq 进程可以为同一网络中所有启用 DHCP 的子网提供服务。

DHCP 代理的配置文件是/etc/neutron/dhcp_agent.ini，其中重要的配置选项有两个。

（1）interface_driver：用来创建 TAP 设备的接口驱动。如果使用 Linux Bridge 连接，该值设为 neutron.agent.linux.interface.BridgeInterfaceDriver；如果选择 Open vSwitch 设备，该值为 neutron.agent.linux.interface.OVSInterfaceDriver。

（2）dhcp_driver：指定 DHCP 驱动，默认值 neutron.agent.linux.dhcp.Dnsmasq 表示使用 dnsmasq 来实现 DHCP 服务。

9. 元数据代理

元数据代理让虚拟机实例通过网络访问 cloud-init 元数据（用于首次启动时初始化虚拟机实例），也需要在同一节点上运行 L2 代理。

OpenStack 中每个虚拟机实例都可以访问 169.254.169.254 来获取元数据，这个 IP 地址实际上是根本不存在的保留地址。OpenStack 通过两种方式实现了代理功能：一种是 DHCP 代理，适合虚拟机实例没有浮动 IP 的情形，通过在 /etc/neutron/dhcp_agent.ini 配置文件中设置 "enable_isolated_metadata=True" 选项来开启该功能；另一种是路由器，适合虚拟机实例已配置浮动 IP 的情形，无须任何操作，每个路由器都会自动开启该功能。这两种机制可以共存，DHCP 方式优先级更高，因为它会推送一条静态路由到虚拟机实例，所以流量直接发送到 DHCP 所在的网卡，而不必经过路由器。

任务实现

了解 OpenStack 网络服务的物理部署

Neutron 与其他 OpenStack 服务协同工作，可以部署在多个物理主机节点上，主要涉及控制节点、网络节点和计算节点，每类节点可以部署多个。典型的主机节点部署方案如下。

（1）控制节点、网络节点与计算节点。

专门的网络节点可以承担更大的负载。该方案特别适合规模较大的 OpenStack 环境。

控制节点包括 OpenStack 服务的控制平面组件及其依赖组件,需要部署 neutron-server 服务和 ML2 插件,只负责通过 neutron-server 响应 API 请求。

网络节点包括 OpenStack 网络服务的 L3 组件以及可选的高可用组件,需要部署 L2 代理和 L3 代理及其依赖组件。将所有的代理部署到独立的网络节点上,由独立的网络节点实现数据的交换、路由以及负载均衡等高级网络服务。

计算节点包括 OpenStack 计算服务的 Hypervisor 组件、OpenStack 网络服务的 L2 交换组件、DHCP 组件、元数据组件和高可用组件,需要部署 L2 代理、DHCP 代理和元数据代理。

(2)控制节点和计算节点。

这种方案将网络节点并到了控制节点上,控制节点和计算节点都需要部署 L2 代理,因为控制节点与计算节点只有通过该代理,才能建立二层连接。

任务四 掌握 OpenStack 网络服务与 OVN 的集成

任务说明

OVS 以其丰富的功能和相对优秀的性能,成为 OpenStack 中广泛使用的虚拟交换机。开放虚拟网络(Open Virtual Network,OVN)是 OVS 项目组为 OVS 开发的 SDN 控制器,能够很好地兼容 OVS 并提升 OVS 的性能。OVN 通过 networking-ovn 项目与 OpenStack 集成,基于已有的 OpenStack OVS 插件来提升性能和稳定性,已成为 OpenStack 网络服务的首选方案。从 OpenStack Stein 版本开始,RDO 的 OpenStack 网络控制平台从 OVS 升级到 OVN。本任务讲解 OVN 基础知识,基于项目六建立的 OpenStack 双节点实验平台对集成 OVN 的网络服务进行验证,具体要求如下。

- 了解 OVN 的背景知识。
- 理解 OVN 架构及实现机制。
- 了解 OpenStack Neutron 与 OVN 的集成。
- 验证集成 OVN 的 OpenStack 网络服务的部署和配置。

知识引入

1. 什么是 OVN

OVN 是 OVS 社区发起的 OVS 子项目,是一个可以在大规模环境(支持上千节点)下部署的、产品级别的轻量级 SDN 控制器。OVN 设计简洁,专注于实现二层和三层网络功能。

OVN 扩展了 OVS 的现有功能,提升了 OVS 的工作效率和性能。OVN 可以运行在任何兼容 OVS 的环境下。从 OVS 升级到 OVN 非常便捷,原有的网络、路由等数据不会丢失。

OVN 专注于实现云计算管理平台场景下的 SDN 控制器,可以和很多云管理系统(Cloud Management System,CMS)集成到一起,尤其是 OpenStack Neutron,只需添加一个插件来配置 OVN 即可。OVN 从创立之初就考虑与 OpenStack 的集成,因此非常适合在 OpenStack 环境下工作。OVN 通过 networking-ovn 项目与 OpenStack 集成,一些 OpenStack Neutron 已知的问题,在 OVN 中都能较好地解决。

OVN 提供了许多原生的虚拟网络功能,具体列举如下。

(1)L2(交换):代替传统的 OVS 代理。

(2)L3(路由):支持分布式路由,代替传统的 Neutron L3 代理。

(3)DHCP:代替传统的 Neutron DHCP 代理。

(4)DPDK(Data Plane Development Kit,数据平面开发套件):OVN 和 OVN 机制驱动可与使

用 Linux 内核数据路径或 DPDK 数据路径的 OVS 一同工作。

（5）Trunk 驱动：使用 OVN 的父端口和端口标签功能来支持块服务插件。

（6）VLAN 租户网络：OVN 2.11 或更高版本的 OVN 驱动支持 VLAN 租户网络。

（7）DNS：OVN 2.8 版开始内置 DNS 实现。

（8）端口转发：支持作为浮动 IP 扩展的端口转发的 OVN 驱动。

2. OVN 架构和实现机制

OVN 主要在原 OVS 的基础上增加了两个服务（ovn-northd 与 ovn-controller）和两个数据库（Northbound DB 与 Southbound DB），其架构如图 7-26 所示，下面对其组件逐一进行介绍。

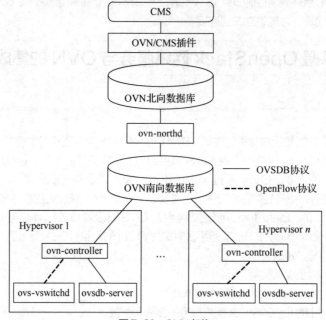

图 7-26 OVN 架构

（1）CMS。

CMS 是 OVN 的客户端。CMS 如果要集成 OVN，则需安装用于 CMS 的特定插件及相关软件。OVN 的最初目标是将 OpenStack 作为其 CMS，图 7-26 中所有其他组件都是独立于 CMS 的。

（2）OVN/CMS 插件。

OVN/CMS 插件是用作 OVN 接口的 CMS 组件。作为 OVN 和 CMS 之间的接口，该插件主要是将 CMS 的逻辑网络配置数据转换为 OVN 可以理解的中间格式。该插件必须是 CMS 特有的，每个与 OVN 集成的 CMS 都需要提供该插件。在 OpenStack 中，Neutron 的子项目 networking-ovn 就是实现 OVN 的插件。例如，在 OpenStack 环境中，在 Neutron 中创建一个网络，需要通过 networking-ovn 在北向数据库中创建一个逻辑交换机。

（3）OVN 北向数据库。

OVN 北向数据库（Northbound DB）接收 OVN/CMS 插件传来的逻辑网络配置的中间格式数据。该数据库能支持 CMS 中的逻辑交换机（Logical Switch）、逻辑路由器（Logical Router）、ACL 等数据模型，它直接由 CMS 写入数据，而不是通过 RESTful API 来接收数据。

（4）ovn-northd 进程。

ovn-northd 进程上连 OVN 北向数据库，下连 OVN 南向数据库，监听北向数据库的数据变动，将从北向数据库中获得的传统网络概念中的逻辑网络配置数据转换成南向数据库所能理解的逻辑数据路径流（Logical Datapath Flow），并存储在南向数据库中。

（5）OVN 南向数据库。

OVN 南向数据库（Southbound DB）处于 OVN 架构的核心位置，是 OVN 中最重要的部分，与 OVN 的其他组件都有交互。其中存储的数据格式与北向数据库完全不同，主要包含以下 3 类数据。

- 物理网络数据：此类数据来自 ovn-controller 服务，表示如何访问 Hypervisor 和其他节点，例如 Hypervisor 的 IP 地址、隧道封装格式。
- 逻辑网络数据：用逻辑数据路径流来表示，此类数据由 ovn-northd 进程从北向数据库中转换过来。
- 绑定表：描述物理网络和逻辑网络的绑定关系，例如逻辑端口关联到哪个 Hypervisor。

逻辑网络实现了与物理网络相同的概念，不同的是逻辑网络通过隧道或其他封装技术与物理网络进行隔离。OVN 支持的逻辑网络概念包括逻辑交换机（Logical Switch）、逻辑路由器（Logical Router）、逻辑数据路径（Logical Datapath）和逻辑端口（Logical Port）。逻辑数据路径即逻辑版本的 OpenFlow 交换机，逻辑交换机及路由器都基于 OpenFlow 交换机实现。VIF（虚拟网络接口）就是一种常见的逻辑端口。

（6）ovn-controller 服务。

ovn-controller 服务是 OVN 的分布式控制器，是运行在每个 Hypervisor 和软件网关上的代理。它向上（向北）连接到南向数据库来获取 OVN 的配置及状态，并用 Hypervisor 的状态填充绑定表；向下（向南）连接两个 OVS 传统组件 ovs-vswitchd 和 ovsdb-server。ovn-controller 服务连接 ovs-vswitchd 服务时，作为 ovs-vswitchd 服务的 OpenFlow 控制器，用于控制网络流量的转发；ovn-controller 服务连接本地 ovsdb-server 服务时，用于监听、读取、管理 OVS 的配置信息。

（7）ovs-vswitchd 服务和 ovsdb-server 服务。

ovs-vswitchd 服务和 ovsdb-server 服务是 OVS 的两个服务。ovs-vswitch 是 OVS 核心模块，与 Linux 内核模块一起实现基于流的交换功能。ovsdb-server 是一个 OVS 数据库服务器，其数据库保存了整个 OVS 的配置信息，包括接口、流表和 VLAN 等。实际上 ovs-vswitchd 是通过 ovsdb-server 查询配置信息的。

从架构图中可看出，ovn-controller、ovs-vswitchd 和 ovsdb-server 服务被部署到每个 Hypervisor 上。每个 Hypervisor 就是一个计算节点，在 OVN 中被称为 Chassis 或传输节点（Transport Node）。Chassis 是 OVN 新增的概念，可以是 Hypervisor，也可以是 VTEP 网关。

OVN 实现有两种角色。一种角色是 OVN 中心，由一台主机承担，成为与 CMS 集成的 API 中心节点。中心节点运行着 OVN 北向数据库和 OVN 南向数据库。另一种角色是 OVN 主机，即提供虚拟机实例或虚拟网络的节点。OVN 主机运行着 Chassis 控制器，上连 OVN 南向数据库并作为其记录的物理网络信息授权来源，下接 OVS 并成为其 OpenFlow 控制器。

OVN 中数据的读写都是通过 OVSDB（Open vSwitch Database，开放虚拟交换机数据库）协议实现的，即直接读写数据库，而不是像 Neutron 那样采用消息队列机制。OVN 中的配置数据从北向南（自上而下）流动。CMS 使用其 OVN/CMS 插件，通过北向数据库来将逻辑网络配置传递给 ovn-northd 服务。ovn-northd 服务将这些配置编译成较低级别的形式存储到南向数据库，ovn-controller 服务读取南向数据库的数据，再将其传递给所有 Chassis。OVN 中的状态信息从南向北（自下而上）流动。ovn-controller 服务读取本地的 VIF（VIF 是一个虚拟网络接口）和 Chassis 信息，向上更新。

OVN 中的报文处理都是通过 OVS OpenFlow 流表来实现的，ovn-controller 在监听到南向数据库的数据发生变化之后，更新本地的流表。

3. OpenStack Neutron 与 OVN 集成

OVN 是 OVS 的控制平面，为 OVS 增加了对虚拟网络的原生支持，大大提高了 OVS 在实际应用环境中的性能。Neutron 通过 networking-ovn 子项目支持 OpenStack Neutron 和 OVN 的集成。基于 OVS 的 Neutron 解决方案可称为 ML2/ovs，而集成 OVN 的 Neutron 解决方案可称为 ML2/networking-ovn。两者集成之后的 OVN 架构如图 7-27 所示。

OVN 给 Neutron 带来的改变主要体现在以下几个方面。

（1）集成 OVN 后，Neutron 组件数量减少。OVN 原生 ML2 驱动取代了 OVS 的 ML2 驱动和 Neutron 的 OVS 代理。OVN 原生支持 L3 和 DHCP 功能，不再需要 Neutron 的 L3 代理、DHCP 代理和 DVR。

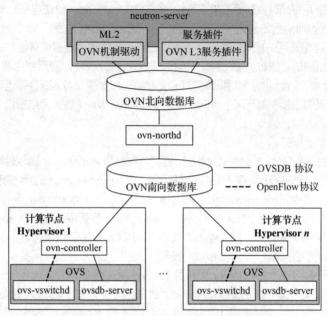

图 7-27　OpenStack Neutron 与 OVN 集成

Neutron 的 L3 功能主要有路由、SNAT 和浮动 IP（DNAT），这是通过 Linux 内核的名称空间机制来实现的，每个路由器对应一个名称空间，利用 Linux 的 TCP/IP 协议栈来实现路由转发。而 OVN 本身也支持 L3 功能，不需要借助 Linux 的 TCP/IP 协议栈，而是用 OpenFlow 流表来实现路由查找、ARP 查找、TTL 和 MAC 地址的更改。OVN 的路由器也是分布式的，路由器在每个计算节点上都有实例，因此不需要 Neutron 的 L3 代理和 DVR。

OVN 的 L2 功能都是基于 OpenFlow 流表实现的。

（2）集成 OVN 之后，Neutron 可省去代理，变成一个 API 服务器来专门处理用户的 REST API 请求，其他功能交给 OVN 负责，Neutron 只需增加一个插件来调用 OVN 的配置。

（3）OVN 的配置和状态信息基于数据库进行通信，而不用 Neutron 的消息队列或 RPC 机制。

（4）OVN 的安全组基于 OVS 的 ACL 实现，架构比 OVS 的更加简洁，消耗的 CPU 资源大大减少，性能大幅提升。

4. 集成 OVN 的 Neutron 网络服务部署

OVN 基于已有的 OpenStack OVS 插件来提升网络服务的性能和稳定性。传统的 Neutron 网络服务部署主要包括以下 3 种类型的节点。

（1）控制节点：运行 OpenStack 控制平面服务，例如 REST API 和数据库。

（2）网络节点：运行网络服务的 L2、L3（路由）、DHCP 和元数据代理，以及其他可选的代理。通常通过 NAT 和浮动 IP 来实现提供者网络和项目网络之间的连接。

（3）计算节点：运行 Hypervisor 和网络服务的 L2 代理。

OVS 从 2.5 版开始包括 OVN。Neutron 网络服务使用独立的软件包 networking-ovn 来集成

OVN。集成 OVN 的 OpenStack 网络服务的典型部署如图 7-28 所示。

OVN 对于网络功能的实现是分布式的，网络功能都分布在计算节点上。使用 OVN 原生 L3 和 DHCP 服务不再需要一个传统的网络节点，这是因为到外部网络的连接和路由在计算节点上就实现了。每个计算节点运行 OVS 服务、ovn-controller 服务和 OVN 元数据代理（ovn-metadata-agent）。OVS 服务包括 OVS 数据平面服务 ovs-vswitchd 和 OVS 数据库服务 ovsdb-server。ovn-controller 服务代替传统的 OVS L2 代理。每个 OVN 元数据代理以轻量级方式在计算节点上提供元数据服务。

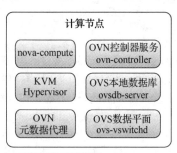

图 7-28 集成 OVN 的 OpenStack 网络服务的典型部署

OVN 通常需要专门的数据库节点。OVN 本身就基于 OVS，采用 ovsdb-server 作为其数据库服务器以便于 OVN 的部署。但是 ovsdb-server 之前的主要应用场景是给 OVS 存储 Hypervisor 本地的虚拟网络设备信息，而 OVN 是一个集群内运行的软件，ovsdb-server 显然不能胜任这种大规模的数据读写。另外 ovn-northd 是一个集中式服务，使用专门的数据库节点来运行 ovn-northd 并存储北向和南向数据库，可以在一定程度上缓解瓶颈问题。

控制节点需要运行 OVN 机制驱动的 ML2 插件和 OVN L3 服务插件，这些插件集成在 neutron-server 组件中。

也可以将控制节点与数据库节点合并为一个控制节点，在传统的控制节点上运行 OVS 服务和 ovn-northd 服务。

另外，OVN 部署中的每个 Chassis 都必须配置一个专门用于 OVN 的 OVS 网桥，称为集成网桥，该网桥的惯用名称是 br-int。集成网桥上的端口包括隧道端口（维持逻辑网络的连通性）、VIF（Hypervisor 上连接到逻辑网络）和物理端口（网关上用于实现逻辑网络的连通性），其他端口（尤其是物理端口）不应该添加到该网桥，而应该被添加到独立的 OVS 网桥上。

任务实现

1. 验证集成 OVN 的网络服务部署

这部分主要对集成 OVN 的网络服务部署进行验证。RDO 双节点 OpenStack 实验平台中第 1 个节点（node-a）是一体化节点，集控制节点、网络节点、存储节点和计算节点于一身。对于集成 OVN 的情形，该节点同时作为数据库节点。

OVN 是 OVS 的控制平面，基于 OVS 运行，执行以下命令查看 Open vSwitch 服务的当前状态，可以发现该服务处于运行状态。

V7-3 验证集成 OVN 的网络服务

[root@node-a ~]# systemctl status openvswitch
- openvswitch.service - Open vSwitch
   Loaded: loaded (/usr/lib/systemd/system/openvswitch.service; enabled; vendor preset: disabled)
   Active: active (exited) since Sat 2020-10-10 15:55:52 CST; 32min ago
   …

节点 node-a 作为数据库节点，需要运行 ovn-northd 和 ovsdb-server 两个服务。执行以下命令查看这两个服务的当前状态，可以发现都处于运行状态。

```
[root@node-a ~]# systemctl status ovn-northd
● ovn-northd.service - OVN northd management daemon
   Loaded: loaded (/usr/lib/systemd/system/ovn-northd.service; enabled; vendor preset: disabled)
   Active: active (exited) since Sat 2020-10-10 15:55:54 CST; 34min ago
…
[root@node-a ~]# systemctl status ovsdb-server
● ovsdb-server.service - Open vSwitch Database Unit
   Loaded: loaded (/usr/lib/systemd/system/ovsdb-server.service; static; vendor preset: disabled)
   Active: active (running) since Sat 2020-10-10 15:56:12 CST; 46min ago
…
```

节点 node-a 作为控制节点，需要部署 OVN/CMS 插件。在 OpenStack 云中对应的是 ML2 插件及其 OVN 机制驱动，还有 OVN L3 服务插件，这些都包含在 neutron-server 组件中。执行以下命令查看 neutron-server 服务的当前状态，可以发现其处于运行状态。

```
[root@node-a ~]# systemctl status neutron-server
● neutron-server.service - OpenStack Neutron Server
   Loaded: loaded (/usr/lib/systemd/system/neutron-server.service; enabled; vendor preset: disabled)
   Active: active (running) since Sat 2020-10-10 15:57:14 CST; 1h 1min ago
…
```

执行以下命令查看 Chassis 列表，发现有两个 Chassis，相当于计算节点。

```
[root@node-a ~]# ovn-sbctl show
Chassis "85ccd27c-eabc-4275-ab23-12c5dbf000c0"
    hostname: node-b
    Encap geneve
        ip: "192.168.199.32"
        options: {csum="true"}
Chassis "c2965e26-df78-4425-a0bf-40b664b63048"
    hostname: node-a
    Encap geneve
        ip: "192.168.199.31"
        options: {csum="true"}
    Port_Binding cr-lrp-4a0abcfd-ab22-4af5-acb6-ad8817418657
    Port_Binding cr-lrp-cc8b2b88-dab3-4a90-93d8-b4c5d63b2b7c
```

双节点实验平台中，第 2 个节点（node-b）是一个计算节点。下面验证计算节点需要部署的相关服务。

节点 node-b 需要 OVN 控制器服务和 OVN 元数据代理服务。执行以下命令查看这两个服务的当前状态，可以发现都处于运行状态。ovn-controller 服务代替传统的 OVS L2 代理。

```
[root@node-b ~]# systemctl status ovn-controller
● ovn-controller.service - OVN controller daemon
   Loaded: loaded (/usr/lib/systemd/system/ovn-controller.service; enabled; vendor preset: disabled)
   Active: active (running) since Sat 2020-10-10 15:55:54 CST; 37min ago
…
[root@node-b ~]# systemctl status networking-ovn-metadata-agent.service
● networking-ovn-metadata-agent.service - OpenStack networking-ovn Metadata Agent
   Loaded: loaded (/usr/lib/systemd/system/networking-ovn-metadata-agent.service; enabled; vendor preset: disabled)
   Active: active (running) since Sat 2020-10-10 15:55:59 CST; 37min ago
…
```

节点 node-b 还需要 ovs-vswitchd 服务和 ovsdb-server 服务，执行以下命令查看这两个服务的当前状态，可以发现都处于运行状态。

[root@node-b ~]# systemctl status ovs-vswitchd
- ovs-vswitchd.service – Open vSwitch Forwarding Unit
  Loaded: loaded (/usr/lib/systemd/system/ovs-vswitchd.service; static; vendor preset: disabled)
  Active: active (running) since Sat 2020-10-10 15:55:54 CST; 1h 35min ago
…
[root@node-b ~]# systemctl status ovsdb-server
- ovsdb-server.service – Open vSwitch Database Unit
  Loaded: loaded (/usr/lib/systemd/system/ovsdb-server.service; static; vendor preset: disabled)
  Active: active (running) since Sat 2020-10-10 15:55:53 CST; 1h 35min ago
…

2. 查看集成 OVN 的网络服务配置

OVN 部署中的每个 Chassis 都必须配置集成网桥，这个配置不属于 OVN，属于 OVS。执行以下命令查看 node-a 节点上当前所有网桥的信息，结果如图 7-29 所示。

```
[root@node-a ~]# ovs-vsctl show
8aeee08f-dcc5-42d2-8f93-12aec365423f
    Manager "ptcp:6640:127.0.0.1"
        is_connected: true
    Bridge br-int
        fail_mode: secure
        datapath_type: system
        Port br-int
            Interface br-int
                type: internal
        Port "ovn-85ccd2-0"
            Interface "ovn-85ccd2-0"
                type: geneve
                options: {csum="true", key=flow, remote_ip="192.168.199.32"}
        Port "tap2a240744-20"
            Interface "tap2a240744-20"
                error: "could not open network device tap2a240744-20 (No such device)"
        Port "patch-br-int-to-provnet-490a2193-458c-416f-b4ae-0e36bc297d42"
            Interface "patch-br-int-to-provnet-490a2193-458c-416f-b4ae-0e36bc297d42"
                type: patch
                options: {peer="patch-provnet-490a2193-458c-416f-b4ae-0e36bc297d42-to-br-int"}
    Bridge br-ex
        Port "patch-provnet-490a2193-458c-416f-b4ae-0e36bc297d42-to-br-int"
            Interface "patch-provnet-490a2193-458c-416f-b4ae-0e36bc297d42-to-br-int"
                type: patch
                options: {peer="patch-br-int-to-provnet-490a2193-458c-416f-b4ae-0e36bc297d42"}
        Port "ens33"
            Interface "ens33"
        Port br-ex
            Interface br-ex
                type: internal
    ovs_version: "2.12.0"
```

图 7-29　查看网桥信息

OpenStack 网络服务将 OVN 作为一个 ML2 驱动实现，具体在 /etc/neutron/neutron.conf 文件中的 [DEFAULT] 节配置。node-a 节点上该文件的相关配置如下。

[DEFAULT]
…
# ML2 核心插件
core_plugin=neutron.plugins.ml2.plugin.Ml2Plugin
…
# OVN L3 服务插件
service_plugins=qos,trunk,ovn-router

可以在 /etc/neutron/plugins/ml2/ml2_conf.ini 文件中查看 ML2 插件的配置，相关的配置信息如下。

[ml2]
#网络驱动类型
type_drivers=geneve,flat

```
#自服务网络类型
tenant_network_types=geneve
# OVN 机制驱动
mechanism_drivers=ovn
path_mtu=0
#启用端口安全扩展
extension_drivers=port_security,qos

[securitygroup]
#启用安全组
enable_security_group=True
# OVN ML2 驱动本身处理安全组，firewall_driver 选项会被忽略
firewall_driver=neutron.agent.linux.iptables_firewall.OVSHybridIptablesFirewallDriver

[ml2_type_geneve]
#配置 Geneve 包头最大值
max_header_size=38
#配置 Geneve ID 范围，网络服务使用 vni_ranges 选项分配网段
vni_ranges=10:100

[ml2_type_flat]
flat_networks=*

[ovn]
#OVS 数据库连接的 IP 地址，即运行 ovsdb-server 服务的控制节点 IP
ovn_nb_connection=tcp:192.168.199.31:6641
ovn_sb_connection=tcp:192.168.199.31:6642
# 启用 OVN 元数据代理
ovn_metadata_enabled=True
```

查看 Neutron 的 L3 代理、DHCP 代理、元数据代理的配置文件（通过正则表达式过滤掉注释内容），结果如下。

```
[root@node-a ~]# cat   /etc/neutron/l3_agent.ini | grep ^[^#]
[DEFAULT]
[root@node-a ~]# cat   /etc/neutron/dhcp_agent.ini | grep ^[^#]
[DEFAULT]
[root@node-a ~]# cat   /etc/neutron/metadata_agent.ini | grep ^[^#]
[DEFAULT]
[cache]
```

这几个配置文件都没有定义选项，证明 OVN 不再需要 Neutron 的这些代理。

项目实训

项目实训一　验证 OpenStack 网络资源模型

实训目的

通过验证来巩固和加深对 OpenStack 网络资源模型的理解。

实训内容

（1）以 admin 用户身份登录 OpenStack，在"管理员"仪表板中分别查看提供者网络和自服务网络的概况、子网、端口以及路由器的信息。

（2）以 demo 用户身份登录 OpenStack，在"项目"仪表板中分别查看提供者网络和自服务网络的概况、子网、端口以及路由器的信息。

（3）对以上不同身份查看到的信息进行对比，总结网络管理中不同用户身份的权限有何不同。

项目实训二　整理 OpenStack 网络端口管理的命令行用法

实训目的

进一步了解 OpenStack 网络端口。

实训内容

（1）从 OpenStack 官网搜集网络端口管理的命令行用法。

（2）对这些资料进行整理。

（3）清楚端口是依托于网络的，基于网络才能创建端口。

项目实训三　验证 OVN 网络的部署和配置

实训目的

进一步理解集成 OVN 的 OpenStack 网络服务。

实训内容

（1）验证集成 OVN 的网络服务部署。

（2）查看集成 OVN 的网络服务配置。

项目总结

OpenStack 网络项目 Neutron 秉承 OpenStack 项目的一贯设计风格，提供云架构和部署的灵活性，并兼顾稳定性。Neutron 拥有多个服务进程，采用分布式部署模式，便于水平扩展。它采用分层架构，便于垂直扩展。上层由 RESTful API 统一提供调用接口，底层由插件实现异构兼容。API 层细分为核心 API 和扩展 API，插件层细分为核心插件和扩展插件。不同的网络提供商可以根据自己的需求对 Neutron 的功能集进行扩展。如果不进行扩展，则 Neutron 自身提供一套完整的解决方案。代理作为 Worker 进程具体完成各种网络功能。消息队列用来在 neutron-server 服务和多种代理之间路由数据。OVN 与 OpenStack 集成，目前已成为 OpenStack 网络服务的首选方案。通过本项目的实施，读者应理解网络服务架构、网络资源模型、网络服务实现机制以及 OVN 解决方案。命令行的网络管理操作将在项目九中具体示范。

项目八
OpenStack 存储管理

学习目标
- 理解 OpenStack 块存储服务
- 掌握 Cinder 卷的管理操作
- 了解 OpenStack 对象存储服务

项目描述

云计算需要云存储来实现对云端数据提供存储保障，在保证云存储容量和存取效率的同时，还要注意防范云存储的安全威胁。与网络一样，存储也是 OpenStack 非常重要的基础项目之一。Nova 实现的虚拟机实例需要存储支持，这些存储可分为临时性存储和持久性存储两种类型。在 OpenStack 项目中，通过 Nova 创建实例时可直接利用节点主机的本地存储为实例提供临时性存储。这种存储空间主要作为实例的根磁盘，用来运行操作系统，也可作为其他磁盘暂存数据，其大小由所使用的实例类型决定。如果实例使用临时性存储来保存所有数据，一旦实例被关闭、重启或删除，该实例中的数据会全部丢失。如果指定使用持久性存储，则可以保证这些数据不会丢失，数据持续可用，不受实例终止的影响。OpenStack 常用的持久性存储服务项目是代号为 Cinder 的块存储（Block Storage）和代号为 Swift 的对象存储（Object Storage）。块存储又称卷存储（Volume Storage），向用户提供基于数据块的存储设备访问服务，以卷的形式提供给虚拟机实例挂载，为实例提供额外的磁盘空间。对象存储所存放的数据通常称为对象（Object），实际上就是文件。对象存储可以为虚拟机实例提供备份、归档的存储空间，包括虚拟机镜像的保存空间。本项目要求读者重点掌握块存储服务，而对象存储服务非常复杂，读者只需简单了解即可。本项目涉及的实验操作是在项目六建立的 RDO 双节点 OpenStack 实验平台上进行的。

任务一 理解 OpenStack 块存储服务

任务说明

OpenStack 从 Folsom 版本开始，就将 Nova 中的持久性块存储功能组件 nova-volume 剥离出来，独立为 OpenStack 块存储服务，并将其命名为"Cinder"。与 Nova 利用主机本地存储为虚拟机实例提供的临时性存储不同，Cinder 为虚拟机实例提供持久化的存储能力，并实现对虚拟机实例存储卷的生命周期管理，因此又称卷存储服务。除了为 Nova 虚拟机实例提供存储服务外，Cinder 还可以为 Ironic 裸金属主机和容器等提供卷存储。本任务的具体要求如下。
- 了解 Cinder 的主要功能。
- 理解 Cinder 块存储与 Nova 计算的交互机制。
- 理解 Cinder 的架构。
- 通过操作来验证 Cinder 块存储服务。

知识引入

1. Cinder 的主要功能

Cinder 提供的是一种存储基础设施服务，为 Nova 虚拟机、Ironic 裸金属主机和容器等提供存储卷，也可直接提供存储数据的裸磁盘，其具体功能如下。

（1）提供持久性块存储资源，供 Nova 计算服务的虚拟机实例使用。从实例的角度看，挂载的每一个卷都是一块磁盘。使用 Cinder 可以将一个存储设备连接到一个实例。另外，可以将镜像写入块存储设备，让 Nova 计算服务用作可启动的持久性实例。

（2）为管理块存储设备提供一套方法，对卷实现从创建到删除的整个生命周期管理，允许对卷、卷的类型、卷的快照进行处理。

（3）将不同的后端存储进行封装，对外提供统一的 API。与 Nova 本身不提供虚拟机管理器（Hypervisor）一样，Cinder 自身也不提供存储技术，而是作为一个抽象的中间管理层。Cinder 没有实现对块存储设备的管理和实际服务，只是为后端不同的存储结构提供了统一的接口，让不同的块存储设备服务厂商能在 Cinder 中实现其驱动，支持与 OpenStack 进行整合。

2. Cinder 与 Nova 的交互

Cinder 块存储服务与 Nova 计算服务进行交互，为虚拟机提供卷。Cinder 负责卷的全生命周期管理，如图 8-1 所示。Nova 的虚拟机通过连接 Cinder 的卷将其作为存储设备，用户可以对其进行读写、格式化等操作。分离卷将使虚拟机不再使用对应卷，但是卷上的数据不受影响，依然保持完整，被分离的卷还可以再连接到该虚拟机或其他虚拟机上。

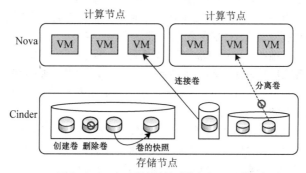

图 8-1 Nova 虚拟机连接或分离 Cinder 卷

通过 Cinder 可以方便地管理虚拟机的存储。在虚拟机的整个生命周期中涉及的卷操作如图 8-2 所示。

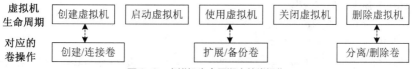

图 8-2 虚拟机生命周期中的卷操作

3. Cinder 架构

Cinder 旨在达到以下目标。

（1）基于组件的架构：便于快速增加新功能。
（2）高可用：可承受非常大的工作负载。
（3）容错：隔离进程以避免级联故障。
（4）可恢复：故障易于诊断、调试和排除。

（5）开放标准：社区驱动 API 的参考实现。

Cinder 延续了 Nova 以及其他 OpenStack 项目的设计思想，其架构如图 8-3 所示。Cinder 由多个服务协同工作，这些服务之间通过 AMQP 消息队列进行通信。架构中各组件简介如下。

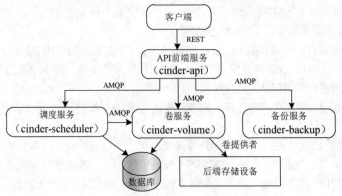

图 8-3　Cinder 的架构

（1）客户端。向 Cinder 服务提出请求的就是 Cinder 客户端。客户端可以是 OpenStack 最终用户，也可以是其他程序，包括终端用户、命令行和 OpenStack 其他组件。

（2）API 前端服务（cinder-api）。cinder-api 服务作为 Cinder 对外服务的 HTTP 接口，向客户端呈现 Cinder 能够提供的功能，负责接收和处理 REST 请求，并将请求放入消息队列。当客户端需要执行卷的相关操作时，能且只能向 cinder-api 服务发送 REST 请求。

（3）调度服务（cinder-scheduler）。cinder-scheduler 服务将请求路由到合适的卷服务，即处理任务队列中的任务，通过调度算法选择最合适的存储节点以创建卷。

（4）卷服务（cinder-volume）。调度服务只管分配任务，真正执行任务的是卷服务。cinder-volume 服务管理块存储设备，定义后端设备。运行 cinder-volume 服务的节点被称为存储节点。

（5）备份服务（cinder-backup）。cinder-backup 服务用于提供卷的备份功能，支持将块存储卷备份到 OpenStack 对象存储（Swift）。

（6）卷提供者（Volume Provider）。Cinder 需要后端存储设备（如外部的磁盘阵列以及其他存储设施）来创建卷。卷提供者定义存储设备，为卷提供物理存储空间。cinder-volume 服务支持多种卷提供者，每种卷提供者通过自己的驱动与 cinder-volume 服务协调工作。

（7）消息队列。Cinder 各个服务通过消息队列实现进程间的通信和相互协作。因为有了消息队列，服务之间实现了解耦，这种松散的结构也是分布式系统的重要特征。

（8）数据库。Cinder 有一些数据需要存放到数据库中。数据库是安装在控制节点上的。

4. Cinder 创建卷的基本流程

下面介绍 Cinder 创建卷的基本流程。

（1）客户端向 cinder-api 服务发送请求，要求创建一个卷。

（2）cinder-api 服务对请求做一些必要处理后，向消息队列发送一条消息，让 cinder-scheduler 服务创建一个卷。

（3）cinder-scheduler 服务从消息队列中获取 cinder-api 服务发给它的消息后，执行调度算法，从若干存储节点中选出一个节点。

（4）cinder-scheduler 服务向消息队列发送一条消息，让该存储节点创建这个卷。

（5）对应存储节点的 cinder-volume 服务从消息队列中获取 cinder-scheduler 服务发给它的消息后，通过驱动在卷提供者定义的后端存储设备上创建卷。

任务实现

1. 验证 Cinder 服务

这里在 RDO 双节点 OpenStack 云平台的第 1 个节点（node-a）上进行验证，该节点主机同时充当控制节点和存储节点。执行以下命令查看当前运行的 Cinder 服务。

V8-1 验证 Cinder 块存储服务

```
[root@node-a ~]# systemctl status *cinder*.service
● openstack-cinder-scheduler.service - OpenStack Cinder Scheduler Server
   Loaded: loaded (/usr/lib/systemd/system/openstack-cinder-scheduler.service; enabled; vendor preset: disabled)
   Active: active (running) since Tue 2020-10-27 16:48:11 CST; 4h 8min ago
...
● openstack-cinder-volume.service - OpenStack Cinder Volume Server
   Loaded: loaded (/usr/lib/systemd/system/openstack-cinder-volume.service; enabled; vendor preset: disabled)
   Active: active (running) since Tue 2020-10-27 16:48:10 CST; 4h 8min ago
...
● openstack-cinder-backup.service - OpenStack Cinder Backup Server
   Loaded: loaded (/usr/lib/systemd/system/openstack-cinder-backup.service; enabled; vendor preset: disabled)
   Active: active (running) since Tue 2020-10-27 16:48:11 CST; 4h 8min ago
...
● openstack-cinder-api.service - OpenStack Cinder API Server
   Loaded: loaded (/usr/lib/systemd/system/openstack-cinder-api.service; enabled; vendor preset: disabled)
   Active: active (running) since Tue 2020-10-27 16:48:10 CST; 4h 8min ago
...
```

可以发现，共有 4 个 Cinder 子服务在运行：openstack-cinder-scheduler.service 是调度服务，openstack-cinder-volume.service 是卷服务，openstack-cinder-backup.service 是备份服务，openstack-cinder-api.service 是 API 前端服务。

2. 试用 Cinder 的 API

Cinder 提供的 RESTful API 目前有两个版本：Cinder API v2 和 Cinder API v3。目前建议使用 v3 版本，保留 v2 版本主要是因为兼容性的问题。下面通过 curl 命令行工具试用 Cinder 的 API。

执行以下命令查看当前的 Cinder API 版本信息。

```
[root@node-a ~]# curl http://192.168.199.31:8776
{"versions": [{"status": "DEPRECATED", "updated": "2017-02-25T12:00:00Z", "links": [{"href": "https://docs.openstack.org/", "type": "text/html", "rel": "describedby"}, {"href": "http://192.168.199.31:8776/v2/", "rel": "self"}], "min_version": "", "version": "", "media-types": [{"base": "application/json", "type": "application/vnd.openstack.volume+json;version=2"}], "id": "v2.0"}, {"status": "CURRENT", "updated": "2018-07-17T00:00:00Z", "links": [{"href": "https://docs.openstack.org/", "type": "text/html", "rel": "describedby"}, {"href": "http://192.168.199.31:8776/v3/", "rel": "self"}], "min_version": "3.0", "version": "3.59", "media-types": [{"base": "application/json", "type": "application/vnd.openstack.volume+ json;version=3"}], "id": "v3.0"}]}
```

可以发现，当前支持 v2 和 v3 两个版本。

接下来使用 v3 版本的 API 进行操作，以查看卷列表为例做示范。查看卷列表的命令如下。

```
/v3/{project_id}/volumes
```

（1）执行命令请求一个 demo 项目作用域的令牌。

返回的结果中包括的令牌 ID 如下。

X-Subject-Token: gAAAAABfmgufeTARvxxO2DvWyGAWpdsfhSiw5gciozTyfl6QxgKoPA10BwPMZWa02ROI01FF8fQUv_stYl9pX9hANpkzi98GKliLtQaZltNjhZu_fmJmLG126P4Xojq_penU1k7sT24AQsDyU6R4KC_X63-SCZ4kpScb-nup65v3kr0cKZzrts4

返回的结果中提供的项目 ID 如下。

"project": {"domain": {"id": "default", "name": "Default"}, "id": "2a39abedd09644bb92487a78ee442e3f", "name": "demo"},

这里获取的 demo 项目的 ID 为 2a39abedd09644bb92487a78ee442e3f。

返回的结果中还会给出可访问的端点列表，关于 Cinder 服务的端点信息如下。

{"endpoints": [{"region_id": "RegionOne", "url": "http://192.168.199.31:8776/v3/2a39abedd09644bb92487a78ee442e3f", "region": "RegionOne", "interface": "internal", "id": "c2be273ca08c41b588bb50b1394c5c5a"}, {"region_id": "RegionOne", "url": "http://192.168.199.31:8776/v3/2a39abedd09644bb92487a78ee442e3f", "region": "RegionOne", "interface": "admin", "id": "c78f479a416c4fe48bff59f898b33b49"}, {"region_id": "RegionOne", "url": "http://192.168.199.31:8776/v3/2a39abedd09644bb92487a78ee442e3f", "region": "RegionOne", "interface": "public", "id": "e2ae32e0d04f481c9f4995846c15f06f"}], "type": "volumev3", "id": "841417ec06ea494b85390ce44bc794f4", "name": "cinderv3"},

{"endpoints": [{"region_id": "RegionOne", "url": "http://192.168.199.31:8776/v2/4da5e36c1af24c6a9d5e8e55d9684af8", "region": "RegionOne", "interface": "public", "id": "0a0b679edac54f4db3e78d547eaa76b7"}, {"region_id": "RegionOne", "url": "http://192.168.199.31:8776/v2/4da5e36c1af24c6a9d5e8e55d9684af8", "region": "RegionOne", "interface": "admin", "id": "29eac8a146c24962a029ce811dd463ba"}, {"region_id": "RegionOne", "url": "http://192.168.199.31:8776/v2/4da5e36c1af24c6a9d5e8e55d9684af8", "region": "RegionOne", "interface": "internal", "id": "c15ee098b8a94a69b59b39382b5f55d0"}], "type": "volumev2", "id": "e3ebe9a237084c1a8d488fcaa6871bf4", "name": "cinderv2"},

（2）导出环境变量 OS_TOKEN，并将其值设置为上述操作获取的令牌 ID。

（3）Cinder API 需要提供项目 ID，提供对应项目 ID 来获取卷列表。

[root@node-a ~]# curl -s -H "X-Auth-Token: $OS_TOKEN" http://192.168.199.31:8776/v3/2a39abedd096 44bb9248 7a78ee442e3f/volumes

{"volumes": [{"id": "b78ed889-a270-4aae-80c8-f8f40367c7b6", "links": [{"href": "http://192.168.199.31:8776/v3/2a39abedd09644bb92487a78ee442e3f/volumes/b78ed889-a270-4aae-80c8-f8f40367c7b6", "rel": "self"},...]}

任务二 创建和管理卷

任务说明

对于云用户来说，Cinder 服务主要用来提供卷存储，这就涉及卷的创建和管理。普通云用户可以执行卷本身的各种操作，而云管理员除了可执行卷操作外，还可管理卷类型。理解 Cinder 各子服务的运行机制，有助于读者执行卷的管理任务。本任务的具体要求如下。

- 进一步理解 Cinder 各子服务的运行机制。
- 了解 Cinder 服务的部署。
- 掌握图形界面的卷管理基本操作。
- 掌握命令行界面的卷管理基本操作。

知识引入

1. cinder-api 服务

cinder-api 其实是一个 Web 服务器网关接口（Web Server Gateway Interface，WSGI）应用，主要功能是接收客户端发来的 HTTP 请求，在整个块存储服务中验证和路由请求。作为整个 Cinder 服务的门户，所有对 Cinder 的请求都首先由它处理。cinder-api 向 OpenStack 客户端暴露若干 REST API 接口。cinder-api 目前在用的有 v2 和 v3 两个版本，在 Keystone 中注册的服务名称分别为 cinderv2 和 cinderv3。

客户可以将请求发送到端点指定的地址，向 cinder-api 请求卷的操作。当然，用户一般不会直接发送 REST API 请求，而是由 OpenStack 命令行、仪表板以及其他需要与 Cinder 交互的 OpenStack 组件来使用这些 API。

cinder-api 提供 REST 标准调用服务，便于与第三方系统集成。通过运行多个 cinder-api 进程，可以实现 API 的高可用性。

2. cinder-scheduler 服务

Cinder 可以有多个存储节点，当需要创建卷时，cinder-scheduler 服务将请求路由到合适的 cinder-volume 服务，通过调度算法选择最合适的存储节点以创建卷。迁移卷时，根据调度算法来判断目的存储节点是否符合要求。当然，只有状态为 UP（正常运行）的存储节点才会被考虑。

cinder-scheduler 与 Nova 中的 nova-scheduler 的运行机制完全一样。首先通过过滤器选择满足条件的存储节点（运行 cinder-volume），然后通过权重计算（weighting）选择最优（权重值最大）的存储节点。可以在 Cinder 主配置文件/etc/cinder/cinder.conf 中对 cinder-scheduler 进行配置。

（1）过滤器。

目前 Cinder 只实现了一个调度器 FilterScheduler（过滤器调度器），这也是 cinder-scheduler 默认的调度器，在/etc/cinder/cinder.conf 配置文件中其默认设置如下。

scheduler_driver=cinder.scheduler.filter_scheduler.FilterScheduler

与 Nova 一样，Cinder 也允许使用第三方调度器，只需配置 scheduler_driver 即可。需要注意的是，不同的调度器不能共存。

当调度器 FilterScheduler 需要执行调度操作时，会让过滤器对存储节点进行判断，满足条件返回 True，否则返回 False。在/etc/cinder/cinder.conf 配置文件中使用 scheduler_default_filters 选项来指定所要使用的过滤器，其默认设置如下。

scheduler_default_filters = AvailabilityZoneFilter, CapacityFilter, CapabilitiesFilter

FilterScheduler 将按照列表中的顺序依次进行过滤。

① AvailabilityZoneFilter（可用区域过滤器）。

为提高容灾能力和提供隔离服务，可以将存储节点划分到不同的可用区域中。OpenStack 默认有一个名为 "Nova" 的可用区域，所有的节点都默认放在 Nova 区域中。用户可以根据需要创建自己的可用区域。

② CapacityFilter（容量过滤器）。

创建卷时用户会指定卷的大小，CapacityFilter 的作用是将存储空间不能满足卷创建需求的存储节点过滤掉。

③ CapabilitiesFilter（能力过滤器）。

CapabilitiesFilter 是基于实例和卷资源类型记录的后端过滤器。不同的卷提供者有不同的能力，例如是否支持精简置备（Thin Provision）。Cinder 允许用户在创建卷时通过卷类型（Volume Type）来指定所需的能力。卷类型可以根据需要定义若干能力来详细描述卷的属性，其作用与 Nova 的实例类型

（Flavor）类似。

（2）权重计算。

经过前面的过滤，FilterScheduler 选出了能够创建卷的存储节点。如果有多个存储节点通过了过滤，那么最终选择哪个节点还需要进一步确定。对这些节点计算权重值并进行排序，最终得出一个最佳的存储节点。这个过程需要调用权重计算模块，在 /etc/cinder/cinder.conf 配置文件中通过 scheduler_default_weighers 选项指定权重过滤器，其默认值为 CapacityWeigher。

```
scheduler_default_weighers = CapacityWeigher
```

CapacityWeigher 基于存储节点的空闲容量计算权重值，空闲容量最大的胜出。

3. cinder-volume 服务

调度服务只管分配任务，而真正执行任务的是 Worker 服务。cinder-volume 就是 Cinder 中的 Worker。调度器和 Worker 之间功能上的划分使得 OpenStack 存储服务易于扩展：一方面，当存储资源不够时可以增加存储节点（增加 Worker）；另一方面，当客户端的请求量太大调度不过来时，又可以增加调度器部署。

cinder-volume 在存储节点上运行，OpenStack 对卷的生命周期的管理最后都会交给 cinder-volume 来完成，包括卷的创建、扩展、连接（附加）、快照、删除等。

cinder-volume 自身并不管理实际的存储设备，存储设备是由卷驱动（Volume Driver）管理的。cinder-volume 与卷驱动一起实现卷的生命周期管理。在 Cinder 的驱动架构中，运行 cinder-volume 的存储节点和卷提供者可以是完全独立的两个实体。cinder-volume 通过驱动与卷提供者通信，控制和管理卷。

（1）卷驱动架构。

为支持不同的后端存储技术和设备，Cinder 提供了一个驱动架构，为这些存储设备定义统一接口，如图 8-4 所示。第三方存储设备只需要实现这些接口，就可以以驱动的形式加入 OpenStack 中。目前 Cinder 支持多种后端存储设备，包括 LVM、NFS、Ceph、Sheepdog 以及 EMC、IBM 等商业存储系统。

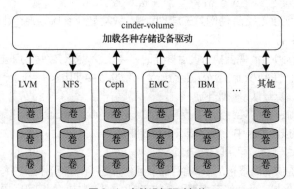

图 8-4 存储设备驱动架构

可以在/etc/cinder/cinder.conf 配置文件中设置 volume_driver 选项的值，指定要使用的后端存储设备，其默认设置如下。

```
volume_driver=cinder.volume.drivers.lvm.LVMVolumeDriver
```

Cinder 默认使用本地的 LVM 卷。LVM 卷即逻辑卷，是一种基于物理驱动器创建逻辑驱动器的机制，主要用于弹性地调整文件系统的容量，可以实现动态分区。

（2）多存储后端。

Cinder 可以同时支持多个或多种后端存储设备，为同一个计算服务提供块存储服务。Cinder 为每一个后端或者后端存储池运行一个 cinder-volume 服务。

在多存储后端配置中，每个后端有一个名称。多个后端可能会用同一个名称，在这种情况下，则由调度服务决定选用哪个后端来创建卷。后端的名称是作为卷类型的一个扩展规格（extra-specification）来定义的，如"volume_backend_name=lvm"。创建卷时，调度服务根据用户选择的卷类型选择一个合适的后端来处理请求。

要使用多存储后端，必须在/etc/cinder/cinder.conf 配置文件中使用 enabled_backends 选项定义不同后端的配置组（也就是配置文件中的节）名称，多个名称用逗号分隔，一个名称关联一个后端的配置组。注意，配置组名称与卷后端本身的名称（由 volume_backend_name 选项指定）没有任何关系。

对一个已有的 Cinder 服务设置 enabled_backends 选项后，重启块存储服务，则原来的主机服务（Host Service）将被新的主机服务替换，新的服务将以"主机名@后端名称"的形式出现，例如 controllera@lvm。

一个配置组的选项或参数必须在该组中定义。所有标准块存储配置选项（volume_group、volume_driver 等）都可以在配置组中使用。这样在[DEFAULT]节（表示默认设置）中的配置将被特定配置组（节）相同选项的值所替换。下面给出一个有 3 个后端的配置实例。

```
enabled_backends=lvmdriver-1,lvmdriver-2,lvmdriver-3
[lvmdriver-1]
volume_group=cinder-volumes-1
volume_driver=cinder.volume.drivers.lvm.LVMVolumeDriver
volume_backend_name=LVM_iSCSI
[lvmdriver-2]
volume_group=cinder-volumes-2
volume_driver=cinder.volume.drivers.lvm.LVMVolumeDriver
volume_backend_name=LVM_iSCSI
[lvmdriver-3]
volume_group=cinder-volumes-3
volume_driver=cinder.volume.drivers.lvm.LVMVolumeDriver
volume_backend_name=LVM_iSCSI_b
```

在这个例子中，lvmdriver-1 和 lvmdriver-2 有相同的卷后端名称（由 volume_backend_name 选项指定）。如果一个卷创建请求卷后端名称 LVM_iSCSI，默认情况下调度服务使用容量过滤器来选择合适的驱动，可以是 lvmdriver-1 或 lvmdriver-2。另外，本例还提供了一个 lvmdriver-3 后端，后端名称为 LVM_iSCSI_b。

注意，不同类型的存储后端需要定义不同的配置组选项。

（3）卷类型（Volume Type）。

Cinder 的卷类型的作用与 Nova 的实例类型（Flavor）的作用类似。存储后端的名称需要通过卷类型的扩展规格来定义。创建一个卷，必须指定卷类型，因为卷类型中的扩展规格决定了要使用的后端。

使用卷类型之前必须定义。执行以下命令定义一个名为"lvm"的卷类型。

```
openstack --os-username admin --os-tenant-name admin volume type create lvm
```

执行以下命令创建一个扩展规格，将卷类型连接到后端名称。

```
openstack --os-username admin --os-tenant-name admin volume type set lvm --property volume_backend_name=LVM_iSCSI
```

上述两个命令将创建一个卷类型 lvm，并将 volume_backend_name=LVM_iSCSI 作为其对应的扩展规格。

（4）将卷连接到虚拟机实例。

存储节点和计算节点往往是不同的物理节点，位于存储节点的卷与位于计算节点的虚拟机实例之间一般通过 iSCSI 协议进行连接。

在 OpenStack 中，cinder-volume 服务创建的卷可以以 iSCSI 目标的方式提供给 Nova，cinder-volume 服务通过 iSCSI 协议将该卷连接到计算节点上，供虚拟机实例使用，如图 8-5 所示。

Cinder 支持多种提供 iSCSI 目标的方法，如 IET、LIO、TGT 等。可以在 /etc/cinder/cinder.conf 配置文件中使用 iscsi_helper 选项进行配置，该选项可选的值有 tgtadm、lioadm、scstadmin、iscsictl、ietadm 和 fake，OpenStack 默认值为 tgtadm。本例中，在[lvm]节配置的值为 lioadm。

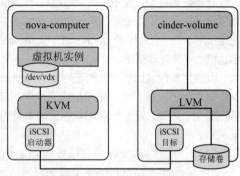

图 8-5 将卷连接到虚拟机实例

iscsi_helper = lioadm

这说明存储节点上的 cinder-volume 使用 LIO 软件来管理和监控 iSCSI 目标。

（5）cinder-volume 服务定期报告存储节点状态。

cinder-scheduler 服务会用 CapacityFilter 过滤器和 CapacityWeigher 权重计算器基于剩余容量来过滤存储节点，存储节点的空闲容量信息则由 cinder-volume 服务提供，cinder-volume 服务定期向 Cinder 服务报告当前存储节点的资源使用情况。

4. cinder-backup 服务

cinder-backup 服务为卷提供备份和恢复功能，实现了基于块的容灾功能。该服务支持将块存储卷备份到 OpenStack 对象存储，目前支持的备份存储系统有 Ceph、GlusterFS、NFS、POSIX 文件系统、Swift、Google Cloud Storage 等。与 cinder-volume 服务通过卷驱动架构支持多种后端存储设备类似，cinder-backup 使用备份驱动（Backup Driver）架构来支持不同种类的备份存储系统。它通过设置 /etc/cinder/cinder.conf 配置文件中的 backup_driver 选项来指定所要使用的备份驱动，其默认设置如下。

backup_driver = cinder.backup.drivers.swift

这表明将卷默认备份到 Swift 对象存储系统。

5. Cinder 服务的部署

Cinder 的组件或子服务可以部署在控制节点和存储节点上。cinder-api 和 cinder-scheduler 服务部署在控制节点上，而 cinder-volume 服务部署在存储节点上。相关的 RabbitMQ 消息队列和 SQL 数据库通常部署在控制节点上。当然也可以将所有的 Cinder 服务部署在同一节点上。在实际的生产环境中通常要将 OpenStack 服务部署在多台物理机上，以获得更好的性能和高可用性。

卷提供者是独立部署的，cinder-volume 服务使用存储设备驱动与它通信并协调工作。因此将存储设备驱动与 cinder-volume 服务部署到一起。

6. 卷操作的命令行基本用法

在执行命令之前，需要导出用户身份环境变量，之后才能根据授权执行相关操作。建议使用 openstack 命令替代专用的 cinder 命令。这里主要介绍创建和管理卷的 openstack 命令。

（1）查看卷。

命令行操作往往要使用卷 ID，使用以下命令列出卷的信息。

openstack volume list

查看某卷的详细信息的命令语法格式如下。

openstack volume show 卷 ID

（2）创建卷。

创建卷的完整语法格式如下。

```
openstack volume create
    [--size <大小>]
    [--type <卷类型>]
    [--image <镜像> | --snapshot <快照> | --source <卷>]
    [--description <说明信息>]
    [--user <用户>]
    [--project <项目>]
    [--availability-zone <可用区域>]
    [--consistency-group <consistency-group>]
    [--property <键=值> [...]]
    [--hint <键=值> [...]]
    [--multi-attach]
    [--bootable | --non-bootable]
    [--read-only | --read-write]
    <卷名称>
```

- --type 选项用于指定卷类型。如果没有指定卷类型，将使用 Cinder 配置的默认卷类型。
- --image 选项指定一个镜像作为卷的来源，通常用于为虚拟机实例创建一个启动卷。
- --snapshot 选项指定一个快照作为卷的来源；而--source 选项指定另一个卷作为卷的来源，也就是复制卷。
- --consistency-group 选项指定要创建的卷所属的一致性分组。
- --bootable 选项指定要创建的卷是可启动的，即为虚拟机实例创建一个启动卷。--non-bootable 选项则设置该卷不可启动，这是默认设置。
- --read-only 和--read-write 选项分别表示卷是只读的和可读写的，默认是可读写的。

（3）修改卷设置。

修改卷设置的命令语法格式如下。

```
openstack volume set   [选项列表] <卷名称或 ID>
```

其中的选项大部分与 openstack volume create 命令的相同，--name 选项用于重命名卷。

扩展卷需要提供卷名称（或 ID）和新的大小，下面是一个例子。

```
openstack volume set 573e024d-5235-49ce-8332-be1576d323f8 --size 10
```

（4）删除卷。

删除卷的命令语法格式如下。

```
openstack volume delete   [--force | --purge] <卷> [<卷> ...]
```

- --force 选项表示强制删除，不论当前卷处于何种状态。
- --purge 选项表示删除卷的所有快照。

（5）将卷连接到实例。

将卷连接到实例的命令语法格式如下。

```
openstack server add volume   [--device <设备>] [--tag <标记>] <实例> <卷>
```

这种操作需要指定实例名称（或 ID）和卷的名称（或 ID）。

- --device 选项指定该卷在虚拟机实例中的内部设备名称。
- --tag 选项表示所连接卷的标记。

下面是一个简单的例子。

```
openstack server add volume   --device /dev/vdb   myVM   myVol
```

（6）将卷从实例上分离。

将卷从实例上分离出来的命令语法格式如下。

V8-2 创建和管理卷

openstack server remove volume ＜实例＞ ＜卷＞

任务实现

1. 查看卷服务分布和运行情况

在 RDO 双节点 OpenStack 实验平台第 1 个节点上加载 admin 用户的环境脚本，以获取云管理员权限，执行以下命令查看卷服务的分布和运行情况。

```
[root@node-a ~]# source keystonerc_admin
[root@node-a ~(keystone_admin)]# openstack volume service list
+------------------+-------------+------+---------+-------+----------------------------+
| Binary           | Host        | Zone | Status  | State | Updated At                 |
+------------------+-------------+------+---------+-------+----------------------------+
| cinder-scheduler | node-a      | nova | enabled | up    | 2020-10-28T08:49:04.000000 |
| cinder-backup    | node-a      | nova | enabled | up    | 2020-10-28T08:49:02.000000 |
| cinder-volume    | node-a@lvm  | nova | enabled | up    | 2020-10-28T08:49:06.000000 |
```

结果表明块存储服务正常运行，cinder-scheduler、cinder-backup 和 cinder-volume 都在 node-a 节点主机上运行。由于配置了名为 "lvm" 的存储后端，cinder-volume 服务所在的节点主机名会加上 "@lvm" 后缀。

2. 查看存储后端配置

在 RDO 一体化 OpenStack 平台上查看/etc/cinder/cinder.conf 配置文件，其中有关存储后端配置的选项设置如下。

```
[DEFAULT]
...
enabled_backends = lvm
#在配置组[lvm]中设置具体选项
[lvm]
volume_backend_name=lvm                                         #卷后端名称
volume_driver=cinder.volume.drivers.lvm.LVMVolumeDriver         #卷驱动为本地 LVM
iscsi_ip_address=192.168.199.31                                 #iSCSI 目标 IP 地址
iscsi_helper=lioadm                                             # iSCSI 管理工具
volumes_dir=/var/lib/cinder/volumes                             #卷目录
```

这里在[DEFAULT]节中启用后端 lvm，接着在[lvm]节（作为配置组）中设置具体的存储后端选项。

3. 查看卷

以 demo 用户身份登录 OpenStack，在左侧的导航窗格中展开"项目"＞"卷"＞"卷"节点，列出当前已创建的卷列表，如图 8-6 所示。通过创建虚拟机实例所产生的卷的名称默认与该卷的 ID 相同，而且会连接到实例上的/dev/vda 设备，作为该实例的启动卷，本例中有两个这样的卷。

图 8-6 卷列表

单击列表中某卷的名称,将显示该卷的详细信息,如图 8-7 所示。其中"规格"部分显示卷的大小、类型、是否可启动、是否加密以及创建时间。

图 8-7　卷的详细信息

4. 创建与删除卷

在卷列表界面中单击"创建卷"按钮,弹出图 8-8 所示的"创建卷"面板,定义卷的名称、来源、类型、大小和可用域。其中卷来源默认是没有源,这样会创建一个空白的卷。也可以设置为快照、镜像或卷,这样就可以基于已有的快照、镜像或其他卷来创建新的卷。卷类型决定了卷的后端存储。另外,创建虚拟机实例时选择新建卷则会自动创建一个新的可启动卷。

图 8-8　创建卷

在创建卷的过程中,比较典型的错误是后端存储剩余空间不足。容量过滤器 CapacityFilter 会检查容量,可以查看 cinder.scheduler 日志文件(/var/log/cinder/scheduler.log),这类错误会记录像"Insufficient free space for volume creation on host …"这样的信息,提示没有足够的空闲空间用于创建卷。对于发生错误的卷只能将其删除。

对于已有的卷，可以执行多种操作。卷列表中的“动作”下拉菜单默认显示“编辑卷”命令，在该下拉菜单中选择“删除卷”命令将删除相应的卷。如果要同时删除多个卷，则从列表中选中要删除的卷，单击“删除卷”按钮即可。注意，只有状态为“可用”（Available）的卷才能够被删除。如果卷已经连接到实例，其状态会变为“正在使用”，需要先分离后才能执行删除操作。

5. 连接与分离卷

卷可以被连接到虚拟机实例的块设备。创建的卷要连接（Attach）到虚拟机实例，才能为虚拟机实例所用。初始化卷的连接后，计算节点将卷连接到指定的实例，完成连接操作，在这个过程中，连接的具体实现主要由 nova-compute 服务完成。由于涉及计算服务，卷要连接到的实例所在的计算节点要处于正常运行状态。注意，本书双节点实验环境中可能需要运行第 2 个节点主机。

从卷列表界面中打开某卷的“动作”下拉菜单，选择“管理连接”命令，打开图 8-9 所示的“管理已连接卷”面板，从下拉列表中选择一个要连接的实例，单击“连接卷”按钮即可将该卷连接到所选实例，这样所选虚拟机实例就能使用该卷了。

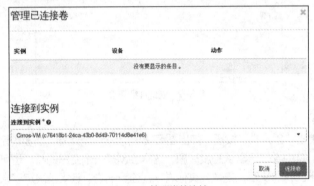

图 8-9　管理卷的连接

本例中将新建的卷连接到 Cirros-VM 实例上。列表中会显示该卷在实例上对应的设备名称，这里为“/dev/vdb”（此为该实例的第 2 个块设备，第 1 个块设备名为“/de/vda”），而且当前状态会变为“正在使用”，如图 8-10 所示。

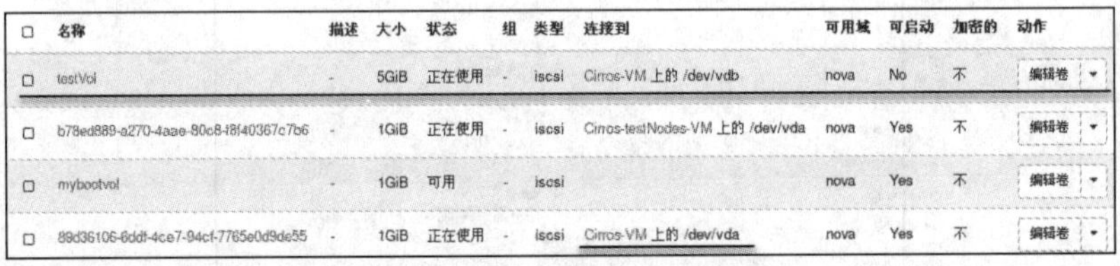

名称	描述	大小	状态	组	类型	连接到	可用域	可启动	加密的	动作
testVol	-	5GiB	正在使用	-	iscsi	Cirros-VM 上的 /dev/vdb	nova	No	不	编辑卷
b78ed889-a270-4aae-80c8-f8f40367c7b6	-	1GiB	正在使用	-	iscsi	Cirros-testNodes-VM 上的 /dev/vda	nova	Yes	不	编辑卷
mybootvol	-	1GiB	可用	-	iscsi		nova	Yes	不	编辑卷
89d36106-6ddf-4ce7-94cf-7765e0d9de55	-	1GiB	正在使用	-	iscsi	Cirros-VM 上的 /dev/vda	nova	Yes	不	编辑卷

图 8-10　新建的卷已连接到实例上

对于已经连接到实例的卷，可以将其与实例分离（Detach）。这里对前面连接的卷执行分离操作。在“动作”下拉列表中选择“管理连接”命令，打开相应的面板，如图 8-11 所示，单击“分离卷”按钮，确认分离操作，将该卷从实例上分离，这样实例就不能使用该卷了，该卷的状态也会变为“可用”。数据会保留在被分离的卷上，可被其他连接该卷的实例访问。注意，不要对可启动卷直接执行分离操作。

6. 扩展卷

为了保护现有数据，Cinder 不允许缩小卷，但可以扩展（Extend）卷，即扩大卷的容量。只有状态为“可用”的卷才能够被扩展。如果卷已经连接到实例，需要先分离才能执行扩展操作。

从卷列表中打开某卷的“动作”下拉菜单，选择“扩展卷”命令，打开图 8-12 所示的面板，为卷设置新的大小，单击“扩展卷”按钮即可完成卷的扩展。

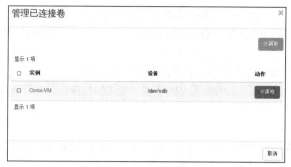

图 8-11 对卷进行分离

图 8-12 对卷进行扩展

7. 创建卷快照

可以为卷创建快照，快照中保存了卷当前的状态。从卷列表中打开某卷的"动作"下拉菜单，选择"创建快照"命令，打开"创建卷快照"面板，如图 8-13 所示，设置快照的名称和描述信息，单击"创建卷快照"按钮即可。

图 8-13 创建卷快照

在卷的卷快照列表中将列出已创建的快照，如图 8-14 所示。可以根据需要对卷快照进行管理操作，如编辑、删除等。

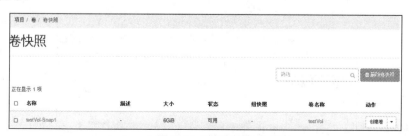

图 8-14 卷快照列表

从已连接到实例的卷上创建快照可能会导致快照出现问题,如数据不一致。为稳妥起见,可以先暂停实例,或者确认当前实例没有大量的磁盘读写操作,处于相对稳定的状态。否则,建议先分离卷,再创建快照。

Cinder 的卷快照不能直接恢复(回滚),但可以基于快照来创建一个新的卷。如果一个卷存在快照,则该卷是无法被删除的,这是因为快照必须依赖于卷,无法独立存在。一旦快照关联的卷出现故障,卷快照也是不可用的。

8. 设置可启动卷

对于虚拟机实例来说,卷既可以用作数据磁盘,也可以用作启动盘。用作启动盘的就是可启动卷,这在卷的列表和详细信息中会显示出来。

从卷列表中打开该卷的"动作"下拉菜单,选择"编辑卷"命令,打开"编辑"面板。勾选或取消勾选"可启动"复选框,可以设置该卷是否可启动。

在创建虚拟机实例时,如果源选择卷、卷快照或镜像,并选择创建新卷,则创建实例的同时创建的卷为可启动卷,该卷连接到实例并作为其启动盘/dev/vda。

9. 更改卷的卷类型

卷类型主要用来绑定后端存储,可以通过修改卷类型来更改所用的后端存储。

当从一个已有卷创建卷时,新卷会继承已有卷的卷类型。当从快照创建一个卷时,新卷的卷类型会继承快照的源卷的卷类型。创建镜像时,可以在镜像的元数据中通过设置关键字 cinder_img_volume_type 来设置卷类型,以便从镜像创建卷时采用该卷类型。

从卷列表中打开某卷的"动作"下拉菜单,选择"修改卷类型"命令,打开图 8-15 所示的面板。选择另一个卷类型,单击"修改卷类型"按钮,即可修改卷类型。

图 8-15 更改卷的卷类型

10. 管理卷类型

注意,只有云管理员才能创建卷类型,或者对卷类型本身进行修改或删除。以 admin 用户身份登录 OpenStack,在左侧的导航窗格中展开"管理员">"卷">"卷类型"节点,可以查看云中当前的卷类型列表,如图 8-16 所示。

图 8-16 查看卷类型列表

从"动作"下拉菜单中选择"查看扩展规格"命令，弹出图 8-17 所示的面板，可发现本例中将 lvm 作为后端名称。

图 8-17　查看卷类型扩展规格

可以根据需要创建卷类型，并通过创建扩展规格来为该类型指定卷后端名称。

任务三　了解 Swift 对象存储服务

任务说明

Swift 和 Nova 是 OpenStack 最早的两个项目。Swift 提供高可用性、分布式、最终一致性的对象存储，可做到高效、安全和低成本地存储大量数据。本任务具体要求如下。
- 了解 Swift 对象存储系统。
- 了解对象层次模型。
- 了解对象存储组件。
- 理解 Swift 架构。
- 验证 Swift 对象存储服务。

知识引入

1. Swift 对象存储系统

Swift 对象存储适合存储静态数据。所谓静态数据，是指长期不会发生更新，或者一定时期内更新频率较低的数据。云中的静态数据主要有虚拟机镜像、多媒体数据和数据的备份。对于需要实时更新的数据，Cinder 块存储是更好的选择。Swift 通过使用标准化的服务器集群来存储 PB 数量级的数据。Swift 可以长期存储海量静态数据，并提供检索和更新这些数据的服务。

与文件系统不同，对象存储系统所存储的逻辑单元是对象，而不是传统的文件。对象包括内容和元数据两个部分。与其他 OpenStack 项目一样，Swift 提供 REST API 作为公共访问入口，每个对象都是一个 RESTful 资源，拥有唯一的 URL，可以通过对应 URL 请求对象，如图 8-18 所示。可以直接通过 Swift API，或者使用主流编程语言的函数库来操作对象存储，对象最终以二进制文件的形式保存在物理存储节点上。

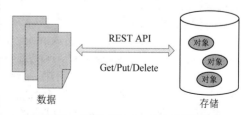

图 8-18　通过 REST API 与存储系统交互

2. Swift 的应用场景

对象存储是高性价比、可扩展存储的理想解决方案。它提供一个完全分布式、API 可访问的平台，可以直接与应用集成，或者用于备份、存档和数据保存。Swift 适用于许多应用场景，最典型的应用是作为网盘类产品的存储引擎。在 OpenStack 中 Swift 还可以与镜像服务 Glance 结合，为其存储镜像文件。另外，由于 Swift 的无限扩展能力，也非常适合用于存储日志文件和数据备份仓库。

Swift 的对象写入多个硬件设备，使用软件逻辑来确保在不同的设备之间的数据复制和分布，所以可以使用廉价的硬盘和服务器来代替昂贵的存储设备。

3. 对象的层次数据模型

Swift 将抽象的对象与实际的文件联系起来，这就需要一定的方法来描述对象。Swift 采用的是对象层次数据模型，存储的对象在逻辑上分为账户（Account）、容器（Container）和对象（Object）3 个层次，如图 8-19 所示。每一层所包含的节点数没有限制，可以任意扩展。

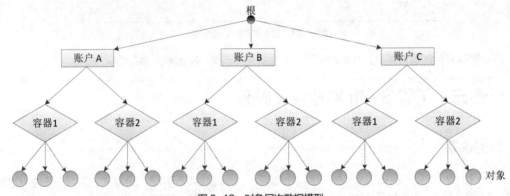

图 8-19 对象层次数据模型

（1）账户。账户在对象存储过程中用于实现顶层的隔离。它并非个人账户，而是指项目或租户，可以被多个用户账户共同使用。账户由服务提供者创建，用户在该账户中拥有全部资源。账户为容器定义名称空间。Swift 要求对象必须位于容器中，因此一个账户应当至少拥有一个容器来存储对象。

（2）容器。容器表示封装的一组对象，与文件夹或目录类似，不过容器不能嵌套，不能再包含下一级容器。容器为对象定义名称空间，两个不同容器中的名称相同的对象代表两个不同的对象。除了包含对象外，也可以通过访问控制列表（Access Control List，ACL）使用的容器来控制对象的访问。在容器层级还可以配置和控制许多其他特性，如对象版本。

（3）对象。对象位于最底层，是"叶子"节点，具体的对象由元数据和内容两个部分组成。对象存储诸如文档、图像这样的数据内容，可以为一个对象保存定制的元数据。Swift 对于单个上传对象有体积的限制，默认是 5 GB。不过由于使用了分割的概念，单个对象的下载大小几乎是没有限制的。

4. 对象层级结构与对象存储 API 的交互

账户、容器和对象的层级结构影响对象存储 API 交互的方式，尤其是资源路径会反映层次结构。资源路径具有以下格式。

/v1/{account}/{container}/{object}

例如，账户 1234567890 的容器 images 中的对象 flowers/rose.jpg 对应的资源路径如下。

/v1/1234567890/images/flowers/rose.jpg

注意，对象名包含字符/，该字符并不表示对象存储有一个子级结构，因为容器不存储实际子文件夹中的对象。但是，在对象名中如果包括类似的字符，就可以创建一个伪层级的文件夹和目录。例如，如果对象存储 objects.mycloud.com，则返回的 URL 是 https://objects.mycloud.com/v1/1234567890。

要访问容器，则需将容器名添加到资源路径中；要访问对象，则需将容器名和对象名添加到资源路径中。如果有大量的容器或对象，可以使用查询参数来对容器或对象的列表进行分页。可以使用 marker、limit 和 end_marker 查询参数来控制要返回的条目数，以及列表起始位置。

/v1/{account}/{container}/?marker=a&end_marker=d

如果需要逆序，可使用查询参数 reverse。注意，marker 和 end_markers 应当交换位置，以返回一个逆序列表。

/v1/{account}/{container}/?marker=d&end_marker=a&reverse=on

5. 对象存储的组件

Swift 对象存储的主要组成部分如图 8-20 所示。

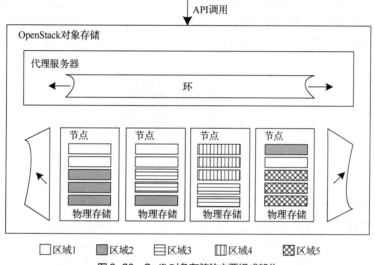

图 8-20　Swift 对象存储的主要组成部分

具体来说，Swift 使用代理服务器（Proxy server）、环（Ring）、区域（Zone）、账户（Account）、容器（Container）、对象（Object）、分区（Partition）、复制器（Replicator）等组件来实现高可用性、高持久性和高并发性。

（1）代理服务器。

代理服务器是对象存储的公共接口，用于处理所有传入的请求。一旦代理服务器收到请求，它就根据对象 URL 决定存储节点。代理服务器也负责协调响应、处理故障和标记时间戳。代理服务器使用无共享架构，但能够根据预期的负载按需扩展。一个单独管理的负载平衡集群中最少应部署两台代理服务器，这样如果其中一台出现故障，则可以由其他代理服务器接管。

（2）环。

环表示集群中保存的实体名称与磁盘上物理位置之间的映射，将数据的逻辑名称映射到特定磁盘的具体位置。账户、容器和对象都有各自的环。无论系统组件需要对对象、容器或账户执行何种操作，都需要与相应的环进行交互，以确定其在集群中的合适位置。

环使用区域、设备（Device）、分区（Partition）和副本（Replicas）来维护这种映射信息。每个分区在环中都有副本，默认在集群中有 3 个副本，存储在映射中的分区的位置由环来维护，如图 8-21 所示。环也负责决定发生故障时使用哪个设备接手请求。

环中的数据被隔离到区域。每个分区的副

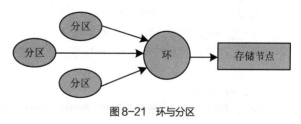

图 8-21　环与分区

本都存储到不同的区域。区域可以是一个驱动器、一台服务器、一个机柜、一台交换机，甚至是一个数据中心。在对象存储安装过程中，环的分区会均衡地分配到所有的设备中。当分区需要移动时（如新设备被加入集群），环会确保一次移动最少数量的分区数，并且一次只移动一个分区的一个副本。

权重可以用来平衡集群中分区在驱动器上的分布。例如，当不同大小的驱动器被用于集群中时，权重就显得非常有用。

环由被代理服务器和一些后台进程使用（如复制进程）。

（3）区域。

为隔离故障边界，对象存储允许配置区域。如果可能，每个数据副本位于一个独立的区域。最小级别的区域可以是一个单独的驱动器或者一组驱动器。如果有 5 台对象存储服务器，每台服务器将代表自己的区域。大规模部署将有一整个机架或多个机架的对象服务器，每个机架代表一个区域。由于数据跨区域复制，一个区域中的故障不会影响集群中其余区域。如图 8-22 所示是区域的示意图。

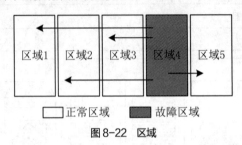

图 8-22 区域

（4）账户、容器和对象。

每个账户和容器是一个独立的 SQLite 数据库，这些数据库在集群中采用分布式部署。账户数据库包括该账户中的容器列表，容器数据库包含该容器中的对象列表。为跟踪对象数据位置，系统中的每个账户有一个数据库，它引用其全部容器，每个容器数据库引用其所拥有的每个对象。

（5）分区。

如图 8-23 所示，分区是存储的数据的集合，包括账户数据库、容器数据库和对象，有助于管理数据在集群中的位置。对于复制系统来说，分区是核心。系统复制和对象下载都是在分区上操作的。

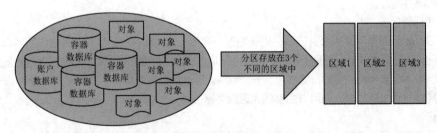

图 8-23 分区

分区的实现概念很简单，一个分区就是位于磁盘上的一个目录，拥有它所包含内容的相应的哈希表。

（6）复制器。

为确保始终存在 3 个数据副本，复制器会持续检查每个分区。对于每个本地分区，复制器将它与其他区域中的副本进行比较，确认是否发生变化。复制器如图 8-24 所示。复制器通过检查哈希表来确认是否需要进行复制。如果一个分区出现故障，一个包含副本的节点会发出通知，并主动将数据复制到接管的节点上。

6. Swift 架构

Swift 采用完全对称、面向资源的分布式架构设计，没有中央控制节点，所有组件均可扩展，避免因单点故障扩散而影响整个系统的运行。完全对称意味着 Swift 中各节点可以完全对等，这样能极大地降低系统维护成本。扩展性包括两个方面，一方面是数据存储容量无限可扩展，另一方面是 Swift 性能（如吞吐量等）可线性提升。因为 Swift 是完全对称的架构，扩容只需简单地新增机器，系统会自动完成数据迁移等工作，使各存储节点重新达到平衡状态。

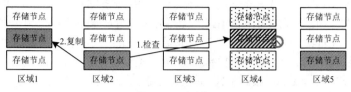

图 8-24　复制器

Swift 的整体架构如图 8-25 所示。

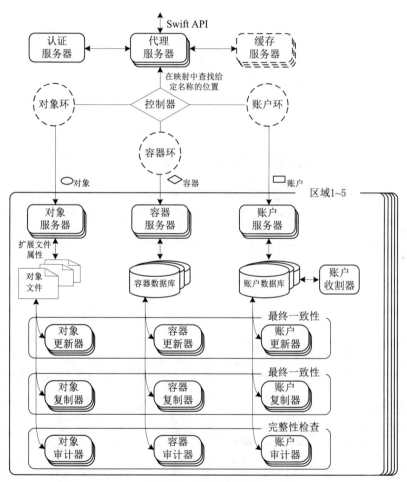

图 8-25　Swift 的整体架构

代理服务器为 Swift 其他组件提供一个统一的接口，它接收创建容器、上传对象或修改元数据的请求，还可以提供容器或者展示存储的文件。当收到请求时，代理服务器会确定账户、容器或对象在环中的位置，并且将请求转发到相关的服务器。

对象服务器上传、修改或检索存储在它所管理的设备上的对象（通常为文件）。容器服务器则会处理特定容器的对象分配，并根据请求提供容器列表，还可以跨集群复制该列表。账户服务器通过使用对象存储服务来管理账户,操作类似于容器服务器。

复制、审计和更新内部管理流程用于管理数据存储。其中复制服务最为关键,用于确保整个集群的一致性和可用性。

Swift通过审计器(Auditor)、更新器(Updater)和复制器这3个服务器程序来提供一致性服务,查找并解决由数据损坏和硬件故障引起的错误,从而解决数据的一致性问题。审计器负责数据的审计,在本地服务器上持续扫描磁盘,检测账户、容器和对象的完整性。更新器运行更新服务,负责处理那些失败的账户或容器更新操作。复制器运行复制进程,负责检测各节点上数据及其副本是否一致。当发现不一致时,会将过时的副本更新为最新版本,并且负责将标记为删除的数据从物理介质上删除。复制器的设计目的是在面临像网络中断或者驱动器故障等临时性错误情况时,可以保持系统的一致性状态。

任务实现

V8-3 验证 Swift 对象存储服务

1. 验证 Swift 服务

下面在 RDO 双节点 OpenStack 实验平台第 1 个节点上进行验证,该节点主机同时充当控制节点和存储节点。执行以下命令查看当前运行的 Swift 服务。

[root@node-a ~]# systemctl status *swift*.service
● openstack-swift-proxy.service - OpenStack Object Storage (swift) - Proxy Server
   Loaded: loaded (/usr/lib/systemd/system/openstack-swift-proxy.service; enabled; vendor preset: disabled)
   Active: active (running) since Thu 2020-10-29 14:48:17 CST; 3min 53s ago
   ...
● openstack-swift-object-expirer.service - OpenStack Object Storage (swift) - Object Expirer
   Loaded: loaded (/usr/lib/systemd/system/openstack-swift-object-expirer.service; enabled; vendor preset: disabled)
   Active: active (running) since Thu 2020-10-29 14:48:17 CST; 3min 54s ago
   ...
● openstack-swift-container-replicator.service - OpenStack Object Storage (swift) - Container Replicator
   Loaded: loaded (/usr/lib/systemd/system/openstack-swift-container-replicator.service; enabled; vendor preset: disabled)
   Active: active (running) since Thu 2020-10-29 14:48:17 CST; 3min 54s ago
   ...
● openstack-swift-account-replicator.service - OpenStack Object Storage (swift) - Account Replicator
   Loaded: loaded (/usr/lib/systemd/system/openstack-swift-account-replicator.service; enabled; vendor preset: disabled)
   Active: active (running) since Thu 2020-10-29 14:48:17 CST; 3min 54s ago
   ...
● openstack-swift-account.service - OpenStack Object Storage (swift) - Account Server
   Loaded: loaded (/usr/lib/systemd/system/openstack-swift-account.service; enabled; vendor preset: disabled)
   Active: active (running) since Thu 2020-10-29 14:48:17 CST; 3min 53s ago
   ...
● openstack-swift-container-updater.service - OpenStack Object Storage (swift) - Container Updater
   Loaded: loaded (/usr/lib/systemd/system/openstack-swift-container-updater.service; enabled;

vendor preset: disabled)
		Active: active (running) since Thu 2020-10-29 14:48:17 CST; 3min 54s ago
	...
	● openstack-swift-object-reconstructor.service - OpenStack Object Storage (swift) - Object Reconstructor
		Loaded: loaded (/usr/lib/systemd/system/openstack-swift-object-reconstructor.service; enabled; vendor preset: disabled)
		Active: active (running) since Thu 2020-10-29 14:48:17 CST; 3min 54s ago
	...
	● openstack-swift-object.service - OpenStack Object Storage (swift) - Object Server
		Loaded: loaded (/usr/lib/systemd/system/openstack-swift-object.service; enabled; vendor preset: disabled)
		Active: active (running) since Thu 2020-10-29 14:48:17 CST; 3min 53s ago
	...
	● openstack-swift-account-reaper.service - OpenStack Object Storage (swift) - Account Reaper
		Loaded: loaded (/usr/lib/systemd/system/openstack-swift-account-reaper.service; enabled; vendor preset: disabled)
		Active: active (running) since Thu 2020-10-29 14:48:17 CST; 3min 53s ago
	...
	● openstack-swift-container.service - OpenStack Object Storage (swift) - Container Server
		Loaded: loaded (/usr/lib/systemd/system/openstack-swift-container.service; enabled; vendor preset: disabled)
		Active: active (running) since Thu 2020-10-29 14:48:17 CST; 3min 53s ago
	...
	● openstack-swift-object-replicator.service - OpenStack Object Storage (swift) - Object Replicator
		Loaded: loaded (/usr/lib/systemd/system/openstack-swift-object-replicator.service; enabled; vendor preset: disabled)
		Active: active (running) since Thu 2020-10-29 14:48:17 CST; 3min 54s ago
	...
	● openstack-swift-container-sync.service - OpenStack Object Storage (swift) - Container Sync
		Loaded: loaded (/usr/lib/systemd/system/openstack-swift-container-sync.service; enabled; vendor preset: disabled)
		Active: active (running) since Thu 2020-10-29 14:48:17 CST; 3min 54s ago
	...
	● openstack-swift-container-auditor.service - OpenStack Object Storage (swift) - Container Auditor
		Loaded: loaded (/usr/lib/systemd/system/openstack-swift-container-auditor.service; enabled; vendor preset: disabled)
		Active: active (running) since Thu 2020-10-29 14:48:17 CST; 3min 54s ago
	...
	● openstack-swift-object-auditor.service - OpenStack Object Storage (swift) - Object Auditor
		Loaded: loaded (/usr/lib/systemd/system/openstack-swift-object-auditor.service; enabled; vendor preset: disabled)
		Active: active (running) since Thu 2020-10-29 14:48:17 CST; 3min 54s ago
	...
	● openstack-swift-object-updater.service - OpenStack Object Storage (swift) - Object Updater
		Loaded: loaded (/usr/lib/systemd/system/openstack-swift-object-updater.service; enabled; vendor preset: disabled)
		Active: active (running) since Thu 2020-10-29 14:48:17 CST; 3min 54s ago
	...

> - openstack-swift-account-auditor.service - OpenStack Object Storage (swift) - Account Auditor
>   Loaded: loaded (/usr/lib/systemd/system/openstack-swift-account-auditor.service; enabled; vendor preset: disabled)
>   Active: active (running) since Thu 2020-10-29 14:48:17 CST; 3min 54s ago
> ...

可以发现，Swift 对象存储服务非常复杂，包括的子服务非常多，具体说明如下。

（1）openstack-swift-proxy.service：代理服务器。
（2）openstack-swift-object-expirer.service：对象过期处理器（定时删除对象）。
（3）openstack-swift-container-replicator.service：对象复制器。
（4）openstack-swift-account-replicator.service：账户复制器。
（5）openstack-swift-account.service：账户服务器。
（6）openstack-swift-container-updater.service：容器更新器。
（7）openstack-swift-object-reconstructor.service：对象重构器。
（8）openstack-swift-object.service：对象服务器。
（9）openstack-swift-account-reaper.service：账户收割器（处理账户删除操作）。
（10）openstack-swift-container.service：容器服务器。
（11）openstack-swift-object-replicator.service：对象复制器。
（12）openstack-swift-container-sync.service：容器同步器。
（13）openstack-swift-container-auditor.service：容器审计器。
（14）openstack-swift-object-auditor.service：对象审计器。
（15）openstack-swift-object-updater.service：对象更新器。
（16）openstack-swift-account-auditor.service：账户审计器。

2. 查看 Swift 环文件

Swift 存储中使用的环文件用于各个存储节点记录存储对象与实际物理位置的映射关系。客户对 Swift 存储数据进行操作时，均通过环文件来定位实际的物理位置。账户服务器、容器服务器和对象服务器都有各自的环文件。构建环的过程中会生成一个.builder 文件和一个对应的.ring.gz 文件。这些文件默认位于/etc/swift 文件夹中，可查看对应文件进行验证，结果如图 8-26 所示。

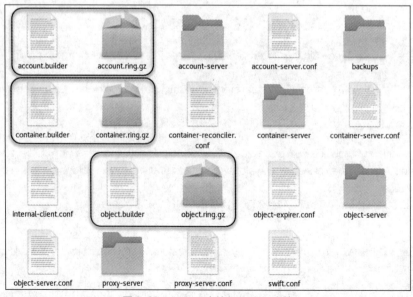

图 8-26　.builder 文件和.ring.gz 文件

项目实训

项目实训一　使用命令行创建和管理卷

实训目的
掌握命令行界面的卷管理基本操作。

实训内容
（1）加载 demo 用户的环境脚本。
（2）查看当前的卷列表。
（3）新建一个卷。
（4）对该卷进行扩展。
（5）将该卷连接到一个实例。
（6）将该卷从实例上分离出来。

项目实训二　验证 Cinder 和 Swift 服务

实训目的
通过查看 Cinder 和 Swift 服务来了解它们的子服务。

实训内容
（1）使用 systemctl 命令查看 Cinder 服务的当前状态。
（2）列出 Cinder 各子服务的功能。
（3）使用 systemctl 命令查看 Swift 服务的当前状态。
（4）列出 Swift 各子服务的功能。

项目总结

通过本项目的实施，读者应掌握 OpenStack 存储服务的基本知识，能够基于 Cinder 创建和管理卷。Cinder 和 Swift 都可以为 OpenStack 提供外部存储空间。Cinder 重在实现虚拟机实例存储卷的全生命周期管理，而 Swift 以对象形式存储数据，最大的优势就是可以让用户更加灵活地处理海量数据。下一个项目是综合演练，其中包括 Cinder 服务配置的详细示范。

项目九

综合演练——手动部署 OpenStack

09

学习目标
- 了解 OpenStack 云部署的规划和架构设计
- 学会手动安装和部署 OpenStack 云平台
- 进一步理解 OpenStack 的主要服务

项目描述

OpenStack 学习起来有一定难度。本书前面的项目和任务基于由 Packstack 安装器部署的 RDO 一体化 OpenStack 云平台,对 OpenStack 主要服务和组件进行了验证,并示范了配置、管理和使用操作。熟悉这些 OpenStack 服务基本的安装、配置、运行和故障排除之后,就可以考虑自行部署 OpenStack。本项目将带领读者充分利用所学的 OpenStack 知识和技能进行综合演练,从云部署规划和架构设计开始,手动安装和部署一个双节点 OpenStack 云平台,内容包括完整的实施过程和详细的操作步骤。本项目的实施难度较大,但有助于系统思维和创新思维能力的培养。我们必须坚持系统观念。只有用普遍联系的、全面系统的、发展变化的观点观察事物,才能把握事物发展规律。

任务一 OpenStack 云部署规划

任务说明

OpenStack 通过若干相互协作的服务来提供 IaaS 解决方案,每个服务提供一个 API 来实现这种整合。在正式部署 OpenStack 之前,需要提前做好云部署的规划和架构设计,主要工作是确定 OpenStack 的部署架构和虚拟网络方案。项目一中的任务三已对这方面的内容进行了讲解。本任务先通过一个 OpenStack 官方网站提供的示例架构来讲解 OpenStack 云部署的架构设计,然后针对综合演练在任务实现部分确定的云部署目标,简化相应的云部署架构,并约定 OpenStack 账户密码。本任务的具体要求如下。

- 进一步了解 OpenStack 云部署的架构设计。
- 确定 OpenStack 云部署目标。
- 约定 OpenStack 账户密码。

知识引入

1. 架构设计

下面给出一个多节点部署的示例架构设计。该示例架构包括 2 个必需的节点(分别是控制节点和计算节点)和 3 个可选的节点(分别是一个块存储节点和两个对象存储节点)。硬件配置要求如图 9-1 所示,各节点部署的架构设计介绍如下。

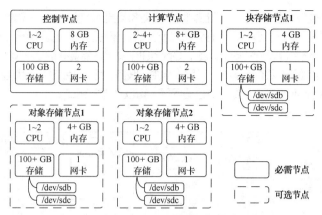

图 9-1 OpenStack 示例架构的硬件配置

（1）控制节点。

控制节点运行身份服务、镜像服务、放置服务、计算服务的管理部分、网络服务的管理部分、各种网络代理和仪表板，以及像 SQL 数据库、消息队列和网络时间协议（Network Time Protocol，NTP）这样的支持性服务。

控制节点可选的部署组件有块存储、对象存储、编排（Orchestration）和计量监控（Telemetry）等服务的管理部分。

控制节点至少需要两个网络接口。

（2）计算节点。

计算节点部署 Nova 计算服务的虚拟机管理器，以运行虚拟机实例。默认情况下，计算服务使用 KVM 虚拟机管理器。计算节点还要运行网络服务代理，以将虚拟机实例连接到虚拟网络，并通过安全组为实例提供防火墙服务。

计算节点可以部署多个计算节点，每个计算节点至少需要两个网络接口。

（3）块存储节点。

在这个示例方案中，块存储节点是可选的。它包括块存储和共享文件系统服务，为虚拟机实例提供磁盘存储。

为简单起见，本示例中计算节点和块存储节点之间的服务流量直接使用管理网络，而在实际生产环境中应当使用一个独立的数据网络来提高性能和确保安全。

块存储节点可以部署不止一个块存储节点，每个块存储节点至少需要一个网络接口。

（4）对象存储节点。

在这个示例方案中，对象存储节点也是可选的。它提供对象存储服务，用于存储账户、容器和对象的磁盘。

为简单起见，本示例中计算节点和对象存储节点之间的服务流量直接使用管理网络，而在实际生产环境中应当使用一个独立的数据网络来提高性能和确保安全。

对象存储服务要求两个节点，每个节点至少需要一个网络接口。对象存储节点可以部署两个以上的对象存储节点。

2. 虚拟网络方案设计

OpenStack 网络服务最主要的功能就是为虚拟机实例提供网络连接，这是一种虚拟网络。OpenStack 项目中的虚拟网络分为提供者网络和自服务网络两种类型，上述示例架构相应地有两种方案可供选择，注意示例中所使用的二层网络代理是 Linux Bridge。

（1）网络方案一：提供者网络。

这种方案以最简单的方式部署 OpenStack 网络服务，使用基本的二层网络（桥接/交换）服务和网络的 VLAN（虚拟局域网）分段。它实质上是将虚拟网络桥接到物理网络，依赖物理网络设施提供的三层（路由）服务；另外，有一个 DHCP 服务可以为虚拟机实例提供 IP 地址分配服务。

要创建精确匹配网络基础设施的虚拟网络，OpenStack 用户需要获取底层网络设施的详细信息。

这种方案缺乏对自服务（私有）网络、三层（路由）服务和像 LBaaS（负载均衡器）、FWaaS（虚拟防火墙）这样的高级服务的支持。要解决这些问题，可以考虑方案二。

方案一的网络服务布局如图 9-2 所示。

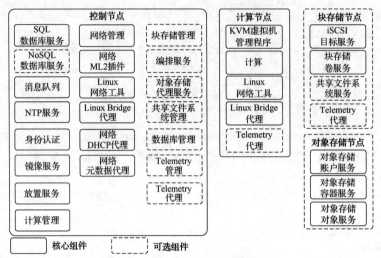

图 9-2　方案一：提供者网络的服务布局

（2）网络方案二：自服务网络。

这种方案在方案一提供者网络的基础上增加了三层（路由）服务，使得自服务网络能够使用像 VXLAN 这样的覆盖网段方法。它实质上是使用 NAT 将虚拟网络路由到物理网络。另外，此方案为像 LBaaS 和 FWaaS 这样的高级服务提供支持。

OpenStack 用户不需要了解数据网络的底层结构，就能创建虚拟网络。如果配置相应的二层插件，自服务网络也能包括 VLAN 网络。

方案二的网络服务布局如图 9-3 所示。

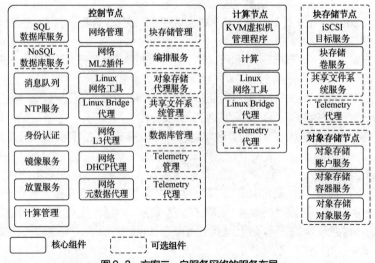

图 9-3　方案二：自服务网络的服务布局

3. 示例的网络拓扑

本例的网络拓扑如图 9-4 所示，包括以下两个网络。

（1）管理网络：地址为 10.0.0.0/24，网关为 10.0.0.1。此网络要求网关为所有节点主机提供 Internet 访问，达到软件包安装、安全更新、DNS 域名解析和 NTP 网络时间同步这样的管理目的。

（2）提供者网络：地址为 203.0.113.0/24，网关为 203.0.113.1。此网络要求网关为 OpenStack 环境中的虚拟机实例提供 Internet 访问。

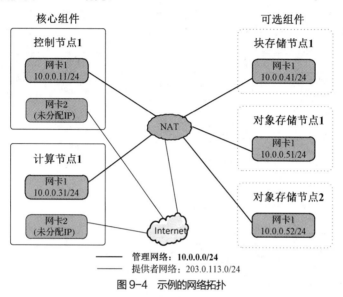

图 9-4 示例的网络拓扑

4. 示例架构的局限性

本例这种架构并不适合生产环境，只能算是一个小型的概念验证平台，适合学习、研究和测试 OpenStack。本例这种架构至少需要两个节点主机运行基本的虚拟机实例。像块存储和对象存储这样的可选服务要求部署额外的节点。即使与最小的生产架构相比，本例架构也存在以下差距。

（1）网络代理部署在控制节点上，而不是一个或多个专用的网络节点。

（2）自服务网络的覆盖（隧道）流量通过管理网络而不是一个专用网络来传输。

使用生产架构部署 OpenStack 时还需要完成以下工作。

（1）决定并实现必要的核心服务和可选服务，以满足性能和冗余要求。

（2）使用防火墙、加密和服务策略等增强安全性。

（3）使用像 Ansible、Chef、Puppet 或 Salt 这样的部署工具实现生产环境的自动部署和管理。

任务实现

1. 确定云部署目标

综合演练的目标是通过手动安装方式基于 CentOS 7 部署一个双节点 OpenStack 云，OpenStack 版本选择 Train。注意，目前 CentOS 7 能够安装的 OpenStack 最高版本是 Train，CentOS 8 支持 OpenStack Ussuri 及新版本的安装。

本例的 OpenStack 云平台包括以下服务。

（1）Keystone 身份服务。

（2）Glance 镜像服务。

（3）Placement 放置服务。

(4) Nova 计算服务。
(5) Neutron 网络服务。
(6) Horizon 仪表板。
(7) Cinder 块存储服务。

其中前 5 个服务是 OpenStack Train 版本最小化部署所必需的，具体实施中需要按上述顺序安装。

2. 设计云部署架构

根据综合演练目标设计架构，在两个节点主机上进行云部署，以核心组件为主，虚拟网络方案选择自服务网络，L2 网络代理选择 Open vSwitch 代理，如图 9-5 所示。

图 9-5　综合演练的服务布局

3. OpenStack 账户密码约定

OpenStack 服务支持各种安全方法，包括密码、策略和加密。另外，数据库服务器和消息代理等支持服务本身也要求使用密码来保证安全。这里仅涉及密码安全。可以手动创建安全的密码，但是要注意各 OpenStack 服务配置文件中的数据库连接字符串中不能包含像@这样的特殊字符。实际应用中建议使用 pwgen 等工具来自动产生密码，例如执行以下命令可随机产生 10 个字节的十六进制字符作为密码。

openssl rand -hex 10

为方便实验操作，对于各个 OpenStack 服务，综合演练中约定使用 SERVICE_PASS 来表示服务账户密码，使用 SERVICE_DBPASS 来表示数据库中相应用户的密码，其中 SERVICE 为不同服务代号的大写名称。表 9-1 所示为各服务在综合演练中的账户约定密码。当然读者可以使用自己的密码进行替换，但要注意在服务配置文件中保持同步修改。

表 9-1　综合演练 OpenStack 账户密码的约定

用户账户	账户密码	用户账户	账户密码
MariaDB 数据库用户 root	ROOT_PASS	Nova 数据库用户 nova	NOVA_DBPASS
RabbitMQ 用户 openstack	RABBIT_PASS	Nova 服务用户 nova	NOVA_PASS
Keystone 数据库用户 keystone	KEYSTONE_DBPASS	Neutron 数据库用户 neutron	NEUTRON_DBPASS

续表

用户账户	账户密码	用户账户	账户密码
云管理员 admin	ADMIN_PASS	Neutron 服务用户 neutron	NEUTRON_PASS
普通云用户 demo	DEMO_PASS	元数据代理	METADATA_SECRET
Glance 数据库用户 glance	GLANCE_DBPASS	Cinder 数据库用户 cinder	CINDER_DBPASS
Glance 服务用户 glance	GLANCE_PASS	Cinder 服务用户 cinder	CINDER_PASS
Placement 服务用户 placement	PLACEMENT_PASS		

由于配置文件内容过多，建议在修改配置文件后执行以下语句进行二次校验（查看有效配置选项）。

cat　配置文件 | grep ^[^#]

或者使用 egrep 工具来进行二次校验。

egrep -v "^$|^#" 配置文件

任务二　OpenStack 云平台环境配置

任务说明

OpenStack 服务运行需要基础环境支持，环境配置是后续 OpenStack 各服务安装配置的前提条件。在安装配置 OpenStack 的服务和组件之前，需要做好节点主机的网络配置、节点主机的时钟同步、SQL 和 NoSQL 数据库的安装和配置、消息队列服务的安装和配置。OpenStack 使用消息队列来协调服务的运行和状态信息，通常使用 RabbitMQ 服务。本任务的具体要求如下。

- 准备节点主机并为其安装操作系统 CentOS 7。
- 掌握节点主机网络与时间同步的配置方法。
- 掌握安装 OpenStack 软件包的步骤。
- 学会安装必要的 SQL 和 NoSQL 数据库。
- 掌握 RabbitMQ 消息队列服务的安装方法。

任务实现

1. 准备两个节点主机

综合演练需要新建两台操作系统为 CentOS 7 的主机分别充当控制节点和计算节点，最低配置需满足以下要求。

（1）控制节点：1 个处理器、4 GB 内存、5 GB 硬盘。

（2）计算节点：1 个处理器、2 GB 内存、10 GB 硬盘。

为便于实验，这里使用 VMware Workstation 创建虚拟机来实现。由于使用图形界面，配置比要求高，主要是硬盘空间要大。

V9-1　准备实验环境

两个节点主机安装好 CentOS 7 之后，都需要进行以下配置以准备 OpenStack 安装环境。注意，每个节点主机上的安装配置操作需要云管理员权限，必须以 root 用户身份或者通过 sudo 命令来执行操作命令。为简单起见，后续过程中的命令行操作均以 root 用户身份进行。

（1）禁用防火墙。

为方便实验，执行以下命令禁用防火墙。

```
systemctl disable firewalld
systemctl stop firewalld
```
（2）调整时区设置。

安装 CentOS 7 英文版之后，执行以下命令将时区设置为上海。

```
timedatectl set-timezone "Asia/Shanghai"
```

2. 配置节点主机网络

每个节点主机配置两个网卡（网络接口），第 1 个设置为仅主机模式（用于内网通信），接入管理网络；第 2 个设置为桥接模式（用于外网通信，可访问 Internet），接入提供者网络（外部网络），同时便于在线安装软件包。具体采用的网络拓扑如图 9-6 所示。读者实验时可以根据实际情况修改网络设置和 IP 地址范围。

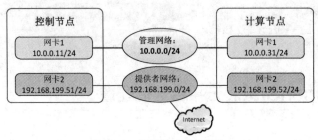

图 9-6 综合演练的网络拓扑

（1）停用 NetworkManager 服务。

CentOS 7 的 NetworkManager 服务与 OpenStack 网络组件 Neutron 有冲突，应停用它，改用传统的网络服务 network 来管理网络。执行以下命令来实现这些目的。

```
systemctl disable NetworkManager
systemctl stop NetworkManager
systemctl enable network
systemctl start network
```

（2）设置网卡。

先在控制节点主机上进行设置。本例第 1 个网卡的名称为"ens33"，通过/etc/sysconfig/network-scripts/ifcfg-ens33 网卡配置文件对其进行设置，只需设置 IP 地址，不要设置默认网关（GATEWAY）和 DNS。该网卡的关键设置如下。

```
IPADDR=10.0.0.11
PREFIX=24
```

第 2 个网卡的名称为"ens37"，通过/etc/sysconfig/network-scripts/ifcfg-ens37 网卡配置文件设置其 IP 地址、默认网关和 DNS，便于接入 Internet。该网卡的关键设置如下。

```
IPADDR=192.168.199.51
PREFIX=24
GATEWAY=192.168.199.1
DNS1=114.114.114.114
```

设置完毕，执行 systemctl restart network 命令重启 network 服务，使网卡设置更改生效。

计算节点主机参照控制节点修改相应的网卡配置，除了 IP 地址，其余配置基本相同，第 1 个网卡的 IP 地址为 10.0.0.31，第 2 个网卡的 IP 地址为 192.168.199.52。

（3）配置主机名解析。

更改主机名，这里将控制节点主机名更改为 controller。

```
hostnamectl set-hostname controller
```

将计算节点主机名更改为 compute1。一旦更改主机名，就必须将新的主机名追加到/etc/hosts 配置文件中。两个节点主机上的/etc/hosts 配置文件中都要包括以下配置。

```
# controller
10.0.0.11       controller
# compute1
10.0.0.31       compute1
```

（4）测试连通性。

完成上述配置之后，可以测试节点主机之间、节点主机与外网之间的连通性。执行以下命令从控制节点上测试到计算节点上管理网卡的连通性，结果表明能够成功通信。

```
[root@controller ~]# ping -c 2 compute1
PING compute1 (10.0.0.31) 56(84) bytes of data.
64 bytes from compute1 (10.0.0.31): icmp_seq=1 ttl=64 time=0.351 ms
64 bytes from compute1 (10.0.0.31): icmp_seq=2 ttl=64 time=1.17 ms
```

执行以下命令从控制节点上测试到 Internet 的连通性，结果表明能够成功通信。

```
[root@controller ~]# ping -c 2 www.163.com
PING z163ipv6.v.bsgslb.cn (124.132.138.13) 56(84) bytes of data.
64 bytes from 124.132.138.13 (124.132.138.13): icmp_seq=1 ttl=56 time=8.19 ms
64 bytes from 124.132.138.13 (124.132.138.13): icmp_seq=2 ttl=56 time=8.36 ms
```

3. 设置时间同步

OpenStack 环境中所有节点的时间必须是同步的。在 CentOS 中一般使用时间同步软件 Chrony，如果没有安装，则执行 yum install chrony 命令进行安装，本例默认已安装。

（1）选择一个控制节点作为其他节点的 NTP 服务器。Chrony 默认已设置了 NTP 服务器，这里在/etc/chrony.conf 配置文件中增加国内阿里云的NTP服务器地址（如设置了其他NTP服务器可以注释掉）。

```
server ntp1.aliyun.com iburst
```

（2）加入以下设置，使其他节点能够连接到控制节点上的 NTP 服务器。

```
allow 10.0.0.0/24
```

（3）设置完毕后，执行以下命令重启 NTP 服务器。

```
systemctl restart chronyd.service
```

（4）在计算节点上的/etc/chrony.conf 配置文件中将 NTP 服务器设置为控制节点上的 NTP 服务器（如设置了其他 NTP 服务器可以注释掉）。

```
server 10.0.0.11 iburst
```

（5）执行 systemctl restart chronyd.service 命令，重启 NTP 服务器。

（6）测试时间同步设置。在控制节点上执行以下命令查看同步情况。

```
[root@controller ~]# chronyc sources
210 Number of sources = 1
MS Name/IP address         Stratum Poll Reach LastRx Last sample
===============================================================================
^* 120.25.115.20              2   6    17     7   +281us[ +752us] +/-   25ms
```

结果表明默认的 NTP 服务器已更换为阿里云 NTP 服务器。

（7）在计算节点上执行以下命令查看同步情况。

```
[root@compute1 ~]# chronyc sources
210 Number of sources = 1
MS Name/IP address         Stratum Poll Reach LastRx Last sample
===============================================================================
^? controller                 0   8    0      -   +0ns[   +0ns] +/-    0ns
```

V9-2 安装基础环境组件

结果表明默认的 NTP 服务器已经改为控制节点（controller 主机）。

4. 安装 OpenStack 软件包

两个节点主机都需要安装 OpenStack 软件包，在各节点主机上分别进行下列操作。

（1）启用 OpenStack 软件库。在 CentOS 中，extras 是支持额外功能的附加软件库。由于 CentOS 默认已经包括 extras 软件库，这里只需简单地安装相应的软件包来启用 OpenStack 库。对于 Train 版本，执行以下命令安装 OpenStack 软件包。

Yum -y install centos-release-openstack-train

（2）执行以下命令升级软件包。

yum -y upgrade

（3）执行以下命令安装 OpenStack 客户端软件。

yum -y install python-openstackclient

（4）CentOS 默认启用 SELinux，执行以下命令安装 openstack-selinux 软件包以自动管理 OpenStack 服务的安全策略。

yum -y install openstack-selinux

（5）完成上述操作之后，执行以下命令验证安装，输出版本号则表示成功安装。

[root@controller ~]# openstack --version
openstack 4.0.1

5. 安装 SQL 数据库

大多数 OpenStack 服务需要使用 SQL 数据库来存储信息，数据库通常部署在控制节点上。OpenStack 可使用 MariaDB、MySQL、PostgreSQL 等 SQL 数据库，这里选择 MariaDB。在控制节点上执行下列操作来安装 MariaDB 数据库并进行初始化配置。

（1）执行以下命令安装相关的软件包。

[root@controller ~]# yum -y install mariadb mariadb-server python2-PyMySQL

（2）编辑/etc/my.cnf.d/openstack.cnf 配置文件，其中[mysqld]节的设置如下。

[mysqld]
bind-address = 10.0.0.11
default-storage-engine = innodb
innodb_file_per_table = on
max_connections = 4096
collation-server = utf8_general_ci
character-set-server = utf8

其中，bind-address 选项设置为控制节点的管理 IP 地址，以允许其他节点通过管理网络进行访问；其他选项则用于启用有用的选项和 UTF-8 字符集。

（3）执行以下命令将 MariaDB 设置为开机自动启动，并启动该数据库服务。

systemctl enable mariadb.service
systemctl start mariadb.service

（4）通过运行 mysql_secure_installation 脚本启动安全配置向导来提高数据库的安全性。下面对交互执行过程加了注释。

[root@controller ~]# mysql_secure_installation
NOTE: RUNNING ALL PARTS OF THIS SCRIPT IS RECOMMENDED FOR ALL MariaDB
       SERVERS IN PRODUCTION USE!   PLEASE READ EACH STEP CAREFULLY!
...
Enter current password for root (enter for none):   #默认 root 密码为空，初次运行时直接按回车键
OK, successfully used password, moving on...
...

```
Set root password? [Y/n] y        # 是否设置 root 用户密码，输入 y 并按回车键或直接按回车键
New password:                     # 输入拟设置的 root 用户密码
Re-enter new password:            # 再次输入相同的密码
Password updated successfully!
Reloading privilege tables..
 ... Success!
...
Remove anonymous users? [Y/n] y    #是否删除匿名用户，直接按回车键以删除
 ... Success!
...
Disallow root login remotely? [Y/n] y    #是否禁止 root 远程登录，直接按回车键以禁止
 ... Success!
...
Remove test database and access to it? [Y/n] y    # 是否删除 test 数据库，直接按回车键以删除
 - Dropping test database...
 ... Success!
 - Removing privileges on test database...
 ... Success!
...
Reload privilege tables now? [Y/n] y        # 是否重新加载权限表使修改生效，直接按回车键以重新加载
 ... Success!

Cleaning up...

All done!    If you've completed all of the above steps, your MariaDB
installation should now be secure.

Thanks for using MariaDB!
```

6. 安装消息队列服务

消息队列服务通常在控制节点上运行。OpenStack 支持多种消息队列服务，包括 RabbitMQ、Qpid 和 ZeroMQ。但是，大多数打包的 OpenStack 发行版都只支持一种消息队列服务。这里选择大多数发行版都支持的 RabbitMQ 消息队列服务进行部署，在控制节点上完成下列操作。

（1）执行以下命令安装相应的软件包。

```
yum -y install rabbitmq-server
```

（2）执行以下命令，将 RabbitMQ 服务设置为开机自动启动，并启动该消息队列服务。

```
systemctl enable rabbitmq-server.service
systemctl start rabbitmq-server.service
```

（3）执行以下命令，添加一个名为"openstack"的用户账户。

```
[root@controller ~]# rabbitmqctl add_user openstack RABBIT_PASS
Creating user "openstack"
```

这里将其密码设置为 RABBIT_PASS，可用自己的密码进行替换。

（4）执行以下命令为 openstack 用户配置写入和读取访问权限。

```
[root@controller ~]# rabbitmqctl set_permissions openstack ".*" ".*" ".*"
Setting permissions for user "openstack" in vhost "/"
```

7. 安装 Memcached 服务

OpenStack 服务的身份管理机制使用 Memcached 服务来缓存令牌，Memcached 服务通常在控制节点上运行。在控制节点上完成下列操作来安装 Memcached 服务。

（1）执行以下命令安装相应的软件包。

yum -y install memcached python-memcached

（2）编辑/etc/sysconfig/memcached 配置文件，在 OPTIONS 选项值中加入控制节点 controller。

OPTIONS="-l 127.0.0.1,::1,controller"

这使得 Memcached 服务能够使用控制节点的管理 IP 地址，以允许其他节点通过管理网络访问该服务。

（3）执行以下命令将 Memcached 服务设置为开机自动启动，并启动该服务。

systemctl enable memcached.service
systemctl start memcached.service

对于生产部署，建议组合用防火墙、认证和加密来保护 Memcached 服务的安全。

8. 安装 Etcd

OpenStack 服务可以使用 Etcd（分布式可靠键值存储）来进行分布式键锁定、存储配置、跟踪服务活动性。Etcd 服务在控制节点上运行，下面在控制节点上安装该服务。

（1）执行以下命令安装软件包。

yum -y install etcd

（2）编辑/etc/etcd/etcd.conf 配置文件，将 ETCD_INITIAL_CLUSTER、ETCD_INITIAL_ADVERTISE_PEER_URLS、ETCD_ADVERTISE_CLIENT_URLS 和 ETCD_LISTEN_CLIENT_URLS 等选项的值设置为控制节点的管理 IP 地址，以允许其他节点通过管理网络访问 Etcd 服务。

```
#[Member]
ETCD_DATA_DIR="/var/lib/etcd/default.etcd"
ETCD_LISTEN_PEER_URLS="http://10.0.0.11:2380"
ETCD_LISTEN_CLIENT_URLS="http://10.0.0.11:2379"
ETCD_NAME="controller"
#[Clustering]
ETCD_INITIAL_ADVERTISE_PEER_URLS="http://10.0.0.11:2380"
ETCD_ADVERTISE_CLIENT_URLS="http://10.0.0.11:2379"
ETCD_INITIAL_CLUSTER="controller=http://10.0.0.11:2380"
ETCD_INITIAL_CLUSTER_TOKEN="etcd-cluster-01"
ETCD_INITIAL_CLUSTER_STATE="new"
```

（3）执行以下命令将 Etcd 服务设置为开机自动启动，并启动该服务。

systemctl enable etcd
systemctl start etcd

任务三 安装和部署 Keystone 身份服务

任务说明

项目代号为 Keystone 的 OpenStack 身份服务提供一个单点系统来集成管理认证、授权和服务目录。该服务通常是用户要打交道的第一个服务，一旦完成认证，终端用户就可以使用其身份访问其他 OpenStack 服务。其他服务也要利用身份服务来验证用户的身份，发现云部署中其他服务的访问位置。因此，除了基础环境之外，身份服务需要第一个安装。该服务通常单独安装在控制节点上。考虑到项目的扩展性，需要部署 Fernet 令牌和 Apache HTTP 服务器来处理认证请求。本任务的具体要求如下。

- 了解其他服务在 Keystone 中的注册步骤。

- 掌握 Keystone 数据库的创建步骤。
- 学会安装和配置 Keystone。
- 为后续的其他服务创建统一的服务项目。
- 掌握 OpenStack 客户端环境脚本的创建和使用。

知识引入

1. keystone-manage 命令

在 Keystone 部署过程中要用到 keystone-manage 命令行工具。它可用来同 Keystone 身份服务进行交互，初始化和更新 Keystone 中的数据。通常该命令只用于不能通过 HTTP API 完成的操作，例如数据的导入、导出或数据库迁移等，其基本语法格式如下。

```
keystone-manage  [选项]  操作  [附加参数]
```

其中，"操作"参数表示操作子命令，如 db_sync 用于同步数据库，pki_setup 用于初始化用来签名令牌的证书，token_flush 用于清除过期的令牌。

2. 其他服务在 Keystone 中的注册

Keystone 是一个独立的授权服务。当 Keystone 安装完毕后，需要将 OpenStack 项目中的每个服务都注册到其中，使 Keystone 能够识别这些服务。为此，其他 OpenStack 服务每一个都需要在 Keystone 中进行以下注册操作，涉及服务用户和服务目录两个方面。

（1）首先创建服务用户。

① 为所有服务创建一个统一的项目，一般命名为"service"或"services"。

② 为每个服务创建一个专用的服务用户。例如 Glance 镜像服务有一个名为"glance"的服务用户。

③ 将 admin 角色指派给每个服务的用户和项目对。该角色可以让用户验证令牌的有效性，并对其他的用户请求进行身份验证和授权。

（2）然后创建服务目录。

① 在服务目录中创建一个服务，需要指明服务类型。例如镜像服务名为"glance"，服务类型为"image"。

② 创建服务的 API 端点，指明该服务的端点 URL。

后续其他 OpenStack 服务都会按照这些步骤注册到 Keystone 中。

任务实现

在控制节点上部署 Keystone 服务，以下操作都是在控制节点上进行的。

1. 创建 Keystone 数据库

在安装和配置身份服务之前，必须创建一个数据库。每个 OpenStack 组件都要有一个自己的数据库，Keystone 也不例外，需要在后端安装一个数据库用来存放用户的相关数据。

V9-3　安装和部署 Keystone 身份服务

（1）执行以下命令以 root 用户身份通过数据库访问客户端连接到数据库服务器，输入正确的密码后进入 MariaDB 客户端交互操作界面。

```
[root@controller ~]# mysql -u root -p
Enter password:
Welcome to the MariaDB monitor.   Commands end with ; or \g.
Your MariaDB connection id is 8
Server version: 10.3.20-MariaDB MariaDB Server

Copyright (c) 2000, 2018, Oracle, MariaDB Corporation Ab and others.
```

```
Type 'help;' or '\h' for help. Type '\c' to clear the current input statement.

MariaDB [(none)]>
```
（2）执行以下命令创建 Keystone 数据库（名为"keystone"）。
```
MariaDB [(none)]> CREATE DATABASE keystone;
Query OK, 1 row affected (0.000 sec)
```
（3）依次执行以下两条命令对 Keystone 数据库授予合适的账户访问权限（本例中 keystone 账户的数据库访问密码设置为 KEYSTONE_DBPASS）。
```
MariaDB [(none)]> GRANT ALL PRIVILEGES ON keystone.* TO 'keystone'@'localhost' \
IDENTIFIED BY 'KEYSTONE_DBPASS';      # 授予来自本地的 keystone 账户全部权限
MariaDB [(none)]> GRANT ALL PRIVILEGES ON keystone.* TO 'keystone'@'%' \
IDENTIFIED BY 'KEYSTONE_DBPASS';      #授予来自任何地址的 keystone 账户全部权限
```
（4）执行以下命令退出数据库访问客户端。
```
MariaDB [(none)]> exit
Bye
```

2. 安装和配置 Keystone 及相关组件

（1）执行以下命令安装所需的软件包。
```
yum –y install openstack-keystone httpd mod_wsgi
```
其中，openstack-keystone 是 Keystone 软件包名。Keystone 是基于 WSGI 的 Web 应用程序，而 httpd 是一个兼容 WSGI 的 Web 服务器，因此还需安装 httpd 及其 mod_wsgi 模块。

（2）编辑/etc/keystone/keystone.conf 配置文件，完成下列配置任务。

① 在[database]节中配置数据库访问连接。
```
[database]
# ...
connection = mysql+pymysql://keystone:KEYSTONE_DBPASS@controller/keystone
```
设置该选项的目的是让 Keystone 服务能知道如何连接到后端的数据库 keystone。其中 pymysql 是一个可以操作 MySQL 的 Python 库。双斜线后面的格式为"用户名:密码@mysql 服务器地址/数据库"。此外，还应将[database]节中的其他连接配置注释掉，或直接删除。

② 在[token]节中配置 Fernet 为令牌提供者。
```
[token]
# ...
provider = fernet
```
该选项默认被注释掉，其中 fernet 是一种生成令牌的方式，还有一种方式是 pki。

（3）执行以下命令初始化 Keystone 数据库。
```
su –s /bin/sh –c "keystone-manage db_sync" keystone
```
Python 的对象关系映射（ORM）需要初始化，以生成数据库表结构。

（4）执行以下命令初始化 Fernet 密钥库以生成令牌。
```
keystone-manage fernet_setup --keystone-user keystone --keystone-group keystone
keystone-manage credential_setup --keystone-user keystone --keystone-group keystone
```
这两个命令实际上完成了 Keystone 对自己授权的一个过程，创建了一个 keystone 用户与一个 keystone 组，并对这个用户和组授权。因为 keystone 是对其他组件提供认证的服务，所以它先要对自己进行一下认证。

（5）执行以下命令对 Keystone 服务执行初始化操作。
```
keystone-manage bootstrap --bootstrap-password ADMIN_PASS \
```

```
--bootstrap-admin-url http://controller:5000/v3/ \
--bootstrap-internal-url http://controller:5000/v3/ \
--bootstrap-public-url http://controller:5000/v3/ \
--bootstrap-region-id RegionOne
```

该命令实际上是执行基本的初始化过程，为 Keystone 服务设置云管理员密码，并创建 API 端点。在 OpenStack 的 Queens 版本发布之前，Keystone 需要在两个分开的端口上运行，以适应 Identity v2 API（它在 35357 端口上运行单独的管理服务）。随着 Identity v2 API 的删除，对于所有的接口，Keystone 只需在同一端口运行。

3. 配置 Apache HTTP 服务器

要配置 Apache HTTP，必须将 Web 服务器与 Keystone 进行整合，这就涉及 WSGI。

（1）编辑/etc/httpd/conf/httpd.conf 配置文件，配置 ServerName 选项，使其指向控制节点。

```
ServerName controller
```

（2）执行以下命令创建一个到/usr/share/keystone/wsgi-keystone.conf 配置文件的链接文件。

```
# ln -s /usr/share/keystone/wsgi-keystone.conf /etc/httpd/conf.d/
```

这实际上是为 mod_wsgi 模块添加配置文件，除了做软链接，还可以直接复制该文件。

4. 完成 Keystone 安装

（1）执行以下命令启动 Apache HTTP 服务并将其配置为开机自动启动。

```
systemctl enable httpd.service
systemctl start httpd.service
```

（2）通过导出环境变量来配置云管理员账户。

```
export OS_USERNAME=admin                          # 云管理员账户
export OS_PASSWORD=ADMIN_PASS                     # 密码
export OS_PROJECT_NAME=admin                      # 项目名
export OS_USER_DOMAIN_NAME=Default                # 域名
export OS_PROJECT_DOMAIN_NAME=Default
export OS_AUTH_URL=http://controller:5000/v3      # 认证 URL
export OS_IDENTITY_API_VERSION=3                  # 指定版本信息
```

这些云管理员账户配置信息是由前面的 keystone-manage bootstrap 命令产生的。如果想让用户获取权限，必须指定用户所在的项目。

（3）验证 Keystone 安装。执行以下命令查看服务列表，可发现已包括 Keystone 服务。

```
[root@controller ~]# openstack service list
+----------------------------------+----------+----------+
| ID                               | Name     | Type     |
+----------------------------------+----------+----------+
| 25b20f01342641c8b08056fdba2024bc | keystone | identity |
+----------------------------------+----------+----------+
```

执行以下命令直接在控制节点上访问 http://controller:5000/v3 网址来验证是否能够访问 Keystone 服务，结果表明能够成功访问。

```
[root@controller ~]# curl http://controller:5000/v3
{"version": {"status": "stable", "updated": "2019-07-19T00:00:00Z", "media-types": [{"base": "application/json", "type": "application/vnd.openstack.identity-v3+json"}], "id": "v3.13", "links": [{"href": "http://192.168.199.51:5000/v3/", "rel": "self"}]}}
```

5. 创建域、项目、用户和角色

Keystone 为每个 OpenStack 服务提供认证。认证服务需要使用域、项目、用户和角色的组合。注意，在控制节点上执行下面的操作之前，需确认已经在当前命令行中导出了云管理员账户的环境变量（参见任务三）。

（1）创建域。

Keystone 安装过程中已经创建了一个默认域，执行以下命令可以查看。

```
[root@controller ~]# openstack domain list
+---------+---------+---------+----------------------+
| ID      | Name    | Enabled | Description          |
+---------+---------+---------+----------------------+
| default | Default | True    | The default domain   |
```

可以发现，该默认域的 ID 为"default"，名称为"Default"。可根据需要再创建自己的域。

（2）创建项目。

执行以下命令查看默认已经创建的项目。

```
[root@controller ~]# openstack project list
+----------------------------------+-------+
| ID                               | Name  |
+----------------------------------+-------+
| 29981a2ab4184a6c9bb6275b7be17f02 | admin |
```

可以发现，默认仅创建一个名为"admin"的项目供云管理员使用。其他 OpenStack 服务要通过 Keystone 进行集中统一认证，必须进行注册。本综合演练云部署的所有 OpenStack 服务共用一个名为 "service"的项目，其中包含添加到环境中每个服务的一个唯一用户。执行以下命令创建该项目。

```
openstack project create --domain default --description "Service Project" service
```

（3）创建用户。

执行以下命令查看默认已经创建的用户。

```
[root@controller ~]# openstack user list
+----------------------------------+-------+
| ID                               | Name  |
+----------------------------------+-------+
| c4c59774db88403182105adaca4ca11a | admin |
```

常规任务应使用无特权的项目和用户。本综合演练中需要创建 demo 项目和 demo 用户用于测试。创建 demo 项目的命令如下。

```
openstack project create --domain default --description "Demo Project" demo
```

执行以下命令创建 demo 用户，并将其密码设置为 DEMO_PASS。

```
[root@controller ~]# openstack user create --domain default --password-prompt demo
User Password:
Repeat User Password:
```

（4）创建角色。

Keystone 默认提供 3 个角色：admin、member 和 reader，执行以下命令可以查看。

```
[root@controller ~]# openstack role list
+----------------------------------+--------+
| ID                               | Name   |
+----------------------------------+--------+
| 03663721ff444d828d26858ab66ecb3f | admin  |
| a3a328fa9f47463ea273cba681d428cd | reader |
| a77aac520661470db5d0ff8fb3f56118 | member |
```

执行以下命令再创建一个名为"demo"的角色。

```
openstack role create demo
```

云管理员可以将这些角色分配给某个项目、某个域或整个系统的用户或组。本综合演练中需要将 member 角色添加到 demo 项目和 demo 用户，执行以下命令进行添加。

openstack role add --project demo --user demo member

6. 验证 Keystone 服务的安装

在安装其他服务之前，需要在控制节点上验证 Keystone 身份服务的操作。

（1）如果当前已经设置了 admin 用户的环境变量，则执行以下命令取消临时设置的 OS_AUTH_URL 和 OS_PASSWORD 环境变量。

unset OS_AUTH_URL OS_PASSWORD

（2）执行以下命令以 admin 用户身份请求认证令牌，如图 9-7 所示，这里 admin 的密码是 ADMIN_PASS。

```
[root@controller ~]# openstack --os-auth-url http://controller:5000/v3  --os-project-domain-name Default --os-user-domain-name Default  --os-project-name admin --os-username admin token issue
Password:
Password:
+------------+----------------------------------------------------------+
| Field      | Value                                                    |
+------------+----------------------------------------------------------+
| expires    | 2020-10-19T13:45:53+0000                                 |
| id         | gAAAAABfjYqBWKU3puH60ER5l92gHQVJzLXiyw5vstSYw-9bpy1lwck2LdCST-W9wtUpodGyBpiX1qE_LfvZ39n3eJa
               p8fzJyTp378XWNDtk0ROlnZttb6G3Xj2lkCcbsVWkAFwXQu3NnvQQ-6yrD3LHuTg9XGZ5mJSRTtrogqTM_6uC6wJ59pk |
| project_id | 29981a2ab4184a6c9bb6275b7be17f02                         |
| user_id    | c4c59774db88403182105adaca4ca11a                         |
+------------+----------------------------------------------------------+
```

图 9-7 以 admin 用户身份请求认证令牌

7. 创建 OpenStack 客户端环境脚本

前面使用环境变量和命令选项的组合来让 OpenStack 客户端与身份服务进行交互。为提高客户端操作的效率，OpenStack 支持使用简单的客户端环境脚本，该脚本也被称为 OpenRC 文件。这些脚本通常包含适合所有客户端的通用选项，但也支持独特的选择。

（1）创建脚本。

这里为 admin 和 demo 项目以及用户创建客户端环境脚本。综合演练的后续部分将参考这些脚本来加载用于客户端操作的相应凭据。客户端环境脚本文件的存放路径不受限制，可以根据需要将脚本文件存放到任何位置，但要确保其安全。为方便实验操作，这里将其存放在/root 目录下，即 root 用户的主目录下。

在控制节点上的/root 目录下创建一个名为"admin-openrc"的文件，作为 admin 云管理员的客户端环境脚本，并加入以下内容。

```
export OS_PROJECT_DOMAIN_NAME=Default
export OS_USER_DOMAIN_NAME=Default
export OS_PROJECT_NAME=admin
export OS_USERNAME=admin
export OS_PASSWORD=ADMIN_PASS
export OS_AUTH_URL=http://controller:5000/v3
export OS_IDENTITY_API_VERSION=3
export OS_IMAGE_API_VERSION=2
```

接着再为 demo 用户创建一个名为"demo-openrc"的客户端环境脚本文件，并添加以下内容。

```
export OS_USER_DOMAIN_NAME=Default
export OS_PROJECT_NAME=demo
export OS_USERNAME=demo
export OS_PASSWORD=DEMO_PASS
export OS_AUTH_URL=http://controller:5000/v3
export OS_IDENTITY_API_VERSION=3
export OS_IMAGE_API_VERSION=2
```

（2）使用脚本。

要以指定的项目和用户身份运行客户端（执行 openstack 等客户端命令），可以在运行这些命令之前简单地加载相应的客户端环境脚本。下面给出一个例子。

执行以下命令加载 admin-openrc 文件，通过身份服务的位置、admin 项目和用户凭据来设置环境变量，然后向身份服务请求一个认证令牌，如图 9-8 所示。使用 source 命令导出脚本时往往使用"."符号来代替该命令。

```
[root@controller ~]# . admin-openrc
[root@controller ~]# openstack token issue
+------------+-----------------------------------------------------------------+
| Field      | Value                                                           |
+------------+-----------------------------------------------------------------+
| expires    | 2020-10-19T13:49:54+0000                                        |
| id         | gAAAAABfjYtyBVwQ2B5JCRwvzicTIUM66rSugAq_IH6nVbkqMXrbGzsMNxvzx9rVxMG8macnEkicIPR4EDdgDH9uXh
              5u9rtuC5niUJ1aFkOvjfhPLzMDvCWCvWHKN9J6TkPhhxNrUgTJsSSS6qOkMvA1HpyLnqze6ONY7DxjIyY4p-ZkYD76pA |
| project_id | 29981a2ab4184a6c9bb6275b7be17f02                                |
| user_id    | c4c59774db88403182105adaca4ca11a                                |
+------------+-----------------------------------------------------------------+
```

图 9-8 加载客户端环境脚本并请求认证令牌

任务四 安装和部署 Glance 镜像服务

任务说明

代号为 Glance 的 OpenStack 镜像服务旨在供用户发现、注册和检索虚拟机镜像。通常在控制节点上部署镜像服务。通过镜像服务提供的虚拟机镜像可以存储在简单的文件系统中，也可以存储到对象存储系统中。为简单起见，综合演练中以文件系统作为镜像的存储后端。本任务的具体要求如下。

- 掌握 Glance 数据库、服务凭据和 API 端点的创建方法。
- 掌握 Glance 组件的安装和配置方法。
- 准备一个 Cirros 操作系统镜像用于后续测试。

任务实现

V9-4 安装和部署 Glance 镜像服务

在控制节点上部署 Glance 镜像服务，以下操作都是在控制节点上进行的。

1. 完成 Glance 的安装准备

在安装和配置 Glance 镜像服务之前，必须创建数据库、服务凭据和 API 端点。

（1）创建 Glance 数据库。

① 以 root 用户身份使用数据库访问客户端，并连接到数据库服务器。

```
mysql -u root -p
```

② 执行以下命令创建 Glance 数据库（名称为"glance"）。

```
MariaDB [(none)]> CREATE DATABASE glance;
```

③ 对 Glance 数据库的 glance 用户授予访问权限（这里该账户密码为 GLANCE_DBPASS）。

```
MariaDB [(none)]> GRANT ALL PRIVILEGES ON glance.* TO 'glance'@'localhost' \
    IDENTIFIED BY 'GLANCE_DBPASS';
MariaDB [(none)]> GRANT ALL PRIVILEGES ON glance.* TO 'glance'@'%' \
    IDENTIFIED BY 'GLANCE_DBPASS';
```

④ 退出数据库访问客户端。

（2）获取云管理员凭据。

后续命令行操作需要以云管理员身份进行，首先要加载 admin 用户的客户端环境脚本，以获得只有云管理员能执行的命令访问权限。

```
[root@controller ~]#. admin-openrc
```

（3）创建 Glance 服务凭据。

① 执行以下命令创建 Glance 用户（命名为"glance"，这里密码设为 GLANCE_PASS）。

```
openstack user create --domain default --password-prompt glance
```

② 执行以下命令将 admin 角色授予 glance 用户和 service 项目。

```
openstack role add --project service --user glance admin
```

③ 执行以下命令在服务目录中创建镜像服务的服务实体（名为"glance"）。

```
openstack service create --name glance --description "OpenStack Image" image
```

（4）执行以下命令创建镜像服务的 API 端点。

```
openstack endpoint create --region RegionOne   image public http://controller:9292
openstack endpoint create --region RegionOne   image internal http://controller:9292
openstack endpoint create --region RegionOne   image admin http://controller:9292
```

2. 安装和配置 Glance 组件

（1）安装 Glance 软件包。

执行以下命令安装所需的软件包。

```
yum -y install openstack-glance
```

（2）编辑/etc/glance/glance-api.conf 配置文件。

① 在[database]节中配置数据库访问连接。

```
[database]
# ...
connection = mysql+pymysql://glance:GLANCE_DBPASS@controller/glance
```

设置这个参数的目的是让 Keystone 能知道如何连接到后端的 Glance 数据库。其中，pymysql 是一个可以操作 MySQL 的 Python 库。双斜线后面的格式为"用户名:密码@mysql 服务器地址/数据库"。此外，还应注意将[database]节中的其他连接配置注释掉，或直接删除。

② 在[keystone_authtoken]和[paste_deploy]节中配置身份服务访问。注意将[keystone_authtoken]节的其他选项注释掉或直接删除。

```
[keystone_authtoken]
# ...
www_authenticate_uri  = http://controller:5000
auth_url = http://controller:5000
memcached_servers = controller:11211
auth_type = password
project_domain_name = Default
user_domain_name = Default
project_name = service
username = glance
password = GLANCE_PASS

[paste_deploy]
# ...
flavor = keystone
```

③ 在[glance_store]节中配置镜像存储。

```
[glance_store]
# ...
stores = file,http
```

```
default_store = file
filesystem_store_datadir = /var/lib/glance/images/
```
这里定义本地文件系统以及存储路径。

(3) 执行以下命令初始化镜像服务数据库。

```
su -s /bin/sh -c "glance-manage db_sync" glance
```

Python 的对象关系映射需要初始化来生成数据库表结构。

3. 完成 Glance 服务的安装

执行以下命令将 Glance 镜像服务配置为开机自动启动，并启动镜像服务。

```
systemctl enable openstack-glance-api.service
systemctl start openstack-glance-api.service
```

4. 验证 Glance 镜像操作

使用 Cirros 操作系统镜像来验证镜像服务操作，测试 OpenStack 部署。

(1) 执行以下命令下载 Cirros 操作系统源镜像。

```
wget http://download.cirros-cloud.net/0.4.0/cirros-0.4.0-x86_64-disk.img
```

(2) 执行以下命令，加载 admin 用户的客户端环境脚本，获得只有云管理员能执行的命令访问权限。

```
[root@controller ~]#. admin-openrc
```

(3) 执行以下命令，以.qcow2 磁盘格式和.bare 容器格式将镜像上传到 Glance 镜像服务，并将其设置为公共可见，让所有的项目都可以访问它。

```
openstack image create "cirros"    --file cirros-0.4.0-x86_64-disk.img    --disk-format qcow2 --container-format bare    --public
```

(4) 确认镜像已上传，执行以下命令查看其状态。

```
[root@controller ~]# openstack image list
+--------------------------------------+--------+--------+
| ID                                   | Name   | Status |
+--------------------------------------+--------+--------+
| 1d01a1d6-fac1-4d52-8864-2185cb4fcf49 | cirros | active |
+--------------------------------------+--------+--------+
```

任务五　安装和部署 Placement 放置服务

任务说明

Placement 放置服务提供一个 HTTP API，用于跟踪资源提供者清单和使用情况，帮助其他服务有效管理和分配它们的资源。有些 OpenStack 服务，尤其是 Nova 计算服务需要 Placement 来支持，因此应该在 Keystone 身份服务安装之后、其他服务安装之前安装 Placement。本任务的具体要求如下：

- 掌握 Placement 数据库、服务凭据和 API 端点的创建步骤。
- 掌握放置服务的安装和配置方法。

任务实现

V9-5　安装和部署 Placement 放置服务

放置服务需在控制节点上部署，以下操作都是在控制节点上进行的。

1. 完成放置服务安装的前期准备

在安装和配置放置服务之前，必须创建数据库、服务凭据和 API 端点。

(1) 创建 Placement 数据库。

① 执行以下命令使用数据库访问客户端，以 root 用户身份连接到数据库服务器。

```
mysql -u root -p
```
② 执行以下命令创建名为"placement"的 Placement 数据库。
```
MariaDB [(none)]> CREATE DATABASE placement;
```
③ 执行以下命令授予 placement 用户对数据库的访问权限，这里该用户密码为 PLACEMENT_DBPASS。
```
MariaDB [(none)]> GRANT ALL PRIVILEGES ON placement.* TO 'placement'@'localhost' \
    IDENTIFIED BY 'PLACEMENT_DBPASS';
MariaDB [(none)]> GRANT ALL PRIVILEGES ON placement.* TO 'placement'@'%' \
    IDENTIFIED BY 'PLACEMENT_DBPASS';
```
④ 退出数据库访问客户端。

（2）创建用户和端点。

① 执行以下命令加载 admin 用户的客户端环境脚本，获得只有云管理员能执行的命令访问权限。
```
[root@controller ~]#. admin-openrc
```
② 执行以下命令创建名为"placement"的放置服务用户，密码使用 PLACEMENT_PASS。
```
openstack user create --domain default --password-prompt placement
```
③ 执行以下命令将 admin 角色授予 glance 用户和 service 项目。
```
openstack role add --project service --user placement admin
```
④ 执行以下命令在服务目录中创建 Placement 服务实体（名为"placement"的服务）。
```
openstack service create --name placement --description "Placement API" placement
```
⑤ 执行以下命令创建 Placement 服务端点。
```
openstack endpoint create --region RegionOne   placement public http://controller:8778
openstack endpoint create --region RegionOne   placement internal http://controller:8778
openstack endpoint create --region RegionOne   placement admin http://controller:8778
```

> **提示** 根据具体环境，端点的 URL 将根据端口（可能是 8780 而不是 8778，或者根本没有端口）和主机名不同而有所不同，需要确定正确的 URL。

2. 安装和配置放置服务组件

（1）执行以下命令安装软件包。
```
yum -y install openstack-placement-api
```
（2）编辑/etc/placement/placement.conf 配置文件并完成以下操作。

① 在[placement_database]节中配置数据库访问连接。
```
[placement_database]
# ...
connection = mysql+pymysql://placement:PLACEMENT_DBPASS@controller/placement
```
② 在[api]和[keystone_authtoken]节中配置身份服务访问。
```
[api]
# ...
auth_strategy = keystone

[keystone_authtoken]
# ...
auth_url = http://controller:5000/v3
memcached_servers = controller:11211
auth_type = password
project_domain_name = Default
```

```
user_domain_name = Default
project_name = service
username = placement
password = PLACEMENT_PASS
```

（3）执行以下命令初始化名为"placement"的数据库。

```
su -s /bin/sh -c "placement-manage db sync" placement
```

3. 完成放置服务安装

执行以下命令重新启动 httpd 服务。

```
systemctl restart httpd
```

4. 验证放置服务安装

（1）执行以下命令加载云管理员客户端环境脚本。

```
[root@controller ~]#. admin-openrc
```

（2）执行以下命令进行状态检查，以确保一切正常。

```
[root@controller ~]# placement-status upgrade check
+----------------------------------+
| Upgrade Check Results            |
+----------------------------------+
| Check: Missing Root Provider IDs |
| Result: Success                  |
| Details: None                    |
+----------------------------------+
| Check: Incomplete Consumers      |
| Result: Success                  |
| Details: None                    |
```

（3）针对放置服务运行一些命令进行测试。

① 执行以下命令安装 osc-placement 插件。该插件需要通过 pip 工具安装，若当前系统中未安装 pip，则需要先安装 pip，再安装该插件。

```
[root@controller ~]# yum -y install epel-release
[root@controller ~]# yum -y install python-pip
[root@controller ~]# pip install osc-placement
```

② 列出可用的资源类和特性。

执行以下命令列出可用的资源类时报错。

```
[root@controller ~]# openstack --os-placement-api-version 1.2 resource class list --sort-column name
Expecting value: line 1 column 1 (char 0)
```

这是软件包缺陷所造成的，必须将以下配置添加到/etc/httpd/conf.d/00-nova-placement-api.conf 配置文件中，让 Placement API 可以被访问。

```
<Directory /usr/bin>
    <IfVersion >= 2.4>
        Require all granted
    </IfVersion>
    <IfVersion < 2.4>
        Order allow,deny
        Allow from all
    </IfVersion>
</Directory>
```

保存该配置文件，执行 systemctl restart httpd 命令重启 HTTP 服务使上述设置生效。
再次执行命令列出可用的资源类时，返回的结果正常。

```
[root@controller ~]# openstack --os-placement-api-version 1.2 resource class list --sort-column name
+------------------------------+
| name                         |
+------------------------------+
| DISK_GB                      |
| FPGA                         |
| IPV4_ADDRESS                 |
| MEMORY_MB                    |
...
```

执行以下命令列出可用的特性时，返回的结果同样正常。

```
[root@controller ~]# openstack --os-placement-api-version 1.6 trait list --sort-column name
+----------------------------------------+
| name                                   |
+----------------------------------------+
| COMPUTE_DEVICE_TAGGING                 |
| COMPUTE_GRAPHICS_MODEL_CIRRUS          |
| COMPUTE_GRAPHICS_MODEL_GOP             |
...
```

至此，说明放置服务已经成功安装。

任务六 安装和部署 Nova 计算服务

任务说明

项目代号为 Nova 的 OpenStack 计算服务用于支持和管理云计算系统，是 IaaS 系统的主要组成部分。计算服务需要其他 OpenStack 服务提供支持，例如，身份服务提供认证，放置服务提供资源库存跟踪和选择，镜像服务提供磁盘和虚拟机镜像，仪表板服务提供用户和管理界面。Nova 由多个组件和服务组成，可以部署在计算节点和控制节点这两类节点上。考虑到 Nova 部署必须初始化 Cell 架构，本任务会对 Cell 架构进行讲解。本任务的具体要求如下。

- 理解 Nova 的 Cell 架构。
- 了解 Cell 管理命令。
- 掌握控制节点上 Nova 组件的安装和配置方法。
- 掌握计算节点上 Nova 组件的安装和配置方法。
- 掌握将计算节点添加到 cell 数据库的方法。

知识引入

1. Nova 的 Cell 架构

Cell 是 OpenStack 一个非常重要的概念，主要用来解决扩展性和规模瓶颈。当 OpenStack Nova 集群的规模变大时，数据库和消息队列服务就会出现性能瓶颈问题。为提高水平扩展和分布式、大规模部署的能力，同时又不增加数据库和消息中间件的复杂度，OpenStack 从 Grizzly 版开始引入了 Cell 概念。

Cell 可译为单元。为支持更大规模的部署，OpenStack 将大的 Nova 集群分成小的单元，每个单元有自己的消息队列和数据库，可以解决规模增大时引起的性能问题。Cell 不会像区域（Region）那样将各个集群独立运行。在 Cell 中，Keystone、Neutron、Cinder、Glance 等项目的资源还是可共享的。

Cell 架构的实现有两个版本，Cells v1 和 Cells v2，不过 Cells v1 已被弃用，现在部署的都是 Cells v2。从 OpenSack 的 Ocata 版本开始，Cell 已变为必要组件，Nova 默认部署都会初始化一个单 Cell 的架构。

Cell v2 的架构如图 9-9 所示，所有的 Cell 形成一个扁平架构，API 与 Cell 节点之间存在边界。API 节点只需要数据库，不需要消息队列。nova-api 依赖 nova_api 和 nova_cell0 两个数据库。API 节点上部署有 nova-scheduler 服务，在调度的时候只需要在数据库中查出对应的 Cell 信息就能直接连接，从而实现一次调度就可以确定具体在哪个 Cell 的哪台机器上启动。Cell 节点中只需要安装 nova-compute 和 nova-conductor 服务，以及它依赖的消息队列和数据库。API 节点上的服务会直接连接 Cell 的消息队列和数据库，因此不再需要像 nova_cell 这样的额外服务。Cell 下的计算节点只需注册到所在的 Cell 节点下即可。

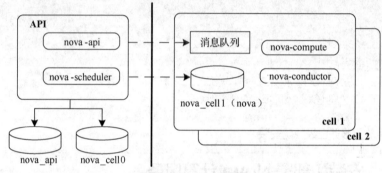

图 9-9　Cells v2 的架构

2. Cell 部署

基于 Cell 架构部署的基本 Nova 计算服务包括以下组件。

（1）nova-api 服务：对外提供 REST API。

（2）nova-scheduler 和 nova-placement-api 服务：负责跟踪资源，决定将实例放在哪个计算节点上。

（3）API 数据库：主要由 nova-api 和 nova-scheduler 服务组成（以下称为 API 层服务），用于跟踪实例的位置信息，包括正在构建但还未完成调度的实例的临时性位置。

（4）nova-conductor 服务：卸载 API 层服务长期运行的任务，避免计算节点直接访问数据。

（5）nova-compute 服务：管理虚拟机驱动和 Hypervisor 主机。

（6）cell 数据库：由 nova-conductor、nova-compute 和 API 层服务使用，存放实例的主要信息。

（7）cell0 数据库：与 cell 数据库非常类似，但是仅存储那些调度失败的实例信息。

（8）消息队列：让服务之间通过 RPC 相互通信。

所有的部署至少必须包括上述组件。小规模部署可能包括单一消息队列（让各服务共享）、单一数据库（服务器承载 API 数据库）、单个 cell 数据库和必需的 cell0 数据库，这通常被称为单 Cell 部署，因为只有一个实际的 Cell，如图 9-10 所示。cell0 数据库模拟一个正常的 Cell，但是没有计算节点，仅用于存储部署到实际计算节点（实际的 Cell）失败的实例。所有服务配置为通过同一消息总线相互通信，只有一个 cell 数据库用于存储实例信息。

Nova 中的 Cell 架构的目的就是支持大规模部署，将许多计算节点划分到若干 Cell 中，每个 Cell 有自己的数据库和消息队列。API 数据库只能是全局性的，有许多 cell 数据库用于存储大量实例信息，每个 cell 数据库承担整体部署中的实例的一部分。多 Cell 部署请参见有关资料。

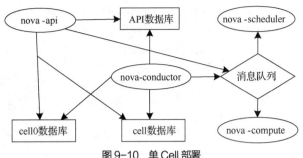

图 9-10　单 Cell 部署

3. Cell 管理命令

Cell v2 版本完全依靠数据库的操作建立，没有提供相关的 API，因此主要使用 nova-manage cell_v2 命令来进行管理。

以下命令用于查看 Cell。

```
nova-manage cell_v2 list_cells --verbose
```

添加 Cell 的命令语法格式如下。

```
nova-manage cell_v2 create_cell [--name <Cell 名>] [--transport-url <RabbitMQ 消息队列访问地址>] [--database_connection <数据库连接字符串>] [--verbose] [--disabled]
```

发现主机的命令如下。

```
nova-manage cell_v2 discover_hosts
```

任务实现

控制节点如果不同时作为计算节点，则无须安装 nova-compute，但要安装其他 Nova 组件和服务。实例的 API 都是通过控制节点来提供的。

计算服务支持多种虚拟机管理器来部署实例或虚拟机。为简单起见，综合演练中在计算节点上使用带 KVM 扩展的 QEMU 来支持虚拟机的硬件加速。注意在传统硬件上要使用通用的 QEMU 虚拟机管理器。计算服务支持水平扩展，下面介绍的是第一个计算节点的安装和配置操作。如果要添加更多的计算节点，则只需参照这些操作步骤安装，稍稍修改即可。当然每个计算节点都需要一个唯一的 IP 地址。

1. 在控制节点上完成 Nova 的安装准备

安装和配置 Nova 计算服务之前，必须创建数据库、服务凭据和 API 端点。

（1）创建 Nova 数据库。

① 执行以下命令，以 root 用户身份连接到数据库服务器。

```
mysql -u root -p
```

② 执行以下命令分别创建名为 "nova_api" "nova" "nova_cell0" 的 3 个数据库。

```
MariaDB [(none)]> CREATE DATABASE nova_api;
MariaDB [(none)]> CREATE DATABASE nova;
MariaDB [(none)]> CREATE DATABASE nova_cell0;
```

V9-6　在控制节点上安装和配置 Nova 计算服务

③ 执行以下命令对 nova 用户授予对上述数据库的访问权限，这里将该用户的密码设为 NOVA_DBPASS。

```
MariaDB [(none)]> GRANT ALL PRIVILEGES ON nova_api.* TO 'nova'@'localhost' \
    IDENTIFIED BY 'NOVA_DBPASS';
MariaDB [(none)]> GRANT ALL PRIVILEGES ON nova_api.* TO 'nova'@'%' \
    IDENTIFIED BY 'NOVA_DBPASS';
```

```
MariaDB [(none)]> GRANT ALL PRIVILEGES ON nova.* TO 'nova'@'localhost' \
  IDENTIFIED BY 'NOVA_DBPASS';
MariaDB [(none)]> GRANT ALL PRIVILEGES ON nova.* TO 'nova'@'%' \
  IDENTIFIED BY 'NOVA_DBPASS';

MariaDB [(none)]> GRANT ALL PRIVILEGES ON nova_cell0.* TO 'nova'@'localhost' \
  IDENTIFIED BY 'NOVA_DBPASS';
MariaDB [(none)]> GRANT ALL PRIVILEGES ON nova_cell0.* TO 'nova'@'%' \
  IDENTIFIED BY 'NOVA_DBPASS';
```

④ 退出数据库访问客户端。

(2) 获取云管理员凭据。

后续命令行操作需要以云管理员身份进行，所以需要执行以下命令加载 admin 用户的客户端环境脚本。

```
[root@controller ~]#. admin-openrc
```

(3) 创建计算服务凭据。

① 执行以下命令创建 nova 用户，并将其密码设为 NOVA_PASS。

```
openstack user create --domain default --password-prompt nova
```

② 将 admin 角色授予 nova 用户和 service 项目。

```
openstack role add --project service --user nova admin
```

③ 创建 Nova 的计算服务实体（名为"nova"的服务）。

```
openstack service create --name nova  --description "OpenStack Compute" compute
```

(4) [root@controller ~]#创建计算服务的 API 端点。

```
openstack endpoint create --region RegionOne  compute public http://controller:8774/v2.1
openstack endpoint create --region RegionOne  compute admin http://controller:8774/v2.1
openstack endpoint create --region RegionOne  compute admin http://controller:8774/v2.1
```

2. 在控制节点上安装和配置 Nova 组件

(1) 安装软件包。

执行以下命令安装相关软件包。

```
yum -y install openstack-nova-api openstack-nova-conductor  openstack-nova-novncproxy openstack-nova-scheduler
```

(2) 编辑/etc/nova/nova.conf 配置文件。

① 在[DEFAULT]节中仅启用 compute 和 metadata API。

```
[DEFAULT]
# ...
enabled_apis = osapi_compute,metadata
```

② 在[api_database]和[database]节中配置数据库访问连接。

```
[api_database]
# ...
connection = mysql+pymysql://nova:NOVA_DBPASS@controller/nova_api
[database]
# ...
connection = mysql+pymysql://nova:NOVA_DBPASS@controller/nova
```

③ 在[DEFAULT]节中配置 RabbitMQ 消息队列访问。

```
[DEFAULT]
# ...
transport_url = rabbit://openstack:RABBIT_PASS@controller:5672/
```

④ 在[api]和[keystone_authtoken]节中配置身份服务访问，将[keystone_authtoken]节中的其他

选项注释掉或直接删除。

```
[api]
# ...
auth_strategy = keystone

[keystone_authtoken]
# ...
www_authenticate_uri = http://controller:5000/
auth_url = http://controller:5000/
memcached_servers = controller:11211
auth_type = password
project_domain_name = Default
user_domain_name = Default
project_name = service
username = nova
password = NOVA_PASS
```

⑤ 在[DEFAULT]节中使用 my_ip 选项配置控制节点的管理网络接口 IP 地址。

```
[DEFAULT]
# ...
my_ip = 10.0.0.11
```

⑥ 在[DEFAULT]节中启用对网络服务的支持。

```
[DEFAULT]
# ...
use_neutron = true
firewall_driver = nova.virt.firewall.NoopFirewallDriver
```

注意，在默认情况下，计算服务使用自己的防火墙驱动。而网络服务也包括一个防火墙驱动，因此必须使用 nova.virt.firewall.NoopFirewallDriver 来禁用计算服务的防火墙驱动。

要使计算服务能利用网络服务，还需在[neutron]节中进行适当的配置，具体请参见任务七。

⑦ 在[vnc]节中配置 VNC 代理，使用控制节点的管理网络接口 IP 地址。

```
[vnc]
enabled = true
# ...
server_listen = $my_ip
server_proxyclient_address = $my_ip
```

⑧ 在[glance]节中配置镜像服务 API 的位置。

```
[glance]
# ...
api_servers = http://controller:9292
```

⑨ 在[oslo_concurrency]节中配置锁定路径（Lock Path）。

```
[oslo_concurrency]
# ...
lock_path = /var/lib/nova/tmp
```

⑩ 在[placement]节中配置放置服务 API。

```
[placement]
# ...
region_name = RegionOne
```

```
project_domain_name = Default
project_name = service
auth_type = password
user_domain_name = Default
auth_url = http://controller:5000/v3
username = placement
password = PLACEMENT_PASS
```

（3）执行以下命令初始化 nova-api 数据库。

```
su -s /bin/sh -c "nova-manage api_db sync" nova
```

（4）执行以下命令注册 cell0 数据库。

```
su -s /bin/sh -c "nova-manage cell_v2 map_cell0" nova
```

（5）执行以下命令创建 cell1 单元。

```
su -s /bin/sh -c "nova-manage cell_v2 create_cell --name=cell1 --verbose" nova
```

（6）执行以下命令初始化 nova 数据库。

```
su -s /bin/sh -c "nova-manage db sync" nova
```

（7）执行以下命令，验证 nova 的 cell0 和 cell1 是否已正确注册。

验证结果表明已正确注册，如图 9-11 所示。

```
[root@controller ~]# su -s /bin/sh -c "nova-manage cell_v2 list_cells" nova
+-------+--------------------------------------+------------------------------------------+-------------------------------------------------+----------+
| Name  |                 UUID                 |               Transport URL              |               Database Connection               | Disabled |
+-------+--------------------------------------+------------------------------------------+-------------------------------------------------+----------+
| cell0 | 00000000-0000-0000-0000-000000000000 |                  none:/                  | mysql+pymysql://nova:****@controller/nova_cell0 |  False   |
| cell1 | eda070ca-e035-4f63-b5dc-29ecd6b5eb83 | rabbit://openstack:****@controller:5672/ |    mysql+pymysql://nova:****@controller/nova    |  False   |
+-------+--------------------------------------+------------------------------------------+-------------------------------------------------+----------+
```

图 9-11　cell0 和 cell1 已正确注册

3. 在控制节点上完成 Nova 安装

执行以下命令将计算服务配置为开机自动启动，并启动计算服务。

```
systemctl  enable  openstack-nova-api.service  openstack-nova-scheduler.service \
    openstack-nova-conductor.service  openstack-nova-novncproxy.service
systemctl  start  openstack-nova-api.service  openstack-nova-scheduler.service \
    openstack-nova-conductor.service  openstack-nova-novncproxy.service
```

4. 在计算节点上安装和配置 Nova 组件

V9-7　在计算节点上安装和配置 Nova 计算服务

（1）安装软件包。

执行以下命令安装相应软件包。

```
yum install openstack-nova-compute
```

（2）编辑/etc/nova/nova.conf 配置文件。

① 在[DEFAULT]节中仅启用 compute 和 metadata API。

```
[DEFAULT]
# ...
enabled_apis = osapi_compute,metadata
```

② 在[DEFAULT]节中配置 RabbitMQ 消息队列访问。

```
[DEFAULT]
# ...
transport_url = rabbit://openstack:RABBIT_PASS@controller
```

③ 在[api]和[keystone_authtoken]节中配置身份服务访问，将[keystone_authtoken]节中的其他选项注释掉或直接删除。

```
[api]
# ...
auth_strategy = keystone
```

```
[keystone_authtoken]
# ...
www_authenticate_uri = http://controller:5000/
auth_url = http://controller:5000/
memcached_servers = controller:11211
auth_type = password
project_domain_name = Default
user_domain_name = Default
project_name = service
username = nova
password = NOVA_PASS
```

④ 在[DEFAULT]节中使用 my_ip 选项配置计算节点的管理网络接口 IP 地址。

```
[DEFAULT]
# ...
my_ip = 10.0.0.31
```

⑤ 在[DEFAULT]节中启用对网络服务的支持。

```
[DEFAULT]
# ...
use_neutron = true
firewall_driver = nova.virt.firewall.NoopFirewallDriver
```

要使计算服务能够利用网络服务，还需要在[neutron]节中进行适当的配置，具体请参见任务七。

⑥ 在[vnc]节中启用和配置远程控制台访问。

```
[vnc]
# ...
enabled = true
server_listen = 0.0.0.0
server_proxyclient_address = $my_ip
novncproxy_base_url = http://controller:6080/vnc_auto.html
```

注意，此处设置与控制节点不同。服务器组件在所有的 IP 地址上监听，而代理组件仅在计算节点上的管理网络接口 IP 地址上监听；novncproxy_base_url 指定要使用浏览器访问该计算节点上虚拟机实例的远程控制台的 URL 地址。如果控制节点主机名不能被解析，则需要使用控制节点的 IP 地址来代替。

⑦ 在[glance]节中配置镜像服务 API 的位置。

```
[glance]
# ...
api_servers = http://controller:9292
```

⑧ 在[oslo_concurrency]节中配置锁定路径（lock path）。

```
[oslo_concurrency]
# ...
lock_path = /var/lib/nova/tmp
```

⑨ 在[placement]节中配置放置服务 API。

```
[placement]
# ...
region_name = RegionOne
project_domain_name = Default
project_name = service
```

```
auth_type = password
user_domain_name = Default
auth_url = http://controller:5000/v3
username = placement
password = PLACEMENT_PASS
```

5. 在计算节点上完成 Nova 安装

（1）执行以下命令确定计算节点是否支持虚拟机的硬件加速。

```
[root@compute1 ~]# egrep -c '(vmx|svm)' /proc/cpuinfo
4
```

如果返回值等于或大于 1，则说明计算节点支持虚拟机硬件加速，不必进行其他配置。

如果返回值为 0，则说明计算节点不支持虚拟机硬件加速，必须配置 libvirt 使用 QEMU 而不是 KVM。具体方法是在/etc/nova/nova.conf 配置文件的[libvirt]节中进行如下配置。

```
[libvirt]
# ...
virt_type = qemu
```

（2）执行以下命令启动计算服务及其依赖组件，并将其配置为开机自动启动。

```
systemctl enable libvirtd.service openstack-nova-compute.service
systemctl start libvirtd.service openstack-nova-compute.service
```

如果 nova-compute 服务启动失败，可检查/var/log/nova/nova-compute.log 日志文件。出现"AMQP server on controller:5672 is unreachable likely."这样的错误消息说明控制节点上的防火墙阻止了 5672 端口的访问，需要开放该端口。

6. 将计算节点添加到 cell 数据库

当需要添加新的计算节点时，必须在控制节点上运行 nova-manage cell_v2 discover_hosts 命令来注册这些新的计算节点。转到控制节点上进行以下操作。

（1）操作需要云管理员身份，首先执行以下命令加载 admin 凭据的环境脚本，然后确认数据库中有哪些计算节点主机。

```
[root@controller ~]# . admin-openrc
[root@controller ~]# openstack compute service list --service nova-compute
+----+--------------+----------+------+---------+-------+----------------------------+
| ID | Binary       | Host     | Zone | Status  | State | Updated At                 |
+----+--------------+----------+------+---------+-------+----------------------------+
| 6  | nova-compute | compute1 | nova | enabled | up    | 2020-10-14T03:08:04.000000 |
+----+--------------+----------+------+---------+-------+----------------------------+
```

这里发现有计算节点主机 compute1。

（2）执行以下命令注册计算节点主机。

```
[root@controller ~]# su -s /bin/sh -c "nova-manage cell_v2 discover_hosts --verbose" nova
Found 2 cell mappings.
Skipping cell0 since it does not contain hosts.
Getting computes from cell 'cell1': eda070ca-e035-4f63-b5dc-29ecd6b5eb83
Checking host mapping for compute host 'compute1': 8d01f979-d08f-4b9d-98b5-c96096ffba8d
Creating host mapping for compute host 'compute1': 8d01f979-d08f-4b9d-98b5-c96096ffba8d
Found 1 unmapped computes in cell: eda070ca-e035-4f63-b5dc-29ecd6b5eb83
```

7. 验证 Nova 计算服务的安装

在控制节点上进行下列操作来验证 Nova 计算服务的安装结果。

（1）加载 admin 凭据的环境脚本，执行以下命令列出计算服务组件，以验证每个进程是否成功启动和注册。

```
[root@controller ~]# . admin-openrc
[root@controller ~]# openstack compute service list
+----+----------------+------------+----------+---------+-------+----------------------------+
| ID | Binary         | Host       | Zone     | Status  | State | Updated At                 |
+----+----------------+------------+----------+---------+-------+----------------------------+
| 1  | nova-conductor | controller | internal | enabled | up    | 2020-10-14T03:15:07.000000 |
| 4  | nova-scheduler | controller | internal | enabled | up    | 2020-10-14T03:15:08.000000 |
| 6  | nova-compute   | compute1   | nova     | enabled | up    | 2020-10-14T03:15:04.000000 |
```

(2)执行以下命令查看计算节点,结果显示计算节点 compute1 的虚拟机管理器类型为 QEMU。

```
[root@controller ~]# openstack hypervisor list
+----+---------------------+-----------------+-----------+-------+
| ID | Hypervisor Hostname | Hypervisor Type | Host IP   | State |
+----+---------------------+-----------------+-----------+-------+
| 1  | compute1            | QEMU            | 10.0.0.31 | up    |
```

任务七 安装和部署 Neutron 网络服务

任务说明

项目代号为 Neutron 的 OpenStack 网络服务用于将由其他 OpenStack 服务管理的接口设备连接到网络。网络服务主要与计算服务交互,为虚拟机实例提供网络和连接。最简单的网络服务仅部署提供者网络,只支持将实例连接到提供者(外部)网络,不需要自服务(私有)网络、路由器或浮动 IP 地址,只有云管理员或其他特权用户能够管理提供者网络。更多的情况下通过部署自服务网络来提供三层服务,支持将实例连接到自服务网络,普通用户或其他非特权用户可以管理自服务网络,该网络包括在自服务网络与提供者网络之间提供连接的路由器。另外,由浮动 IP 地址让用户从外部网络连接到使用自服务网络的虚拟机实例。自服务网络通常使用像 VXLAN 这样的 Overlay 网络。本任务部署的是自服务网络,Neutron 的 L2 代理选择的是 OVS(Open vSwitch),由 OVS 交换机作为网络提供者。本任务的具体要求如下。

- 掌握控制节点上网络服务的安装和配置方法。
- 掌握计算节点上网络服务的安装和配置方法。
- 掌握基本网络的命令行创建方法。
- 通过虚拟机实例的创建来验证网络服务。

任务实现

如果项目规模不大,无须部署专用的网络节点,只需在控制节点和计算节点上部署所需的 Neutron 服务组件即可。本任务中控制节点兼作网络节点。控制节点和计算节点都要安装 Neutron 的 OVS 代理组件。

1. 在控制节点上完成网络服务的安装准备

在安装和配置网络服务之前,必须创建数据库、服务凭据和 API 端点。

(1)创建 Neutron 数据库。

执行以下命令以 root 用户身份使用数据库访问客户端,并连接到数据库服务器。

```
mysql -u root -p
```

依次执行以下命令创建数据库并设置访问权限,完成之后退出数据库访问客户端。这里将 neutron 账户的密码设为 NEUTRON_DBPASS。

V9-8 在控制节点上安装和配置 Neutron 网络服务

```
MariaDB [(none)]> CREATE DATABASE neutron;
MariaDB [(none)]> GRANT ALL PRIVILEGES ON neutron.* TO 'neutron'@'localhost' \
    IDENTIFIED BY 'NEUTRON_DBPASS';
MariaDB [(none)]> GRANT ALL PRIVILEGES ON neutron.* TO 'neutron'@'%' \
    IDENTIFIED BY 'NEUTRON_DBPASS';
```

执行 exit 命令退出数据库访问客户端。

(2) 加载 admin 用户的环境脚本。

执行以下命令加载 admin 用户的环境脚本。

```
[root@controller ~]#. admin-openrc
```

(3) 创建 Neutron 服务凭据。

依次执行以下命令创建 neutron 用户(密码设为 NEUTRON_PASS),将 admin 角色授予该用户,并创建 Neutron 的服务实体(名为"neutron"的服务)。

```
openstack user create --domain default --password-prompt neutron
openstack role add --project service --user neutron admin
openstack service create --name neutron --description "OpenStack Networking" network
```

(4) 创建 Neutron 服务的 API 端点。

执行以下命令创建 Neutron 服务的 API 端点。

```
openstack endpoint create --region RegionOne  network public http://controller:9696
openstack endpoint create --region RegionOne  network internal http://controller:9696
openstack endpoint create --region RegionOne  network admin http://controller:9696
```

2. 在控制节点上配置网络选项

根据要部署的虚拟网络类型来配置网络选项,这里选择自服务网络。通过适当的配置,自服务网络也可以支持将虚拟机实例连接到提供者网络。

(1) 安装网络组件。

执行以下命令,安装相关网络组件,其中包括 OVS 代理。

```
yum -y install openstack-neutron openstack-neutron-ml2   openstack-neutron-openvswitch ebtables
```

(2) 安装 OVS。

CentOS 7 中默认已安装 OVS,可执行以下命令检查 OVS 服务的状态。

```
openvswitch.service - Open vSwitch
   Loaded: loaded (/usr/lib/systemd/system/openvswitch.service; disabled; vendor preset: disabled)
   Active: inactive (dead)
```

默认 OVS 服务没有启动,需要将该服务设置开机自动启动,并启动该服务。

```
[root@controller ~]# systemctl enable openvswitch
Created   symlink   from   /etc/systemd/system/multi-user.target.wants/openvswitch.service   to /usr/lib/systemd/system/openvswitch.service.
[root@controller ~]# systemctl start openvswitch
```

(3) 配置 Neutron 服务器组件。

编辑/etc/neutron/neutron.conf 配置文件,完成下列设置。

① 在[database]节中配置数据库访问连接,将该节中其他 connection 选项注释掉或删除。

```
[database]
# ...
connection = mysql+pymysql://neutron:NEUTRON_DBPASS@controller/neutron
```

② 在[DEFAULT]节中启用 ML2 插件、路由服务和重叠 IP 地址。

```
[DEFAULT]
```

```
# ...
core_plugin = ml2
service_plugins = router
allow_overlapping_ips = true
```

③ 在[DEFAULT]节中配置 RabbitMQ 消息队列访问。

```
[DEFAULT]
# ...
transport_url = rabbit://openstack:RABBIT_PASS@controller
```

④ 在[DEFAULT]和[keystone_authtoken]节中配置身份服务访问。将[keystone_authtoken]节中的其他选项注释掉或直接删除。

```
[DEFAULT]
# ...
auth_strategy = keystone

[keystone_authtoken]
# ...
www_authenticate_uri = http://controller:5000
auth_url = http://controller:5000
memcached_servers = controller:11211
auth_type = password
project_domain_name = Default
user_domain_name = Default
project_name = service
username = neutron
password = NEUTRON_PASS
```

⑤ 在[DEFAULT]和[nova]节中配置当网络拓扑发生变动时，网络服务能够通知计算服务。

```
[DEFAULT]
# ...
notify_nova_on_port_status_changes = true
notify_nova_on_port_data_changes = true

[nova]
# ...
auth_url = http://controller:5000
auth_type = password
project_domain_name = default
user_domain_name = default
region_name = RegionOne
project_name = service
username = nova
password = NOVA_PASS
```

⑥ 在[oslo_concurrency]节中配置锁定路径。

```
[oslo_concurrency]
# ...
lock_path = /var/lib/neutron/tmp
```

（4）配置 ML2 插件。

编辑/etc/neutron/plugins/ml2/ml2_conf.ini 配置文件，完成下列操作。

① 在[ml2]节中启用 flat、VLAN 和 VXLAN 网络。
```
[ml2]
# ...
type_drivers = flat,vlan,vxlan
```
② 在[ml2]节中启用 VXLAN 自服务网络。
```
[ml2]
# ...
tenant_network_types = vxlan
```
③ 在[ml2]节中启用 Open vSwitch 代理和 L2 population 机制。
```
[ml2]
# ...
mechanism_drivers = openvswitch,l2population
```
配置 ML2 插件之后，删除 type_drivers 选项中的值会导致数据库不一致。
④ 在[ml2]节中启用端口安全扩展驱动。
```
[ml2]
# ...
extension_drivers = port_security
```
⑤ 在[ml2_type_flat]节中列出可以创建 Flat 类型提供者网络的物理网络名称。
```
[ml2_type_flat]
# ...
flat_networks = *
```
这里的物理网络名称是 Flat 网络的标记，在创建 Flat 类型提供者网络时需要指定它。默认的"*"值表示可以允许使用任意字符串的物理网络名称，如果使用空值则表示禁用 Flat 类型网络。
⑥ 在[ml2_type_vxlan]节中配置自服务网络的 VXLAN 网络 ID 范围。
```
[ml2_type_vxlan]
# ...
vni_ranges = 10:1000
```
⑦ 在[securitygroup]节中启用 ipset，以提高安全组规则的效率。
```
[securitygroup]
# ...
enable_ipset = true
```
（5）创建 OVS 提供者网桥。

首先创建一个 OVS 提供者网桥（外部网桥），并将提供者网络的网卡添加到该网桥的一个端口。可以使用 ovs-vsctl add-br（添加网桥）和 ovs-vsctl add-port（为网桥添加端口）命令来实现。

① Neutron 服务需要 OVS 集成网桥和隧道网桥，默认没有创建，可以分别执行以下命令创建。
```
[root@controller ~]# ovs-vsctl add-br br-int
[root@controller ~]# ovs-vsctl add-br br-tun
```
要与外部网络通信，还需要创建外部网桥。由于外部网桥与主机的外网网卡关联，采用 ovs-vsctl add-br 和 ovs-vsctl add-port 命令实现的外部网桥配置信息在开机后会丢失，这里改用设置网卡配置文件来实现。

② 将 OVS 外部网桥命名为"br-ex"，将提供者网络的网卡 ens37 的配置文件/etc/sysconfig/network-scripts/ifcfg-ens37 的内容更改如下。
```
NAME=ens37
DEVICE=ens37
TYPE=OVSPort
```

```
DEVICETYPE=ovs
OVS_BRIDGE=br-ex
ONBOOT=yes
```

③ 创建/etc/sysconfig/network-scripts/ifcfg-br-ex 网卡配置文件用于 OVS 外部网桥（网桥名称为"br-ex"），该配置文件的内容如下。

```
NAME=br-ex
DEVICE=br-ex
DEVICETYPE=ovs
TYPE=OVSBridge
BOOTPROTO=static
IPADDR=192.168.199.51
PREFIX=24
GATEWAY=192.168.199.1
DNS1=114.114.114.114
ONBOOT=yes
```

④ 执行 systemctl restart network 命令重启 network 服务，使上述修改生效，然后验证网桥的设置。执行以下命令列出当前 OVS 网桥列表，可以发现已经创建了 br-ex 网桥。

```
[root@controller ~]# ovs-vsctl list-br
br-ex
br-int
br-tun
```

⑤ 执行以下命令列出 br-ex 网桥端口列表，可以发现该网桥已有 ens37 端口。

```
[root@controller ~]# ovs-vsctl list-ports br-ex
ens37
 [root@controller ~]#
```

（6）配置 OVS 代理。

编辑/etc/neutron/plugins/ml2/openvswitch_agent.ini 配置文件，主要内容如下。

```
[ovs]
bridge_mappings = extnet:br-ex
local_ip = 10.0.0.11

[agent]
tunnel_types = vxlan
l2_population = True

[securitygroup]
firewall_driver = iptables_hybrid
```

- bridge_mappings 选项定义物理网络名称到本节点上的 OVS 网桥名称的映射，主要用于 Flat 或 VLAN 类型的物理网络。可以以列表方式定义多个映射，OVS 网桥名称不能超过 11 个字符，物理网络名称应与 ml2_conf.ini 文件中列出的一致，例如 flat_networks 选项的值。每个网桥必须存在，且应有一个配置为端口的物理网络接口。配置的所有物理网络应当映射到每个代理节点上相应的网桥。注意，如果从此处映射中删除一个 OVS 网桥，要确保从 OVS 集成网桥断开该网桥的连接，因为该网桥不再由代理管理。

- local_ip 选项定义本地覆盖网络端点的 IP 地址，本例中为当前节点管理网络接口 IP 地址，各个节点上都要定义。

- tunnel_types 选项指定隧道类型。

- firewall_driver 选项用于设置安全组防火墙。

（7）配置 L3 代理。

L3 代理为自服务虚拟网络提供路由和 NAT 服务。编辑/etc/neutron/l3_agent.ini 配置文件，在[DEFAULT]节中配置 OVS 接口驱动。

```
[DEFAULT]
# ...
interface_driver = openvswitch
```

（8）配置 DHCP 代理。

DHCP 代理为虚拟网络提供 DHCP 服务。编辑/etc/neutron/dhcp_agent.ini 配置文件，在[DEFAULT]节中配置 OVS 接口驱动，启用元数据隔离（让提供者网络上的实例能够通过网络访问元数据）。

```
[DEFAULT]
interface_driver = openvswitch
enable_isolated_metadata = True
force_metadata = True
```

3. 在控制节点上配置元数据代理

元数据代理为实例提供像安全凭据这样的配置信息。编辑/etc/neutron/metadata_agent.ini 配置文件，在[DEFAULT]节中配置元数据主机和共享密码（可根据需要替换 METADATA_SECRET 密码）。

```
[DEFAULT]
# ...
nova_metadata_host = controller
metadata_proxy_shared_secret = METADATA_SECRET
```

4. 在控制节点上配置计算服务使用网络服务

编辑/etc/nova/nova.conf 配置文件，在[neutron]节中设置访问参数，启用元数据代理，并配置密码。

```
[neutron]
# ...
auth_url = http://controller:5000
auth_type = password
project_domain_name = default
user_domain_name = default
region_name = RegionOne
project_name = service
username = neutron
password = NEUTRON_PASS
service_metadata_proxy = true
metadata_proxy_shared_secret = METADATA_SECRET
```

5. 在控制节点上完成网络服务安装

（1）网络服务初始化脚本需要一个指向 ML2 插件配置文件/etc/neutron/plugins/ml2/ml2_conf.ini 的符号连接/etc/neutron/plugin.ini。如果该符号连接未创建，则执行以下命令创建。

```
ln -s /etc/neutron/plugins/ml2/ml2_conf.ini /etc/neutron/plugin.ini
```

（2）执行以下命令初始化数据库。

```
su -s /bin/sh -c "neutron-db-manage --config-file /etc/neutron/neutron.conf \
   --config-file /etc/neutron/plugins/ml2/ml2_conf.ini upgrade head" neutron
```

（3）执行以下命令重启计算 API 服务。

```
systemctl restart openstack-nova-api.service
```

（4）执行以下命令启动网络服务并将其配置为开机自动启动。

```
systemctl enable neutron-server.service \
```

```
neutron-openvswitch-agent.service neutron-dhcp-agent.service \
neutron-metadata-agent.service neutron-l3-agent.service
systemctl start neutron-server.service \
neutron-openvswitch-agent.service neutron-dhcp-agent.service \
neutron-metadata-agent.service neutron-l3-agent.service
```

6. 在计算节点上安装 Neutron 组件

计算节点负责实例的连接和安全组,需要安装 Neutron 的 OVS 代理组件。执行以下命令安装所需的软件包。

```
yum -y install openstack-neutron-openvswitch ebtables ipset
```

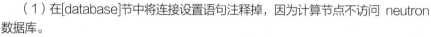

V9-9 在计算节点上安装和配置 Neutron 网络服务

7. 在计算节点上配置网络通用组件

网络通用组件配置包括认证机制、消息队列和插件。编辑 /etc/neutron/neutron.conf 配置文件,设置以下选项。

(1) 在[database]节中将连接设置语句注释掉,因为计算节点不访问 neutron 数据库。

(2) 在[DEFAULT]节中配置 RabbitMQ 消息队列访问。

```
[DEFAULT]
# ...
transport_url = rabbit://openstack:RABBIT_PASS@controller
```

(3) 在[DEFAULT]和[keystone_authtoken]节中配置身份服务访问,将[keystone_authtoken]节中的其他选项注释掉或直接删除。

```
[DEFAULT]
# ...
auth_strategy = keystone

[keystone_authtoken]
# ...
www_authenticate_uri = http://controller:5000
auth_url = http://controller:5000
memcached_servers = controller:11211
auth_type = password
project_domain_name = Default
user_domain_name = Default
project_name = service
username = neutron
password = NEUTRON_PASS
```

(4) 在[oslo_concurrency]节中配置锁定路径。

```
[oslo_concurrency]
# ...
lock_path = /var/lib/neutron/tmp
```

8. 在计算节点上配置网络选项

选择与控制节点相同的网络选项,即自服务网络。这里计算节点仅安装有 OVS 代理,通过编辑 /etc/neutron/plugins/ml2/openvswitch_agent.ini 配置文件进行配置,具体内容如下。

```
[ovs]
local_ip = 10.0.0.31

[agent]
```

```
tunnel_types = vxlan
l2_population = True

[securitygroup]
firewall_driver = iptables_hybrid
```

这里 local_ip 选项设置为计算节点管理网络接口 IP 地址。在[vxlan]节中启用 VXLAN 覆盖网络和 L2 population，在[securitygroup]节中配置安全组混合 iptables 防火墙驱动。

9. 在计算节点上配置计算服务使用网络服务

编辑/etc/nova/nova.conf 配置文件，在[neutron]节中设置访问选项。

```
[neutron]
# ...
auth_url = http://controller:5000
auth_type = password
project_domain_name = Default
user_domain_name = Default
region_name = RegionOne
project_name = service
username = neutron
password = NEUTRON_PASS
```

其中，password 选项用于设置身份服务中的 neutron 用户的密码。

10. 在计算节点上完成网络服务安装

执行以下命令重启计算服务。

```
systemctl restart openstack-nova-compute.service
```

执行以下命令启动 OVS 代理服务，并将其配置为开机自动启动。

```
systemctl enable neutron-openvswitch-agent.service
systemctl start neutron-openvswitch-agent.service
```

11. 验证网络服务运行

在控制节点上执行以下命令加载 admin 用户的环境脚本。

```
[root@controller ~]# source admin-openrc
```

执行以下命令查看网络代理列表，结果如图 9-12 所示。结果表明控制节点和计算节点上的网络代理组件正常运行。

```
[root@controller ~]# openstack network agent list
+--------------------------------------+--------------------+------------+-------------------+-------+-------+---------------------------+
| ID                                   | Agent Type         | Host       | Availability Zone | Alive | State | Binary                    |
+--------------------------------------+--------------------+------------+-------------------+-------+-------+---------------------------+
| 30a61436-6ef7-4a71-a1d3-0c4871d20225 | Metadata agent     | controller | None              | :-)   | UP    | neutron-metadata-agent    |
| b0381c0d-af7d-4748-a01f-11a5a7977b87 | DHCP agent         | controller | nova              | :-)   | UP    | neutron-dhcp-agent        |
| d78d7f6f-6775-43b5-955b-03119817151e | Open vSwitch agent | compute1   | None              | :-)   | UP    | neutron-openvswitch-agent |
| fbf01a1e-7a3e-49d7-813c-cd405dfb9262 | L3 agent           | controller | nova              | :-)   | UP    | neutron-l3-agent          |
| fd5d3dbd-13c3-4c19-ab85-2e57b5a54d5e | Open vSwitch agent | controller | None              | :-)   | UP    | neutron-openvswitch-agent |
+--------------------------------------+--------------------+------------+-------------------+-------+-------+---------------------------+
```

图 9-12 网络代理列表

12. 创建初始网络

V9-10 试用 Neutron 网络服务

当前配置支持多个 VXLAN 自服务网络。为简化实验，这里创建一个 Flat 类型的提供者网络、一个自服务网络和一个路由器，路由器的外部网关位于提供者网络。该路由器使用 NAT 来转发 IPv4 网络流量。在控制节点上执行下列操作。

（1）执行以下命令加载 admin 用户的环境脚本。

```
[root@controller ~]# source admin-openrc
```

（2）执行以下命令创建一个名为"public1"的提供者网络。

```
openstack network create --project admin --share --external \
```

```
--availability-zone-hint nova --provider-physical-network extnet \
--provider-network-type flat public1
```
- --share 选项表示任何项目都可使用该网络。
- --external 选项表示外部网络。
- --provider-physical-network 选项指定物理网络。
- --provider-network-type 选项指定物理网络类型。

（3）执行以下命令在上述提供者网络的基础上创建一个名为"public1_subnet"的 IPv4 子网。
```
openstack subnet create --network public1 \
    --allocation-pool start=192.168.199.61,end=192.168.199.90 \
    --dns-nameserver 114.114.114.114 --gateway 192.168.199.1 \
    --subnet-range 192.168.199.0/24 public1_subnet
```
（4）执行以下命令加载普通用户 demo 的环境脚本。
```
[root@controller ~]# source demo-openrc
```
（5）执行以下命令创建一个名为"private1"的自服务网络。
```
openstack network create private1
```
（6）执行以下命令基于该自服务网络创建一个名为"private1_subnet"的 IPv4 子网。
```
openstack subnet create --subnet-range 172.16.1.0/24 \
--network private1 --dns-nameserver 114.114.114.114   private1_subnet
```
（7）执行以下命令创建一个名为"router1"的路由器。
```
openstack router create router1
```
（8）执行以下命令添加 private1_subnet 子网作为该路由器的接口。
```
openstack router add subnet router1 private1_subnet
```
（9）执行以下命令添加上述提供者网络作为该路由器的网关。
```
openstack router set --external-gateway public1 router1
```

13. 验证网络操作

（1）执行以下命令在网络节点（由控制节点充当）上验证 qrouter 名称空间的创建。
```
[root@controller ~]# ip netns
qrouter-2f05c572-6bf1-40bc-b0d1-2c01afc65560 (id: 1)
qdhcp-1713f277-843b-4653-b9f5-91d69d602b72 (id: 0)
```
（2）执行以下命令加载 admin 用户的环境脚本，然后创建一个实例类型。
```
[root@controller ~]# source admin-openrc
[root@controller ~]# openstack flavor create --public m1.tiny --id 1   --ram 512 --disk 1 --vcpus 1 --rxtx-factor 1
```
（3）执行以下命令加载普通用户 demo 的环境脚本。
```
[root@controller ~]# source demo-openrc
```
（4）执行以下命令创建安全组规则，以允许通过网络 ping 和 SSH 访问虚拟机实例。
```
[root@controller ~]# openstack security group rule create --proto icmp default
+---------------+---------+
| Field         | Value   |
+---------------+---------+
| direction     | ingress |
| ethertype     | IPv4    |
| protocol      | icmp    |
| remote_ip_prefix | 0.0.0.0/0 |
[root@controller ~]# openstack security group rule create --proto tcp --dst-port 22 default
+---------------+---------+
```

```
| Field            | Value     |
+------------------+-----------+
| direction        | ingress   |
| ethertype        | IPv4      |
| port_range_max   | 22        |
| port_range_min   | 22        |
| protocol         | tcp       |
| remote_ip_prefix | 0.0.0.0/0 |
```

（5）执行以下命令基于上述自服务网络创建一个虚拟机实例，使用 Cirros 操作系统镜像，选择前面新建的实例类型。

[root@controller ~]# openstack server create --flavor 1 --image cirros --network private1 testVM1

（6）执行以下命令查看实例列表，可以发现该实例的 IP 地址来自 private1 自服务网络。

[root@controller ~]# openstack server list
```
+--------------------------------------+---------+--------+-----------------------+--------+
| ID                                   | Name    | Status | Networks              | Image  |
+--------------------------------------+---------+--------+-----------------------+--------+
| 575a3e92-d8cd-49e5-971d-9a3074167d0b | testVM1 | ACTIVE | private1=172.16.1.45  | cirros |
```

（7）为虚拟机实例分配浮动 IP 地址以解决外部网络访问问题。

① 执行以下命令在提供者网络中创建一个浮动 IP 地址。

[root@controller ~]# openstack floating ip create public1
```
+---------------------+----------------------+
| Field               | Value                |
+---------------------+----------------------+
| created_at          | 2020-10-17T12:12:07Z |
| description         |                      |
| dns_domain          | None                 |
| dns_name            | None                 |
| fixed_ip_address    | None                 |
| floating_ip_address | 192.168.199.63       |
```

这里创建的浮动 IP 地址为 192.168.199.63。

② 执行以下命令为该实例分配该 IP 地址。

[root@controller ~]# openstack server add floating ip testVM1 192.168.199.63

③ 执行以下命令在控制节点上 ping 该实例的浮动 IP，测试到该实例的通信，结果正常。

[root@controller ~]# ping -c 2 192.168.199.63
PING 192.168.199.63 (192.168.199.63) 56(84) bytes of data.
64 bytes from 192.168.199.63: icmp_seq=1 ttl=63 time=2.56 ms
64 bytes from 192.168.199.63: icmp_seq=2 ttl=63 time=1.32 ms

（8）根据需要登录到该实例，测试到 Internet 或外部网络的通信。

14. 基于提供者网络启动实例

在控制节点上执行以下命令加载普通用户 demo 的环境脚本，基于上述提供者网络创建一个虚拟机实例。

[root@controller ~]# source demo-openrc
[root@controller ~]# openstack server create --flavor 1 --image cirros --network public1 testVM2

执行以下命令查看实例列表，可以发现该实例创建失败，出现错误。

[root@controller ~]# openstack server list
```
+----+------+--------+----------+-------+
| ID | Name | Status | Networks | Image |
```

```
+------------------------------------+--------+-------+----------------+--------+
| 88b0b743-8b89-4301-9058-28e8486afb78 | testVM2 | ERROR |                | cirros |
```

到计算节点上的/var/log/nova-compute.log 日志文件中检查，发现错误信息为"PortBindingFailed: Binding failed for port …"，这是端口绑定错误。原因是计算节点不支持基于提供者网络创建虚拟机实例。接下来先解决此问题。

（1）参照控制节点为计算节点创建 OVS 外部网桥并调整 OVS 代理配置。下面的操作都是在计算节点上进行的。

① 创建 OVS 外部网桥，并将提供者网络的网卡添加到该网桥的一个端口。

这里也将 OVS 外部网桥命名为"br-ex"。计算节点上提供者网络网卡 ens37 配置文件 /etc/sysconfig/network-scripts/ens37 的配置内容与控制节点上的相同。

创建/etc/sysconfig/network-scripts/br-ex 网卡配置文件用于 OVS 外部网桥，该文件的配置内容与控制节点上的不同之处是 IP 地址，其 IP 地址如下，其他配置基本相同。

IPADDR=192.168.199.51

执行 systemctl restart network 命令重启 network 服务，使上述修改生效。

② 调整计算节点的 OVS 代理配置。

编辑/etc/neutron/plugins/ml2/openvswitch_agent.ini 配置文件，在[ovs]节中增加以下配置选项。

[ovs]
bridge_mappings = extnet:br-ex

执行以下命令，重新启动 OVS 代理服务。

[root@compute1 ~]# systemctl restart neutron-openvswitch-agent.service

（2）测试基于提供者网络启动实例，下面转到控制节点上进行操作。

① 执行以下命令加载普通用户 demo 的环境脚本，先删除原来失败的实例，再基于上述提供者网络重新创建一个虚拟机实例。

[root@controller ~]# source demo-openrc
[root@controller ~]# openstack server delete testVM2
[root@controller ~]# openstack server create --flavor 1 --image cirros --network public1 testVM2

② 执行以下命令查看实例列表，可以发现该实例创建成功，并通过提供者网络获得了 IP 地址。

[root@controller ~]# openstack server list

```
+--------------------------------------+---------+--------+-----------------------+--------+
| ID                                   | Name    | Status | Networks              | Image  |
+--------------------------------------+---------+--------+-----------------------+--------+
| 62e8a67e-128e-4215-9228-9bac8c77ea13 | testVM2 | ACTIVE | public1=192.168.199.81| cirros |
```

③ 执行以下命令在控制节点上 ping 该实例的浮动 IP，测试到该实例的通信，结果正常。

[root@controller ~]# ping -c 2 192.168.199.81
PING 192.168.199.81 (192.168.199.81) 56(84) bytes of data.
64 bytes from 192.168.199.81: icmp_seq=1 ttl=64 time=3.66 ms
64 bytes from 192.168.199.81: icmp_seq=2 ttl=64 time=0.873 ms

任务八 安装和部署 Horizon 仪表板

任务说明

项目代号为 Horizon 的仪表板为 OpenStack 提供 Web 管理界面。安装该服务所需的唯一核心服务是 Keystone 身份服务。该服务可以与其他服务，如镜像服务、计算服务、网络服务等组合使用仪表板,还可以在对象存储这样的独立服务环境中使用仪表板。本任务的具体要求如下。
- 掌握 Horizon 组件的安装和配置方法。
- 验证仪表板操作。

任务实现

在控制节点上安装 Horizon。确认使用 Apache HTTP 服务器和 Memcached 服务的 Keystone 身份服务已经安装和配置好,并在正常运行。

1. 安装和配置 Horizon 组件

V9-11 安装和部署 Horizon 仪表板

(1)执行以下命令安装软件包。

yum -y install openstack-dashboard

(2)编辑/etc/openstack-dashboard/local_settings 配置文件。

① 配置仪表板使用控制节点上的 OpenStack 服务。

OPENSTACK_HOST = "controller"

② 设置允许访问 Dashboard 的主机。

ALLOWED_HOSTS = ['*']

这里使用通配符"*"来代表所有的主机。

③ 配置 Memcached 会话存储服务,将除以下选项的其他会话存储配置选项注释掉。

SESSION_ENGINE = 'django.contrib.sessions.backends.cache'
CACHES = {
    'default': {
        'BACKEND': 'django.core.cache.backends.memcached.MemcachedCache',
        'LOCATION': 'controller:11211',
    }
}

④ 启用 Identity API v3 支持,此为默认设置。

OPENSTACK_KEYSTONE_URL = "http://%s:5000/v3" % OPENSTACK_HOST

⑤ 启用对多个域的支持。

OPENSTACK_KEYSTONE_MULTIDOMAIN_SUPPORT = True

⑥ 配置 API 版本。

OPENSTACK_API_VERSIONS = {
    "identity": 3,
    "image": 2,
    "volume": 2,
}

⑦ 配置通过仪表板创建的用户的默认域。

OPENSTACK_KEYSTONE_DEFAULT_DOMAIN = "Default"

⑧ 配置通过仪表板创建的用户的默认角色。

OPENSTACK_KEYSTONE_DEFAULT_ROLE = "reader"

⑨ 根据需要配置时区,这里将时区改为上海。

TIME_ZONE = "Asia/Shanghai"

(3)如果/etc/httpd/conf.d/openstack-dashboard.conf 配置文件中没有包含以下定义,则将该定义语句添加到该文件中。

WSGIApplicationGroup %{GLOBAL}

2. 完成 Horizon 安装

执行以下命令重启 Web 服务和会话存储服务。

```
systemctl restart httpd.service memcached.service
```

3. 验证仪表板操作

在控制节点上通过浏览器访问 http://controller/dashboard 网址，将跳转到登录地址 http://controller/auth/ login/?next=/dashboard/，并显示如下错误。

```
Not Found
The requested URL /auth/login/ was not found on this server.
```

尝试使用 http://controller/dashboard/auth/login/ 进行访问，发现可以访问，但是不能正常显示界面。在/etc/openstack-dashboard/local_settings 配置文件中补充以下设置。

```
# WEBROOT 定义访问仪表板访问路径（相对于 Web 服务器根目录），注意路径末尾要加斜杠
WEBROOT = '/dashboard/'
# 以下两个选项分别定义登录和退出登录（注销）的路径
LOGIN_URL = '/dashboard/auth/login/'
LOGOUT_URL = '/dashboard/auth/logout/'
# LOGIN_REDIRECT_URL 选项定义登录重定向路径
LOGIN_REDIRECT_URL = '/dashboard'
```

修改完毕，执行 systemctl restart httpd.service 命令重启 Web 服务，再次访问 http://controller/dashboard 网址，出现正常的登录界面。输入 admin 用户名和密码，如图 9-13 所示。

图 9-13 仪表板登录界面

单击"Sign In"按钮，出现如图 9-14 所示的主界面。

图 9-14 仪表板主界面

可以根据需要将语言改为简体中文，如图 9-15 所示，这里显示的是 demo 项目的当前实例列表。

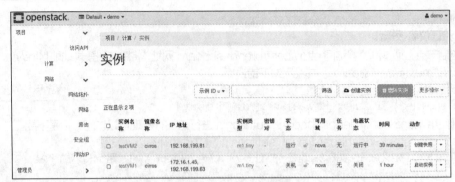

图9-15 仪表板中文界面

任务九 安装和部署 Cinder 块存储服务

任务说明

项目代号为 Cinder 的块存储服务为虚拟机实例提供块存储设备。块存储 API（cinder-api）和调度服务（cinder-scheduler）通常部署在控制节点上。根据所用的存储驱动，卷服务（cinder-volume）可以部署在控制节点、计算节点或者专门的存储节点上。本任务的双节点系统中由计算节点兼作存储节点，为实例提供卷服务。本任务的具体要求如下。

- 掌握控制节点上 Cinder 组件的安装和配置方法。
- 掌握存储节点上 Cinder 组件的安装和配置方法。
- 掌握块存储服务安装的验证方法。

V9-12 在控制节点上安装和配置 Cinder 服务

任务实现

1. 在控制节点上完成 Cinder 的安装准备

在安装和配置块存储服务之前，必须创建数据库、服务凭据和 API 端点。

（1）创建 Cinder 数据库。执行以下命令使用数据库访问客户端，以 root 用户身份连接到数据库服务器。

```
mysql -u root -p
```

依次执行以下命令创建数据库并设置访问权限，完成之后退出数据库访问客户端。这里 cinder 用户的密码设为 CINDER_DBPASS。

```
MariaDB [(none)]> CREATE DATABASE cinder;
MariaDB [(none)]> GRANT ALL PRIVILEGES ON cinder.* TO 'cinder'@'localhost' \
   IDENTIFIED BY 'CINDER_DBPASS';
MariaDB [(none)]> GRANT ALL PRIVILEGES ON cinder.* TO 'cinder'@'%' \
   IDENTIFIED BY 'CINDER_DBPASS';
MariaDB [(none)]> exit;
```

（2）执行以下命令加载 admin 用户的环境脚本。后续命令行操作需要使用云管理员身份。

```
[root@controller ~]#. admin-openrc
```

（3）创建 cinder 服务凭据。依次执行以下命令创建 cinder 用户，将 admin 角色授予该用户，并创建 cinderv2 和 cinderv3 的服务实体。

```
openstack user create --domain default --password-prompt cinder
```

```
openstack role add --project service --user cinder admin
openstack service create --name cinderv2   --description "OpenStack Block Storage" volumev2
openstack service create --name cinderv3   --description "OpenStack Block Storage" volumev3
```
（4）执行以下命令创建块存储服务的 API 端点（应为每个服务实体创建端点）。
```
openstack endpoint create --region RegionOne \
    volumev2 public http://controller:8776/v2/%\(project_id\)s
openstack endpoint create --region RegionOne \
    volumev2 internal http://controller:8776/v2/%\(project_id\)s
openstack endpoint create --region RegionOne \
    volumev2 admin http://controller:8776/v2/%\(project_id\)s
openstack endpoint create --region RegionOne \
    volumev3 public http://controller:8776/v3/%\(project_id\)s
openstack endpoint create --region RegionOne \
    volumev3 internal http://controller:8776/v3/%\(project_id\)s
openstack endpoint create --region RegionOne \
    volumev3 admin http://controller:8776/v3/%\(project_id\)s
```

2. 在控制节点上安装和配置 Cinder 组件

（1）安装软件包。

执行以下命令安装软件包。
```
yum -y install openstack-cinder
```
（2）编辑/etc/cinder/cinder.conf 配置文件以完成相关设置。

① 在[database]节中配置数据库访问连接。
```
[database]
# ...
connection = mysql+pymysql://cinder:CINDER_DBPASS@controller/cinder
```
② 在[DEFAULT]节中配置 RabbitMQ 消息队列访问。
```
[DEFAULT]
# ...
transport_url = rabbit://openstack:RABBIT_PASS@controller
```
③ 在[DEFAULT]和[keystone_authtoken]节中配置身份服务访问，将[keystone_authtoken]节中的其他选项注释掉或直接删除。
```
[DEFAULT]
# ...
auth_strategy = keystone

[keystone_authtoken]
# ...
www_authenticate_uri = http://controller:5000
auth_url = http://controller:5000
memcached_servers = controller:11211
auth_type = password
project_domain_name = default
user_domain_name = default
project_name = service
username = cinder
password = CINDER_PASS
```

④ 在[DEFAULT]节中配置 my_ip 选项（其值为控制节点上管理网络接口的 IP 地址）。
```
[DEFAULT]
# ...
my_ip = 10.0.0.11
```
⑤ 在[oslo_concurrency]节中配置锁定路径。
```
[oslo_concurrency]
# ...
lock_path = /var/lib/cinder/tmp
```
（3）初始化块存储数据库。
```
su -s /bin/sh -c "cinder-manage db sync" cinder
```

3. 在控制节点上配置计算服务使用块存储服务

编辑/etc/nova/nova.conf 配置文件，在[cinder]节中添加以下设置。
```
[cinder]
os_region_name = RegionOne
```

4. 在控制节点上完成 Cinder 安装

（1）执行以下命令重启计算 API 服务。
```
systemctl restart openstack-nova-api.service
```
（2）执行以下命令启动块存储服务，并将其配置为开机自动启动。
```
systemctl enable openstack-cinder-api.service openstack-cinder-scheduler.service
systemctl start openstack-cinder-api.service openstack-cinder-scheduler.service
```

5. 在存储节点上完成 Cinder 的安装准备

在安装和配置块存储服务之前，必须准备好存储设备。

（1）在存储节点主机上增加一块硬盘。为便于实验，本例为操作系统为 CentOS 7 的虚拟机实例增加一块硬盘。执行以下命令查看当前的磁盘设备列表。

V9-13 在存储节点上安装和配置 Cinder 服务

```
[root@compute1 ~]# fdisk -l
Disk /dev/sda: 214.7 GB, 214748364800 bytes, 419430400 sectors
...
Device Boot      Start         End      Blocks   Id  System
/dev/sda1    *     2048     2099199     1048576   83  Linux
/dev/sda2       2099200   419430399   208665600   8e  Linux LVM

Disk /dev/sdb: 107.4 GB, 107374182400 bytes, 209715200 sectors
Units = sectors of 1 * 512 = 512 bytes
Sector size (logical/physical): 512 bytes / 512 bytes
I/O size (minimum/optimal): 512 bytes / 512 bytes
```

（2）安装支持工具包。CentOS 7 默认已安装 LVM 包。如果没有安装，则执行以下命令安装 LVM 包，启动 LVM 元数据服务并将其配置为开机自动启动。
```
yum -y install lvm2 device-mapper-persistent-data
systemctl enable lvm2-lvmetad.service
systemctl start lvm2-lvmetad.service
```

（3）执行以下命令创建 LVM 物理卷/dev/sdb。
```
[root@compute1 ~]# pvcreate /dev/sdb
  Physical volume "/dev/sdb" successfully created.
```

（4）执行以下命令基于上一步创建的物理卷创建 LVM 卷组 cinder-volumes。
```
[root@compute1 ~]# vgcreate cinder-volumes /dev/sdb
  Volume group "cinder-volumes" successfully created
```

```
vgcreate cinder-volumes /dev/sdb
```
Cinder 块存储服务在这个卷组中创建逻辑卷。

（5）编辑/etc/lvm/lvm.conf 配置文件。在"devices"节中添加一个过滤器来接受/dev/sdb 设备并拒绝所有其他设备。

```
devices {
...
filter = [ "a/sda/", "a/sdb/", "r/.*/"]
```

只有实例能够访问块存储卷。但是，底层的操作系统能管理与卷关联的设备。默认情况下，LVM 卷扫描工具扫描/dev 目录以获取那些包括卷的块存储设备。如果项目在其卷上使用 LVM 扫描工具探测到这些卷并试图缓存它们，就会导致底层操作系统和项目卷的多种问题。因此，必须重新配置 LVM，仅扫描包括卷组的设备。

过滤器中的每项以 a 开头表示接受，以 r 开头表示拒绝，设备名使用正则表达式。数组必须以 r/.*/ 结尾表示拒绝任何其余的设备。本例中/dev/sda 设备包含操作系统，必须将该设备加入过滤器中。

6. 在存储节点上安装和配置 Cinder 组件

（1）执行以下命令安装软件包。

```
yum -y install openstack-cinder targetcli python-keystone
```

（2）编辑/etc/cinder/cinder.conf 配置文件并完成相应设置。

① 在[database]节中配置数据库访问连接。

```
[database]
# ...
connection = mysql+pymysql://cinder:CINDER_DBPASS@controller/cinder
```

② 在[DEFAULT]节中配置 RabbitMQ 消息队列访问。

```
[DEFAULT]
# ...
transport_url = rabbit://openstack:RABBIT_PASS@controller
```

③ 在[DEFAULT]和[keystone_authtoken]节中配置身份服务访问，将[keystone_authtoken]节中的其他选项注释掉或直接删除。

```
[DEFAULT]
# ...
auth_strategy = keystone

[keystone_authtoken]
# ...
www_authenticate_uri = http://controller:5000
auth_url = http://controller:5000
memcached_servers = controller:11211
auth_type = password
project_domain_name = default
user_domain_name = default
project_name = service
username = cinder
password = CINDER_PASS
```

④ 在[DEFAULT]节中配置 my_ip 选项（其值为存储节点上管理网络接口的 IP 地址）。

```
[DEFAULT]
# ...
my_ip = 10.0.0.31
```

⑤ 在[lvm]节中配置 LVM 后端，包括 LVM 驱动、cinder-volumes 卷组、iSCSI 协议和适当的 iSCSI 服务。如果[lvm]节不存在，则需要添加该节。

```
[lvm]
volume_driver = cinder.volume.drivers.lvm.LVMVolumeDriver
volume_group = cinder-volumes
target_protocol = iscsi
target_helper = lioadm
```

⑥ 在[DEFAULT]节中启用 LVM 后端。

```
[DEFAULT]
# ...
enabled_backends = lvm
```

后端可随意命名，本例中使用驱动名称作为后端的名称。

⑦ 在[DEFAULT]节中配置镜像服务 API 的位置。

```
[DEFAULT]
# ...
glance_api_servers = http://controller:9292
```

⑧ 在[oslo_concurrency]节中配置锁定路径。

```
[oslo_concurrency]
# ...
lock_path = /var/lib/cinder/tmp
```

7. 在存储节点上完成 Cinder 安装

执行以下命令启动块存储卷服务及其依赖组件，并配置它们为开机自动启动。

```
systemctl enable openstack-cinder-volume.service target.service
systemctl start openstack-cinder-volume.service target.service
```

8. 验证 Cinder 服务操作

（1）检查 Cinder 服务运行情况。

在控制节点上执行以下命令加载 admin 凭据，以获取云管理员权限。

```
[root@controller ~]# . admin-openrc
```

执行以下命令列出 Cinder 块存储服务组件。

```
[root@controller ~]# openstack volume service list
+------------------+----------------+------+---------+-------+----------------------------+
| Binary           | Host           | Zone | Status  | State | Updated At                 |
+------------------+----------------+------+---------+-------+----------------------------+
| cinder-scheduler | controller     | nova | enabled | up    | 2020-10-18T02:49:09.000000 |
| cinder-volume    | compute1@lvm   | nova | enabled | up    | 2020-10-18T02:49:08.000000 |
```

结果表明 Cinder 块存储服务正常运行，控制节点上运行 cinder-scheduler 子服务，存储节点（这里由计算节点主机兼任）上运行 cinder-volume 子服务。

（2）创建卷进行必要测试。

在控制节点上执行以下命令创建一个卷，并指定其可用域、卷大小。

```
[root@controller ~]# openstack volume create  --size 5 --availability-zone nova testVol
```

创建完毕后执行以下命令查看卷列表，结果表明该卷已成功创建。

```
[root@controller ~]# openstack volume list
+--------------------------------------+------+--------+------+-------------+
| ID                                   | Name | Status | Size | Attached to |
+--------------------------------------+------+--------+------+-------------+
```

| e1c25033-c3d4-49e2-8e7d-bc19ab4e768b | testVol | available | 5 | |

项目实训

项目实训一 搭建 OpenStack 云平台基础环境

实训目的

掌握 OpenStack 基础环境的安装和配置方法。

实训内容

（1）准备两个节点主机并安装 CentOS 7。
（2）配置节点主机网络，每台主机配置两个网卡。
（3）两个节点主机设置时间同步。
（4）安装 OpenStack 软件包。
（5）安装 SQL 数据库并进行初始配置。
（6）安装 RabbitMQ 消息队列服务并进行初始配置。
（7）安装 Memcached 服务和 Etcd。

项目实训二 安装 Keystone 身份服务

实训目的

掌握 OpenStack 身份服务的手动安装和配置方法。

实训内容

（1）创建 Keystone 数据库。
（2）安装和配置 Keystone 及相关组件。
（3）配置 Apache HTTP 服务器并完成 Keystone 安装。
（4）为后续的服务创建统一的服务项目 service。
（5）创建测试用的普通云用户 demo，并赋予其 member 角色。
（6）为 admin 和 demo 用户分别创建 OpenStack 客户端环境脚本。

项目实训三 安装 Glance 镜像服务

实训目的

掌握 OpenStack 镜像服务的安装和配置方法。

实训内容

（1）创建 Glance 数据库、服务凭据和 API 端点。
（2）安装并配置 Glance 组件。
（3）上传 Cirros 操作系统镜像，验证 Glance 镜像操作。

项目实训四 安装 Nova 计算服务

实训目的

（1）了解 OpenStack 计算服务安装的前提条件。
（2）掌握 OpenStack 计算服务的安装和配置方法。

实训内容

（1）安装并配置 Placement 放置服务。
（2）在控制节点上安装和配置 Nova 组件。
（3）在计算节点上安装和配置 Nova 组件。
（4）验证 Nova 计算服务的安装。

项目实训五　安装 Neutron 网络服务

实训目的

（1）掌握 OpenStack 网络服务的安装和配置方法。
（2）掌握 OpenStack 初始网络的创建方法。
（3）测试基于虚拟网络的实例创建。

实训内容

（1）在控制节点上创建 Neutron 数据库、服务凭据和 API 端点。
（2）在控制节点上配置网络选项，包括安装网络组件、安装 OVS、配置 Neutron 服务器组件、配置 ML2 插件、创建 OVS 提供者网桥并配置 OVS 代理、配置 DHCP 代理、配置 L3 代理。
（3）在控制节点上配置元数据代理。
（4）在控制节点上配置计算服务使用网络服务。
（5）在计算节点上安装 Neutron 服务器组件，包括认证机制、消息队列和插件。
（6）在计算节点上配置 OVS 代理，此处与控制节点一样创建 OVS 提供者网桥。
（7）在计算节点上配置计算服务使用网络服务。
（8）创建初始网络，包括一个提供者网络及其子网、一个自服务网络及其子网、一个路由器。
（9）验证网络操作。首先创建一个实例类型，添加 ping 和 SSH 访问的安全组规则，然后分别基于自服务网络和提供者网络创建虚拟机实例，并测试实例的网络访问。

项目总结

　　OpenStack 系统由多个单独安装的关键服务组成。可以单独安装这些项目中的任何一个，并将它们配置部署在一个或多个节点上。通过本综合演练项目的实施，读者应当掌握 OpenStack 云平台手动安装和部署的方法和技能，巩固和提高前面所学的 OpenStack 云计算概念、原理和运维能力，增强云计算实施的信心。需要强调的是，本综合演练项目建立的仍然是一个实验性质的 OpenStack 云平台，实际生产环境的部署要求非常高，还需要读者进一步学习和实践。